教育部人文社会科学研究青年基金项目"近代北京的空间变迁与文化表征研究（1898—1937）"（18YJCZH173）

国家社会科学基金重大项目"国家文化中心建设的历史现实与未来设计"（12 & ZD169）

安徽省高校优秀青年人才支持计划项目（gxyq2020165）

北京文化研究丛书

邱运华　主编

帝都，国都，故都

——近代北京的空间变迁与文化表征

（1898—1937）

王　谦　著

中国社会科学出版社

图书在版编目(CIP)数据

帝都,国都,故都:近代北京的空间变迁与文化表征:1898—1937 / 王谦著.
—北京:中国社会科学出版社,2022.2(2022.10重印)
(北京文化研究丛书)
ISBN 978 - 7 - 5203 - 9604 - 2

Ⅰ.①帝⋯　Ⅱ.①王⋯　Ⅲ.①城市空间—空间结构—城市史—
北京—1898-1937　Ⅳ.①TU984.21

中国版本图书馆 CIP 数据核字(2022)第 014874 号

出 版 人	赵剑英
责任编辑	王丽媛
责任校对	闫 萃
责任印制	王 超

出　　版	中国社会科学出版社
社　　址	北京鼓楼西大街甲 158 号
邮　　编	100720
网　　址	http://www.csspw.cn
发 行 部	010 - 84083685
门 市 部	010 - 84029450
经　　销	新华书店及其他书店

印　　刷	北京明恒达印务有限公司
装　　订	廊坊市广阳区广增装订厂
版　　次	2022 年 2 月第 1 版
印　　次	2022 年 10 月第 2 次印刷

开　　本	650 × 960　1/16
印　　张	21
字　　数	313 千字
定　　价	99.00 元

总序　北京作为全国文化中心的新文化传统

　　北京是国务院批复的建设全国文化中心的唯一城市。作为全国文化中心，北京当然具有悠久辉煌的历史文化传统，这是她的文化底气和底蕴，缺少这一基础，要建设具有 5000 多年文明史的中国唯一全国文化中心，就是一个笑话；但仅仅有这一点底气和底蕴还不够，须知，从先秦到唐宋，中华民族早期封建国家的辉煌文化，都以河南、陕西为中心，那是同一时期世界最先进的文明。北京建设全国文化中心的优势还在于，她是自五四新文化运动到新中国建立以来社会主义先进文化的发源地和集大成的城市，其中，具有特别重要价值的，是新中国成立以来的社会主义文化理论和实践。

　　自五四新文化运动发端，到 1949 年 10 月新中国成立，对这 30 年的文化发展在北京文化建设中地位和作用的判断，是绕不开的问题。北京是中华民国最初几届政府的首都，形成了颇具特色的行政文化，包括政治、行政体系、法律、教育等系统；又是五四新文化运动的发祥地；还是中华文化在元明清三朝的中心城市。但在中华民国初建至北洋政权结束后，北京经历了迁都、抗战和战后收复的不同阶段，城市身份随之转换。整体而言，新文化的一系列重大事件，都与北京有千丝万缕的关系。这里，还建设有比较完备的现代高等教育体系、新闻媒体出版、宗教文化系统和学术文化，在 20 世纪中国文化发展历史上具有重要意义。

　　重温共和国文化建设和发展"初心"、加强国家文化建设重大议题的"初心"研究，十分必要。北京作为全国的政治中心和文化中心，在新中国七十多年纪念议程中有着非常重要的位置。在这个时间节点，北京作为全国文化中心的特质和功能可以充分展现出来。就北京建设全国文化中心的事业而言，共和国的建立是真正的历史起点。关于北京建设全国文化中心的研究,需要重视对其历史起点的研究,重视对北京建设全国文化中心的"初心"的研究,从历史中汲取智慧与力量,更好地推进北京的全国文化中心建设。

学术界关于北京建设全国文化中心的已有研究,包含了三种有待反思和批评的思路:第一种是把这一命题非历史化,忽视这一命题的历史性语境,凭空建构一个虚拟的"文化中心",它足以包揽迄今为止从旧石器时代到后工业数字化时代及文化创意产业、新休闲产业的全部人类文化成果。这个倾向忽略了"全国文化中心"这一命题的提出有其历史语境和话语体系,有其"小传统"。厘清这个话语的历史语境和"小传统",有助于解决现实问题,面向未来发展。第二种是把"文化"普泛化,认为这个"文化中心"是指所有层次和所有种类的文化,研究范围上溯到一切文化元素在北京的产生和生产历史,从物质层面到精神层面,从史前到后工业时代的文化,似乎它们都参与到北京建设全国文化中心这一进程之中。这是一个误解。在现实层面上,北京建设全国文化中心的进程,并非所有文化要素都参与其中,更非自由或自觉参与其中。在这个命题下,讨论北京这个自然地理区域下全部文化要素的发生发展,属于无的放矢,缺乏针对性。第三种则把"北京"这个概念作为纯粹地理概念来理解,似乎"北京"就是"四九城"这一空间,迎合了国际学术界的"城市研究"思潮,但缺乏"首都"的思想意识。① 目前在这一领域的诸多研究成果难以切合提出全国文化中心建设问题的初衷,不能全面把握目前北京建设全国文化中心的指导思想,对紧迫的现实问题的回应力度不够。

把握北京建设全国文化中心的历史起点

在北京建设全国文化中心这个命题下,实际上展开的是"首都"这一身份下的文化建设。北京建设全国文化中心是 1949 年新中国建都于北京以来一直在场的现实问题,具有鲜明的时代性。按照 1949 年新中国建都北京之初的设想,乃是为全国待解放的其他城市做示范的文

---

① 例如,2017 年 7 月召开的"加强国家文化中心建设:第三届城市文化发展高峰论坛"上的诸种观点,参见《光明日报》2017 年 7 月 13 日。

化建设;放在解放全中国的格局来看,更是"首善之区"的文化建设。新中国建都北京同时开展的文化建设,实际上配套的是新中国新的政治建设、经济建设和社会建设,文化建设与其他领域彼此配套而不相互脱离。它不同于甚至反对此前在北京(和以北平、大都、中都等名义)所实施的皇城旧文化建设,无论是 1911 年之后的民国时期文化建设(包括 1928 年所谓由于民国政府南迁南京、北平失去政治中心之后的"文化中心"建设),还是元明清三朝作为封建国家政治中心的文化建设。因此,新中国建立后北京建设全国文化中心,与此前皇城旧文化建设截然不同,是显而易见的事实,不能够忽略这个前提来讨论单纯的文化中心建设。

新中国成立以后北京建设全国文化中心,有着全新的意识形态体系。新中国的文化建设是在全新的经济基础、上层建筑、意识形态这个思想体系指导下建构并实施起来的,具有很强的思想自觉性。从这个角度看,北京建设全国文化中心的进程,在对待中华民族已有的文化传统、外国文化思潮和现象、社会发展进程中出现的各类文化现象等问题时,具有明确的选择性,不是一味被动接受或一味随意反对,其立场完全取决于上述思想体系。所以,当下部分研究把"文化"概念普泛化的趋向不足取。

现实层面上的运动,都是在历史意志驱动下自觉运行的逻辑结果,既作为这一历史意志的惯性后果,也是它展开批判时立论的前提。因此,当我们研究"北京建设全国文化中心"这一问题时,一是需要把它历史化,把握这个问题最初提出的现实起点,以及它展开的历史轨迹;二是探索它在起点上展开的模型样态或维度,建构出文化观念的模型。在这个问题的思考方式上,正用得上"不忘初心,方得始终"这句话。新中国成立之初把"新北平"建设为全国文化中心的"初心",正是我们理解今天在北京蓬勃开展的全国文化中心建设的逻辑起点和思想起点。

因此,"北京建设全国文化中心"作为一个研究对象,在相当程度上属于一个具有历史必然性的现实问题,是具有一定历史长度的现实问题。在 1949 年 2 月北平和平解放、随后被确定为新中国首都之际,这个命题开始具有现实性。

1948年12月13日，淮海战役如火如荼之际，党中央就发出了《中央军委关于战役部署及平津地区党政军负责人任命的电报》，任命"聂荣臻为平津区卫戍司令，薄一波为政委，彭真为北平市委书记，叶剑英为市委副书记、北平军管会主任兼市长"等，①同日，华北局做出《中共中央华北局对平津地下党在接管城市中应做的工作的指示》，特别提出"我们必须足够地认识平津等大城市和工业区的重要性和复杂性，因此，必须在各方面有充分的准备，不但要能够完整地接管，而且要能够顺利地发展与建设这些城市或工业区，使之成为全国最好的政治、经济与文化的中心之一"②。一周内，北平市委就如何接管做出了系列安排。这是北京建设全国文化中心的历史起点，也是学术研究的起点。正是在这个文献里，最先提出了包括北京（北平）在内的平津要建设成全国的"文化中心之一"的命题。之所以提"之一"，乃是因为较之于上海、南京，1949年北平的经济条件、社会影响力、现代城市建设基础、国际化程度以及作为首都的其他若干条件，还有所不够。当时中国共产党不是在接管一个具备现成条件的现代城市来作为首都。无论从行政、市政建设方面还是从经济地位来看，或者从政治意识形态方面来考虑，北平都需要被重新建构。这，也是中共中央特别提出的"新首都"概念的原因。1948年12月21日，刚被任命为北平军管会主任兼市长的叶剑英在河北良乡召开的北平干部会议做了《关于军管会的任务、组织机构及如何开展工作的报告要点》的报告，在这个重要报告里，他说："北平是一个古老的文化的国际城市，外国记者估计共产党要在北平建立一个人民自己的首都。"③虽然是"外国记者估计"，但却是文字上第一次表述在北平建都。在这篇报告的结尾处，叶剑英"不经意"说道："话说回来，北平是一个有关国际观瞻的城市，是我们自己的城市，

---

① 参见北京市档案馆、中共北京市委党史研究室编《北京市重要文献选编》（1948年12月—1949年），中国档案出版社2001年版，第1页。

② 参见北京市档案馆、中共北京市委党史研究室编《北京市重要文献选编》（1948年12月—1949年），中国档案出版社2001年版，第3页。

③ 参见北京市档案馆、中共北京市委党史研究室编《北京市重要文献选编》（1948年12月—1949年），中国档案出版社2001年版，第31页。

是红色的首都。我们要用庄严的态度来对待一切,去掉不正确的思想,如报复思想、享受思想,不要忘掉自己的重要任务。"①在这里,叶剑英很明确地表达出"新北平"作为未来新中国建设的政治定位和文化定位。这是今天北京建设全国文化中心的一脉相承的核心指导思想。

在历史发生的起点上,更能够清晰看出未来一段完整历史的本来面目。从1949年2月到今天,北京作为新中国首都开展的文化建设,是围绕"全国文化中心"这一目标,以及作为新中国文化的"首善之区"的目标来开展的。之所以说这是一个"现实性问题",原因就在于这一历史意志的推动力并未终结,也没有长期被固定为一种形态和内涵,它处于"正在进行时态"。无论在20世纪50—70年代,还是从20世纪80年代至今,虽然文化观念、文化制度、文化趣味等在发展变化,文化建设的策略和手段等也有所变化,"北京建设全国文化中心"这一目标并没有变化。即使文化政策在20世纪六七十年代一度出现非常态的混乱状态,但这个时期,北京作为首都建设全国文化中心这一意志没有变化。这一政治意志的延续,是"北京建设全国文化中心"这一议题得以展开的前提。

把握社会主义"文化"观念的革命性变化

1949年中国人民共和国新政协会议定都北平、更名为北京之后,为这个城市的文化带来了根本性变革。这个变革的特征可以集中表述为:文化不再孤立在经典、观念、精神层面,而渗透在全部生活之中;与此相应,文化成为全民众共同参与、全民在场的领域,而不是孤立于民众、局限在文人之间的事情。这是"文化"观念的革命性变化。

"文化"除了文学艺术经典的继承和新造,还存在于日常生活之中。众多文化学者几乎仅仅把研究视野局限在经典、观念、精神的高雅领域,完全无视"较为低级的"日常生活领域正是文化的重心所在。

1949年2月2日,《人民日报》(北平版)发表了一篇重要文献——代发刊词《为建设人民民主的新北平而奋斗》,这是党中央关于新北平

---

①　参见北京市档案馆、中共北京市委党史研究室编《北京市重要文献选编》(1948年12月—1949年),中国档案出版社2001年版,第31页。

政治、经济、文化定位的标志。

首先,文章给予北平和平解放很高的评价,认为"这在北平的历史上是一个空前的革命,它和过去历次的改朝换代是完全不同的,它不同于任何反动的统治阶级内部的政权转移和争夺,它乃是一个根本变更政治制度与社会制度的革命,首先是摧毁了国民党的反动统治,把政权完全拿到人民手里,这样就解决了革命的根本问题"。这个评价,实际上把北平的解放作为一个旧世界崩溃的里程碑和标志来看,那么,北平的解放就具有重中之重的价值;这一事件绝对不简单等同于一个北方大城市的解放。

其次,文章提出了"新北平"的概念和建设模式,即"人民民主主义的新北平":"北平的解放现在还是第一步。为了建设人民民主主义的新北平,我们还必须从政治上、经济上、文化上继续做极大的努力。"文章对"反动腐朽的文化"进行揭露后,充分肯定了北平历史上"蕴藏着劳动人民与革命知识分子们丰富的创造力,蕴藏着进步的生产组织和文化组织,对于这些丰富的创造力,这些进步的组织和它们的经验",强调这些"进步的文化",是建设新北平的有利条件,"必须谨慎地予以保护和继承"。

最后,提出了"新文化"概念。显然,在这个文献里,"新文化"是与政治、意识形态、社会各阶层的新变化密不可分的,是一个整体:"新的北平必须努力发展各种生产和为人民服务的新文化。""北平是中国最有名的文化都市,它曾经为中国人民培养了大批的优秀人才,它现在拥有大批产业工人、青年学生、各种知识分子和职员,这是中国人民的宝贵财产。今后应该在新民主主义的教育方针下,加强对于他们的革命理论的、革命政策的、工作业务的和科学知识的教育,以培养大批适合于革命发展需要的军事、政治、经济和文化工作的干部。"[①]

文章里关于"新北平""新文化"的提法,后来成为北京建设的指导思想。1949 年 10 月 1 日以后,到 20 世纪 50 年代,北京代表中央团结吸纳各方文化领域人员,发表各种宣言,组建各类学术组织和协会,兴

---

① 参见北京市档案馆、中共北京市委党史研究室编《北京市重要文献选编》(1948 年 12 月—1949 年),中国档案出版社 2001 年版,第 128—132 页。

办杂志、报纸、电台和新华书店,推动文学艺术领域的创作和评价、对旧中国传统文化的批判和对鲁艺小传统的发扬,改造中小学基础教育、大学和研究机构,精心构建新思想和政治话语体系等,从上层到基层民众强化全部工作和日常生活领域的政治意识、"一边倒"的国际立场和无产阶级利益立场,以及北京作为首都的各项建设方针,都是围绕"新北平"的这个思想形成的。因此,"全国文化中心建设"必然是一个文化政治命题。

重视全国文化中心建设的"小传统"

北京建设全国文化中心的问题,具有历史渊源,但又有鲜明的时间节点。作为一个具有鲜明现实性的问题,它不可以无限制上溯,例如上溯到元明清作为全国行政权力中心的文化建设。这是一个当代文化建设的命题,需要在当代的"文化"界定前提下溯源。自1949年1月底、2月初北平和平解放起始,其思想源头可以上溯到毛泽东关于文化建设的一系列论述,特别是《在延安文艺座谈会上的讲话》和《新民主主义论》两篇著作。有必要梳理从这里开始形成的"小传统"。

"北京建设全国文化中心"这个命题里的"文化",指的是1949年2月北平和平解放、中国共产党确立北平为新中国首都以来,在明确的政治观念、价值观念和审美观念等指导下的行为系统。一般地说,这个行为系统与远自元明清乃至民国时期北平的文化建设有一定关系,但放在新中国建立70多年的历史来看,继承关系是一方面,断裂基础上的新发展是另一方面。新中国成立以来的文化建设和文化理念,与封建王朝时代的理念存在巨大的断裂。1949年以来北京文化中心建设的"小传统"与1942年延安文艺座谈会、延安整风运动有着密切联系,与20世纪40年代后期国共两党围绕"中国的命运和前途"的讨论以及毛泽东所著《新民主主义论》所表达的思想更是紧密相关。由于时间和区域的限定,这一命题里的文化具有鲜明的时代主题、政治内涵和审美趣味特点,它的符号系统与更远的"传统"符号系统之间存在较大的断裂。20世纪80年代"文化寻根热"蔓延之际,北京作为全国文化中心,也开始与源远流长的北京地方本土文化及其社会主义"小传统"有机连接起来。

在新中国成立七十多年来的发展历程中,中国三千年文明传统与社会主义传统包括改革开放以来的社会主义市场经济逐渐形成新的综合。北京的全国文化中心建设,以其社会主义"小传统"为基础,同样在吸纳和整合各方面的要素。这些吸纳和整合的工作,仍然有其出发点,有其在人民共和国建立和建都之际确立的"初心"。北京建设全国文化中心这一命题,在它的这一历史起点被清晰呈现出来之后,其指导思想脉络、基本性质和重要内容的发展线索才能凸显出来,并成为未来建设的坚实根基。因此,加强和重视北京建设全国文化中心的"初心"研究,对当前的文化中心建设有着重要意义。

我们这个书系目前所包含的著作,分别研究近代北京城市空间、《现代评论》杂志和20世纪三四十年代北平的诗歌创作,只是对20世纪上半期北京文化发展的几个相当有限的问题的研究,期望在这一小小的空间中窥探历史发展巨轮的印迹。而在不久的将来,希望拓展到研究新中国文化建设的更为重要的方方面面,作为一个不断兼收并蓄的开放体系,积累成为北京作为全国文化中心建设的研究阵地和公共平台。若能如此,就不负初心了。

邱运华

2022 年 1 月

目　　录

绪　论 ……………………………………………………… 1

第一章　从帝都到国都 …………………………………… 22
　　第一节　帝都的陨落 ………………………………… 23
　　第二节　现代市政思想的引入 ……………………… 32
　　第三节　京都市政公所的设立与运行 ……………… 42
　　小　结 ………………………………………………… 53

第二章　国都新形象与城市空间的开放 ………………… 56
　　第一节　正阳门的改造与国家观念的变化 ………… 58
　　第二节　传统城市中的现代形式:环城铁路的修建 … 73
　　第三节　城墙拆改的文化之争 ……………………… 82
　　第四节　封闭城市中的快速交通:北京电车的开行 … 98
　　小　结 ………………………………………………… 112

第三章　国都政治与公共空间的拓展 …………………… 115
　　第一节　天安门广场演变的空间政治 ……………… 116
　　第二节　中央公园的开放与北京公共领域的开拓 … 132
　　第三节　展示与教育:古物陈列所的建立 ………… 150
　　小　结 ………………………………………………… 168

第四章　国都消费与商业娱乐空间的转型 ……………… 171
　　第一节　传统与"摩登":庙会、商场与市场的消长 … 173
　　第二节　北京电影院的文化语境 …………………… 189
　　第三节　香厂的兴衰:现代商业区在北京的境遇 … 206

第四节　天桥的空间生产与平民狂欢 …………………………… 224

小　结 ……………………………………………………………… 238

第五章　改造故都与城市空间重构 ………………………………… 241

第一节　国都南迁与城市身份认同 ……………………………… 243

第二节　文化旅游中心建设与故都城市空间生产 …………… 258

第三节　作为游览空间的故都天安门广场 …………………… 275

第四节　故都北平的文化生产与文学记忆 …………………… 281

小　结 ……………………………………………………………… 297

结　语 ……………………………………………………………… 299

参考文献 ……………………………………………………………… 306

后　记 ……………………………………………………………… 321

绪　　论

1840年,鸦片战争一声炮响,敲开了中国对外封闭数千年的国门。随后,以科学、技术为武装的现代西方文明迅速潜入内陆,中国这个古老的国度被迫踏上了现代化之路。最先接触现代化的是广州、上海等沿海城市,之后,代表工业文明的铁路在内地逐渐延伸,一直抵达古城北京脚下。① 自此,现代化的力量逐渐在北京扎下根基,开始慢慢地改变北京的城市面貌。

作为有着数百年建都史的国家都城,北京的空间结构体现着帝制时代的政治意识形态与社会文化,以紫禁城、皇城、内城、外城为放射状的环城结构拱卫着皇权的权威,贯穿城市南北的中轴线建筑群显现着以儒家思想为代表的中国传统建筑美学。在这种空间结构下,历代帝制政权都实行着严格的空间控制,城市空间的区隔也显现了帝制时代北京的社会阶层与等级身份的差异。

这种情况在清末发生了变化。随着帝国主义列强坚船利炮的入侵,帝都北京的城市空间也不可避免地受到了现代化的挤压而失却了原有的稳固性,城市的空间结构随着帝制的衰落与灭亡而丧失了旧有的合法性。继之而起的中华民国在袁世凯的谋划之下又将国都定在北京,于是北京又处于一种新的空间政治与社会文化之下。然而,与中国的沿海商埠城市相比,近代北京的城市空间变迁呈现出独特的景观:在现代化逐渐渗透北京之后,帝都北京的空间结构并未瞬间坍塌,城墙、城楼、牌楼等传统空间符号仍得以留存,而现代化的空间符号如有轨电车、现代商场等也开始出现在北京的街头巷尾,构成了近代北京传统与现代相交叠的空间景观。

是什么原因导致了近代北京出现此种空间景观?北京的城市变迁

---

① 近代北京有"北京""北平""京师"等不同称谓,为行文方便,除特指外,本书一般都用"北京"。

在多大程度上受到了现代化的影响？现代化在北京遇到了怎样不同于中国其他沿海商埠城市的境遇？近代北京城市空间变迁的背后又有着怎样的政治、文化逻辑？近代北京在由传统都城向现代城市转型的过程中受到了哪些力量的控制与支配？北京的城市规划者又是如何通过城市空间改造来体现国家意志与意识形态的？近代北京空间变迁的历史现实又体现怎样的文化表征？这些问题都需要进一步追问。

所有这些问题都可以聚焦到城市空间的研究上。城市空间不仅是物态的建筑、街道、广场等空间符号，这些空间符号还承载着特定的历史、政治与社会文化，空间的建构与变迁总离不开具体的社会条件与政治语境。因此有学者说，"透过城市空间的研究，可以清晰地观察到国家与社会之间关系的演变，空间结构在国家权力影响下的变化"[1]。非但如此，通过研究城市空间，还可以见出不同的社会阶层对于国家空间政治的态度与反应，见出城市空间结构对于城市生活方式的影响，呈现特定历史时期的社会众生相；还可以见出文化与政治、意识形态之间的互动，文化对于建构空间的作用。因此，研究近代北京的城市空间是了解其政治、社会与文化的一个入口。

一　城市空间研究的理论背景

城市从根本上说是由一个个空间符号组成的，因而，研究城市的秘密，莫过于研究城市的空间问题。在人类思想史的长河中，与人们对于"时间"的关注相比，空间问题一直处于思想理论界的边缘地带，各学科都热衷于对"史"的梳理与建构，而无意于对空间维度的理论阐释。就是在马克思主义者那里，空间问题最开始也没有成为直接的研究对象。尽管有学者声称，"马克思关于资本生产的理论，作为工业生产无机的身体和空间条件的理论，就是关于空间生产的理论"[2]。然而，马克思对于空间的思考被他关于对资本的批判所掩盖了，只有在马克思之后的 20 世纪，这种情况才出现了变化，空间问题开始走上思想界的

---

① 陈蕴茜：《空间维度下的中国城市史研究》，《学术月刊》2009 年第 10 期。
② 孙江：《"空间生产"——从马克思到当代》，人民出版社 2008 年版，第 3 页。

前台,有学者称之为"空间在 20 世纪的醒目出场"①。有学者则指出,"20 世纪中期以后,哲学、地理学、社会学、心理学等都出现了不同程度的学科理论的空间化转向"②。推动思想界"空间转向"的,是法国思想家亨利·列斐伏尔。

20 世纪 60 年代末,列斐伏尔提出的空间理论逐渐在全球范围内发生影响。他的空间理论建基于对资本主义城市空间的批判之上,他对空间的三种形态即自然空间、精神空间和社会空间的划分,对空间实践、空间的再现与再现的空间等概念的辨析,特别是对于社会生产与空间生产关系的考察,使空间理论打上了马克思主义的印记,从此空间问题成为一个跨学科的理论课题,在政治、社会、经济、哲学、文化等学科领域出现了所谓的"空间转向"。正如地理学家爱德华·索亚指出的那样,列斐伏尔始终认为,"思考空间的每一种方式,人类每一个空间性'领域'——物质的,精神的,社会的——都要同时被看作是真实的和想象的、具体的和抽象的、实在的和隐喻的"③。在列斐伏尔那里,空间既是建筑、地理等物质空间,也是社会关系演变的舞台,在历史的演变中重新结构和转化,是人类文化活动的产物。④ 总之,空间既是物质的,也是社会的与文化的。

列斐伏尔开启了 20 世纪空间转向的同时,也使他的空间政治学闻名于世,即从政治的角度来解读空间。列斐伏尔强调,空间不仅是一个物质性的容器,也不仅是观念的产品,更是政治、社会、意识形态的产物。"空间并不是某种与意识形态和政治保持着遥远距离的科学对象(scientific objects)。相反地,它永远是政治性的和策略性的。假如空间的内容有一种中立的、非利益性的气氛,因而看起来是'纯粹'形式的、理性抽象的缩影,则正是因为它已被占用了,并且成为地景中不留痕迹之昔日过程的焦点。空间一向是被各种历史的、自然的元素模塑

---

① 汪民安:《空间生产的政治经济学》,《国外理论动态》2006 年第 1 期。

② 童强:《空间哲学》,北京大学出版社 2011 年版,第 15 页。

③ [美]爱德华·W. 索亚:《第三空间:去往洛杉矶和其他真实和想象地方的旅程》,陆扬等译,上海教育出版社 2005 年版,第 82 页。

④ 陆扬:《日常生活审美化批判》,复旦大学出版社 2012 年版,第 337 页。

铸造,但这个过程是一个政治过程。空间是政治的、意识形态的。它真正是一种充斥着各种意识形态的产物。"①空间的设计、组织、规划与生产,都不是科学的、自然的、无功利的活动,而是与政治、意识形态密切关联。"空间不仅仅是被组织和建立起来的,它还是由群体,以及这个群体的要求、伦理和美学,也就是意识形态来塑造成型并加以调整的。"②从这个意义上说,不同的时代、政权都有着不同的生产空间策略,不同的社会群体相应地也有着不同的空间诉求,封建社会与资本主义社会、统治阶级与被统治阶级、资产阶级与无产阶级、政府官员与知识分子群体或劳动大众,对于空间设计与生产的分歧亦因此产生。

福柯对于空间与权力的思考揭开了空间政治学的另一副面相。与列斐伏尔关注空间与社会生产的关系不同,福柯则注重探究空间与个体之间的关系。福柯出版于 1975 年的《规训与惩罚》与发表于 1984 年的《不同空间的正文与上下文》体现了他对于空间与权力的思考。通过对监狱空间形态的考察,福柯揭示了空间是如何被设计、建造并实现对人的监视、规训与统治的。在福柯那里,"空间是任何权力运行的基础"③,是重要的统治与管理手段,福柯从政治的角度揭示了空间是权力、知识等话语实现其现实统治的关键因素,城市的建筑设计、区域的规划,都是渗透了权力运作的现实例证。由此,空间因其强有力的统治、控制能力而具有了显著的政治意义。

列斐伏尔与福柯的空间政治学将空间问题引向了广阔的政治、社会领域,在他们的影响下,传统的地理学也开始重视空间的社会、政治属性,英国地理学家多里恩·马希就指出,"空间是由社会建构的,而且社会也是通过空间建构的"④。空间的政治、社会功能受到广泛的关注,空间对于社会的塑形作用成为现代地理学的理论共识。法国思想家布尔迪厄提出的社会空间区隔与"场域"理论也与空间政治学相暗

---

① [法]亨利·列斐伏尔:《空间政治学的反思》,见包亚明编《现代性与空间的生产》,上海教育出版社 2003 年版,第 62 页。
② [法]亨利·勒菲弗:《空间与政治》,李春译,上海人民出版社 2008 年版,第 66 页。
③ [法]米歇尔·福柯、保罗·雷比诺:《空间、知识、权力——福柯访谈录》,载包亚明编《后现代性与地理学的政治》,上海教育出版社 2001 年版,第 13—14 页。
④ 转引自汪民安主编《城市文化读本》,北京大学出版社 2008 年版,第 295 页。

合。另一位法国社会学家曼纽尔·卡斯特则进一步强调了空间的社会属性,在他看来,并不存在纯粹抽象的空间,空间总是具体的、历史的、社会的。相应地,城市空间也具有类似的属性:"城市空间是被建构的,也就是说,它不是被随意组织起来的,运作于城市空间中的社会过程既体现了空间,也体现了社会组织的每种类型与每个时期的决定作用。"①英国学者彼得·桑德斯将城市空间的理论起点上溯到马克思、韦伯、涂尔干等理论传统,结合芝加哥城市社会学派的理论资源,深入挖掘城市空间结构与社会结构的关系。② 新文化地理学学者迈克·克朗则将空间批评应用到了广阔的文化领域,他的《文化地理学》正是要研究文化是如何塑造、影响空间的,权力和意义又是如何被赋予到人文地理景观中的,他还指出了一些国家是如何利用纪念碑和建筑来强调民族的共同利益,并促进内部稳定从而使民族团结在一起的。这种空间策略在近代北京的空间改造中亦有体现。

　　空间政治学为我们呈现了这样一个理论前提:空间并不是纯粹的物质符号,而是一个承载着政治、权力、意识形态、文化等复杂属性的容器,空间不是自然形成的,而是被多种权力、力量建构起来的。

　　20 世纪空间政治学的兴起为城市文化研究开启了新的研究思路,城市空间的改造、变迁成为人们探讨现代化发生与传统城市向现代都市转变的新维度。如果说 20 世纪初本雅明对近代巴黎的建筑空间尤其是拱廊的研究那种游荡式的体验还属于哲学深思的话,那么大卫·哈维的《巴黎城记:现代性之都的诞生》对近代巴黎城市改造的研究则显然借用了列斐伏尔的空间政治学方法,并已是一种成熟的系统研究。该书通过考察 19 世纪中期奥斯曼主导的庞大的巴黎改造工程,揭示了经济、资本、政治、社会组织与文化等在巴黎空间改造中的互动,以及以路易·拿破仑、奥斯曼等为代表的政治人物及资本家、各种无产阶级、学生与知识分子等不同群体在巴黎由古典城市向现代城市转型

---

① Manuel Castells, *The Urban Question：A Marxist Approach*, London：Edward Arnold, 1977, p. 115.

② Peter Saunders, *Social Theory and the Urban Question*, London and New York：Routledge, 2005, p. 76.

中的作用，巴黎的空间改造体现了权力的运作与新型社会关系的生产。

空间在容纳了政治与权力运作的同时也表征着文化的力量。空间对文化的表征与其对政治的容纳一样，都是一个充满了各种力量碰撞的实践过程。在文化研究的语境中，"表征"是一种赋予事物以意义与价值的文化实践活动，"是指把各种概念、观念和情感在一个可被转达和阐释的符号形式中具体化"①。在这个意义上，空间与语言一样，都是可供意指实践的符号，因而，空间也是一种意指实践，并具有表征意义、价值与文化的功能。

美国学者卡尔·休斯克在研究19世纪末的维也纳时就以"政治与文化的互动"作为全书的主旨，②突出文化作为一种特殊的力量对于城市空间的作用。休斯克分析了奥地利文化传承的特殊性：部分是贵族的、天主教的、审美的，部分是资产阶级的、墨守法律的、理性主义的，这样，审美的奥地利传统文化与理性的自由主义资产阶级文化共同影响了新维也纳的建造，使维也纳在现代化建造的同时，又吸收了哥特式、文艺复兴、巴洛克的空间形式，而这些都不是奥地利自己的建筑文化传统，这显然不同于巴黎的现代化改造路径。

二　文化研究视野中的北京城市空间研究

自中华人民共和国成立以来，随着北京学研究的兴起与深入，北京城市空间问题也逐渐为广大学者所关注，特别是清末民国时期，由社会、政治等原因造成的城市变迁与结构功能变化，北京的空间变迁问题为学界所特别重视。许多北京通史或专门史类著作都或多或少地涉及了北京的城市空间问题，从不同的角度丰富了城市空间问题的研究思路。另外，还有大量的与此主题相关的专著、论文，从历史学、地理学、社会学等不同学科展开研究，既有纵向的历时性考察，也有具体的个案分析，进一步拓宽了北京学的研究领域。下文拟从近代北京城市空间

---

① ［英］斯图尔特·霍尔：《表征：文化表征和意指实践》，徐亮、陆兴华译，商务印书馆2003年版，第10页。
② ［美］卡尔·休斯克：《世纪末的维也纳》，李锋译，江苏人民出版社2007年版，第11页。

的现代化、城市空间的开放与商业娱乐空间的变迁三方面,对 1949 年以来的主要研究成果、观点进行粗略的回顾与简单的评价。

(一)关于北京城市空间的(近)现代化研究

民国时期的北京城由于处在激烈的时代变革之中,城市的规划、建设不可避免地受到了来自西方现代思想的冲击与影响,因而这一时期城市空间的现代化问题就格外引人注目。纪良从帝都皇城的开放、使馆区与西方建筑的出现、新式学校和医院的兴办、现代化交通的创办与现代化市政设施的兴建等方面,简明扼要地描述了北京城市空间在近代以来的新变。① 习五一以同样的思路考察了民国北京城市空间的现代化进程。②

关于北京城市空间现代化的思想动力,王亚男与赵永革强调了西方的市政建设思想对北京城市空间现代化的影响,重点介绍了民国时期的张武、华南圭、白敦庸、张又新等有西洋学术背景的学者对北京城市建设的意见。他们指出,在中西文化相互撞击、相互包容的 20 世纪二三十年代,西方先进的都市规划建设思想对北京的城市建设起到了有效的启蒙和舆论推动的作用。③ 美籍华裔学者史明正对北京城市现代化进程的这一问题做了较深入的系统分析,作者在其博士论文基础上修改出版的《走向近代化的北京城——城市建设与社会变革》一书,④从北京的城市建设如沟渠、供水、电灯、交通等方面,考察了 20 世纪前 30 年北京从一个帝王都城逐渐向近代化转变的历程。此书从政治、经济、社会等方面着手分析,强调了西方技术与科学对于北京城市变迁所起的重要作用,论证了电力照明、铁路、电车等现代化设施对北京城市空间的影响。

与上海、天津等城市的现代化进程不同,近代北京的城市建设与空间变迁在走向现代化的途中,旧有的城市空间结构并没有瞬间瓦解,而

① 纪良:《近代北京城市的变迁》,《北京社会科学》1990 年第 2 期。
② 习五一:《民国时期北京的城市功能与城市空间》,《北京行政学院学报》2002 年第 5 期。
③ 王亚男、赵永革:《近代西方"市政建设"思想的引入和对北京发展方向的讨论》,《北京社会科学》2007 年第 2 期。
④ [美]史明正:《走向近代化的北京城——城市建设与社会变革》,王业龙、周卫红译,北京大学出版社 1995 年版。

是在相当长的时期内制约着现代化在北京的发展。史明正的另一篇论文《清末民初北京城市空间变迁之解读》①从城墙的瓦解、中轴线的演变、现代建筑和新型商业区的兴起三方面探讨北京城市空间的演变特征,分析了现代主义与传统力量在北京城市演变中所起的作用,指出了传统与现代在北京城市空间变迁中的盘根错节与相互交融。美国学者戴维·斯特兰德也注意到了传统与现代在北京的共存现象,他通过人力车夫这一特殊视角来还原20世纪20年代的北京社会。作者指出,在北京由传统向现代转型的过程中,旧的行会、水会和慈善组织与现代的市政机构、商会、工会和警察同时并存,北京既保留了传统,又容纳了现代,从而在城市空间上呈现出新旧杂糅的特征。② 王亚男则进一步指出,民国时期北京城的低度工业化、封建因素的羁绊以及政治地位的不断弱化,构成了北京城市近代化的主要障碍。③

历史、传统对于北京现代化的影响,是董玥的博士学位论文《现时的记忆:民国北京的盛衰之变(1911—1937)》④重点研究的内容,该文通过对比19世纪奥斯曼对巴黎的现代化改造,认为北京的现代化进程与巴黎不同,北京只是在城市空间上出现了局部的改变,人们的生活方式、思想文化都还沿袭着传统,北京并没有实现真正的现代化。作者指出,政府通过保护、修缮古旧建筑,实施文物整理,筹办文化旅游区,使传统在北京没有被抛弃,而是经过重新整理、组合,得到了更新。王煦在考察了1933年至1935年的北平市政建设之后,也得出了传统因素在北京现代化进程中得到较好的整理与保护的观点。⑤

---

① [美]史明正:《清末民初北京城市空间演变之解读》,《城市史研究》第21辑,天津社会科学院出版社2002年版。

② David Strand, *Rickshaw Beijing: City People and Politics in the 1920s*, Berkeley: University of California Press, 1989.

③ 王亚男:《1900—1949年北京的城市规划与建设研究》,东南大学出版社2008年版,第22页。

④ Yue Dong, *Memories of the Present: The Vicissitudes of Transition in Republican Beijing*, 1911-1937, Ph. D. dissertation, University of California, San Diego, 1996. Madeleine Yue Dong, *Republican Beijing: The City and Its Histories*, Berkeley: University of California Press, 2003. 董玥:《民国北京城:历史与怀旧》,生活·读书·新知三联书店2014年版。

⑤ 王煦:《在传统与现代之间——1933至1935年的北平市政建设》,《历史教学问题》2005年第2期。

　　总的来看,对北京近代化的研究从最初的关注现代化带来的空间变革,逐渐转移到现代化的影响与局限上,同时,也注意到了传统与现代在北京城市空间中的交融,体现了研究理念的更新。

(二)关于北京城市空间开放的研究

　　民国北京城市空间变迁的另一个重要特征就是从原来的封闭城市逐渐走向开放,因此不少学者都将目光聚焦在北京城市空间的开放上。袁熹将北京旧有城市空间结构归结为"内外城制度",认为这种"内外城制度"在很大程度上阻碍了北京城的经济、文化与城市建设的发展。进入近代以来,由于政治经济和文化教育变迁的影响,人口的大幅增长,商业、手工业的进一步繁荣,北京旧有的城市格局和结构已不能适应社会的发展,因而被迫突破了城市原有的"内外城制度",逐渐从一个封闭的帝王都城向现代城市迈进。① 薛春莹从北京道路改善、城门城墙改造、沟渠整修以及供电、供水、电车三大公用事业发展的角度着手考察,认为北京近代化与城市化的进程由内城的局部地区逐步扩展至外城,继而突破城墙的限制,扩展到新城地区。②

　　北京城的开放在物理空间上表现为城墙的拆改,因此,民国时期北京城墙的命运为许多学者所关注。北京城墙的损坏始于清末的义和团运动,但真正对城墙构成威胁的是对便利交通的迫切要求。史明正考察了由市政公所主持、德国建筑师罗斯格尔设计的正阳门改造工程。作者认为城门的改造不仅使前门一带拥挤的交通得以缓解,还打破了帝王统治时期戒备森严的空间秩序,从而具有更深刻的社会意义,即现代城市的改造强调的是城市居民的现实需要,而不是王公贵族阶层的特权。③ 张复合考察了1915年修建京都环城铁路工程对城墙的改造,认为此工程不仅便利了城市交通,也促使北京的城市功能和结构发生了重大变化。④ 与前面两位学者的观点不同,宗绪盛则认为,真正破坏北京城墙旧有格局的是1926年和平门的修建。作者指出,在内城墙正

---

　　① 袁熹:《试论近代北京的城市结构变化》,《北京社会科学》1997年第3期。

　　② 薛春莹:《北京近代城市规划研究》,硕士学位论文,武汉理工大学,2003年。

　　③ [美]史明正:《走向近代化的北京城——城市建设与社会变革》,王业龙、周卫红译,北京大学出版社1995年版,第58—91页。

　　④ 张复合:《北京近代建筑史》,清华大学出版社2004年版,第224—227页。

阳门与宣武门之间开出一个豁口修建而成的和平门，使原来的"前三门"变成了"前四门"，内城原有的"九门"不复存在。①

打通城墙自然推动了城市空间的开放，但民国期间保护城墙的举动同样值得注意。李少兵考察了 1912—1937 年北京城墙先遭破坏后又被保护的变迁历程。作者认为，进入近代之后，北京城墙作为城市保护与居民控制的实用价值、作为展示威仪和权力的符号价值宣告消失，只剩下作为文物古迹的文化价值。1928 年国都南迁之后，北平市政府根据城市角色的转换，转而重视城墙的文化价值并对城墙进行了有效的保护。② 对于北京城墙的存废问题，早在 20 世纪 20 年代就有过激烈的争论，民间存在着保护城墙的呼声。赵可介绍了 20 世纪 20 年代的留美学者白敦庸《市政述要》一书所提出的城墙保护计划，作者认为，白敦庸提出的保护计划，如保护城墙上的城楼，在城墙上安装电灯，配备公共设施，在城楼上开设图书馆，在城根遍植草木等设想，与 20 世纪 50 年代梁思成提出的城墙保护构想极为相似，但其结局却大相径庭。③

火车突破了封闭的城墙，同为现代化交通工具的有轨电车也对北京的空间结构产生了影响。姜瑶瑶的硕士学位论文考察了北京电车在开通之前以及运营之后与城内跨街牌楼之间的冲突，再现了牌楼在电车的影响下先遭拆除后又被修复的过程。④

如果说改造城门、打通城墙开放了城市的物理空间，那么公园开放运动的意义则在开放社会空间上有了突破。史明正论述了 20 世纪初期北京皇家私有的城市空间向市民开放以及成为公共地域的转变过程，认为北京公园公共空间的形成源于市政机构和地方士绅及商人的积极推动。⑤ 而林峥则认为，北京公园的开放得益于康有为、梁启超等

---

① 宗绪盛：《和平门的修建与北京城门城墙的消失》，《北京观察》2013 年第 8 期。

② 李少兵：《1912—1937 年北京城墙的变迁：城市角色、市民认知与文化存废》，《历史档案》2006 年第 3 期。

③ 赵可：《近代第一个关于北京城墙的保护计划》，《北京社会科学》1998 年第 2 期。

④ 姜瑶瑶：《1912—1937 年北京内城跨街牌楼变迁研究》，硕士学位论文，北京师范大学，2007 年。

⑤ 史明正：《从皇家的花园到公园——20 世纪初北京城市空间的变迁》，《城市史研究》第 23 辑，天津社会科学院出版社 2005 年版。

对西方现代公园概念的引入,逐渐高涨的京城舆论推动了皇家禁苑的开放。以朱启钤为主导的市政公所积极推动北京皇家禁苑的开放,并将其打造成融合娱乐、教育、商业、政治等多功能为一体的公共空间。[1]公园开放将原来专属于贵族、特权阶层的空间辟为开放的公共空间,具有划时代的意义。王炜的《近代北京公园开放与公共空间的拓展》分析了近代北京的公园对市民生活的影响,作者指出,公园中创办的图书馆、展览、讲演所、游园会等,强调了公园的教育功能与政治作用。[2] 周进[3]与胡琦[4]也都强调了公园开放运动对北京社会、市民生活的重要影响。

戴海斌则将目光聚焦于民初的第一个公园——中央公园,在强调中央公园的公共空间意义的同时,也指出公园内较高的消费将大量贫穷的百姓挡在了门外,体现了公园在构建公共空间上的局限。[5] 王琴的《公共空间与社会差异——民国北京公园研究》一文则在此基础上做了拓展分析,该文以北京近代公园中的茶座为考察对象,通过分析公园中的消费群体,认为以公园为代表的公共空间只是社会精英的消费场所,体现了社会分层所造成的空间分隔,展现着社会的差异性和多元化。[6]

(三)关于北京商业娱乐空间变迁的研究

民国北京城市空间变迁的另一个主要特征是出现了许多西式的商业娱乐空间,它们与传统的庙市、茶馆、戏园等同时并存,互为参照,成为学者研究的重点。

在商业娱乐空间的变迁方面,高松凡运用"中地论"(以市场为中心的宏观区位理论)的方法,论述了自元代至民国时期北京的市场发

---

[1]　林峥:《从禁苑到公园——民初北京公共空间的开辟》,《文化研究》第15辑,社会科学文献出版社2013年版。

[2]　王炜:《近代北京公园开放与公共空间的拓展》,《北京社会科学》2008年第2期。

[3]　周进:《近代城市公共空间的拓展与城市社会近代化——以北京为例》,《北京联合大学学报》(人文社会科学版)2008年第1期。

[4]　胡琦:《近代北京公园与市民生活关系研究》,硕士学位论文,首都师范大学,2009年。

[5]　戴海斌:《中央公园与民初北京社会》,《北京社会科学》2005年第2期。

[6]　王琴:《公共空间与社会差异——民国北京公园研究》,《北京档案史料》2005年第2期。

展过程。① 万稚文的硕士学位论文从社会学、城市学、历史学的角度出发,考察了清末民初北京的娱乐空间从以戏园、庙会等为代表的传统娱乐空间向以公园、游乐场、电影院等为代表的新式娱乐空间的发展过程,指出了当时北京娱乐市场大众化、多样化、新旧并存的特征。②

在北京传统的商业空间中,庙市是较为常见的一种。樊铧《民国年间北京城庙市与城市市场结构》一文从当时的政治、市场、城市布局和城内人口的收入等因素入手,考察了民国年间北京庙市的时程分布和区域布局。③ 习五一则从民俗文化的视角探讨了政治与社会变迁对北京近代庙会演变的影响。④

民国初年,北京出现了一些依照西方风格规划、建设的市场,东安市场是其中极为典型的一个。宗泉超梳理了东安市场自清末直至中华人民共和国成立之后的兴衰历程。⑤ 于小川结合清末至民国时期的社会政治背景,对东安市场的发生、形成、成熟直至停滞的发展过程做了较系统的考察,指出东安市场尽管采用了西方的市场管理方法,但为了适应市民的实际需要,依然继承了传统庙会、定期市的集贸与民间娱乐共存的形式,体现了东安市场一带近代都市商业的传统基础。⑥

在北京的西式商业空间中,香厂新区的规划与管理都体现着向西方城市建设学习的最新成就。鱼跃的硕士学位论文从时代背景、经济背景、文化背景、目标定位四个方面考察了香厂商业区的筹备与发展过程,介绍了香厂新市区的市政设施建设、土地管理、商业发展、新市区价值与意义,分析了香厂衰落的政治、经济、社会环境和市民心理等多方

---

① 高松凡:《历史上北京城市场变迁及其区位研究》,《地理学报》1989 年第 2 期。
② 万稚文:《北京娱乐发展状况研究(1912—1928)》,硕士学位论文,首都师范大学,2012 年。
③ 樊铧:《民国年间北京城庙市与城市市场结构》,《经济地理》2001 年第 1 期。
④ 习五一:《近代北京庙会文化演变的轨迹》,《近代史研究》1998 年第 1 期。
⑤ 宗泉超:《历史上的东安市场》,《北京史论文集》,北京史研究会编印 1980 年版。
⑥ 于小川:《近代北京公立市场的形成与变容过程的研究——以东安市场为例》,《北京理工大学学报》(社会科学版)2005 年第 1 期。

面原因。①　张复合、王亚男也从不同的角度对香厂新区进行了研究。②

在北京新出现的商业娱乐空间中,电影院无疑最具现代化特征。张明明从新式电影院的营建、现代化改造等角度描述了20世纪20年代北京电影市场的发展过程,通过比较电影院与旧式戏院的区别、考察电影放映与电影相关产业的发展,讨论了新兴的电影业对城市经济、社会风俗等方面的影响,认为电影院的出现冲击了传统的娱乐方式,开创了一种新的公共娱乐观念和行为方式,推动了北京的现代化进程。③关于电影院对市民生活的影响,李微通过考察民国时期北京电影院的运营状况、等级差异、空间布局与市民们的观看习惯,指出电影院既反映了当时北京市民娱乐生活的情形,也凸显出人们的身份等级、经济条件的差别。作者还指出,尽管电影院的出现受到了北京市民的欢迎,但传统的戏园、茶楼仍是北京市民主要的娱乐生活空间,反映出近代北京独特的传统城市文化特征。④

天桥在民国北京的娱乐空间中占有重要地位,历来被当成是北京平民文化的代表,一直为学界所乐道。董玥从社会文化的角度对天桥进行研究后指出,空间上的绝对开放与商品的"回收"机制是天桥在民国时期快速繁荣的主要原因。天桥向任何阶层的人民敞开,因而消除了因空间分隔而造成的社会等级差异,吸引了大量的平民;商品的反复循环买卖又使天桥充满活力,始终处在不断的更新之中。⑤ 岳永逸则把研究聚焦于天桥的艺人群体,考察了空间因素对天桥艺人身份、文化认同的影响,他指出,天桥艺人的形成是社会变迁带动下的垂直流动、

①　鱼跃:《北京城市近代化过程中的香厂新市区研究》,硕士学位论文,首都师范大学,2009年。

②　如张复合从建筑史角度的研究,见张复合《北京近代建筑史》,清华大学出版社2004年版,第228—247页;王亚男从城市规划角度的研究,见王亚男《1900—1949年北京的城市规划与建设研究》,东南大学出版社2008年版,第77—84页。

③　张明明:《20世纪20年代北京电影市场的发展》,《首都师范大学学报》(社会科学版)2004年增刊。

④　李微:《娱乐场所与市民生活——以近代北京电影院为主要考察对象》,《北京社会科学》2005年第4期。

⑤　Madeleine Yue Dong, *Republican Beijing: The City and Its Histories*, Berkeley: University of California Press, 2003.

水平流动、地缘流动与心理流动合力的结果，他们流落到天桥后身份的获得与认同变得极为复杂，成为"被抛出的群体""漂泊的群体"，他们从不同的地方来到天桥之后，都要经历一个时空体认的转换，遵循新的文化逻辑与理念。①

中国台湾学者许慧琦则别出心裁，以民国时期的档案与报纸为史料，借城市消费的视角综观迁都后的北平社会，从北平的城市形象、市民消费主体与"女招待"这一新兴职业的角度综合考察北平的城市消费生活，在城市消费新环境、新体验、新服务与新享受的发展过程中，讨论北平有别于其他同时期中国西化商埠城市的另类现代化。她认为，故都北平在呈现某种摩登风貌的同时，却在更大的程度上散发着独特的传统文化气息。②

当然，以上只是从文化研究的角度所做的梳理，远没有涵盖关于北京城市空间的全部研究成果。另外，值得提及的还有王均对清末民初社会空间的分析，③唐博对近代北京居住空间的考察，④孙冬虎与王均对民国北京城市形态与功能演变的分析⑤等，都从不同的角度丰富了北京城市空间的研究。

三　本书的研究路径

从以上简略的学术回顾可以看出，现有的北京城市空间研究较多地侧重于单向的北京现代化进程，注重于现代化对北京的影响，而传统因素在北京现代化进程中的作用一直没受到重视，特别是传统与现代在近代北京的碰撞过程、状态及其背后的政治、文化因素还没有得到应

---

① 岳永逸：《近代都市社会的一个底边阶级——北京天桥艺人的来源、认同与译写》，《民俗研究》2007 年第 1 期；岳永逸：《空间、自我与社会：天桥街头艺人的生成与系谱》，中央编译出版社 2007 年版。

② 许慧琦：《故都新貌：迁都后到抗战前的北平城市消费（1928—1937）》，台湾学生书局有限公司 2008 年版。

③ 王均：《清末民初时期北京城市社会空间的初步研究》，《地理学报》1999 年第 1 期。

④ 唐博：《清末民国北京城市住宅房地产研究（1900—1949）》，博士学位论文，中国人民大学，2009 年。

⑤ 孙冬虎、王均：《民国北京（北平）城市形态与功能演变》，华南理工大学出版社 2015 年版。

有的关注。换句话说,影响北京城市空间变迁背后的政治、社会文化力量还没有得到充分的挖掘。另一方面,现有的研究也没有关注北京在近代的城市身份变化对北京现代化的影响,大多把近代北京视为一个僵化的整体,而没有注意到城市身份的变化所带来的政治、社会、思想、文化等层面的联动反应及其对北京发展路径的影响,这也为本书留下了进一步探索的空间。

本书从近代北京的三次身份转变着手,考察北京由封建帝都到民国国都再到南京政权时期的故都的身份转变对于北京城市发展的影响。在研究路径上,本书以北京的城市空间为研究对象,考察现代与传统两种文化表征在近代北京相遇后产生的碰撞、斗争直至融合的过程,分析城市空间变迁所表征的北京社会、政治与文化心理的演变。

城市空间是一个内涵十分丰富的概念,不同的学科有着不同的理论指向。地理学关注的是城市空间的地质形态,建筑学则更重视城市空间的物质形态、内部构成,历史学关注的是城市空间的形成与变迁,社会学则注重城市空间的构成及其对社会生活的影响。本书的考察对象以城市的物质空间为出发点,以物质空间的变迁为考察脉络,探讨物质空间变迁对于社会、文化、人的心理的影响,最终落脚于集物质空间、社会空间、文化空间为整体的综合城市空间。

因此,施坚雅研究明清时期北京的经验对本书就不再具有重要的参考价值。他对城市研究的贡献在于创立了以市场为基础的区域体系理论,是宏观的横向区域研究模式。相比之下,兴起于20世纪20年代的芝加哥学派的城市社会学对于本书更具指导意义,以帕克为首的芝加哥学派虽以当代的工业城市为研究对象,但他们所提出的人文生态学的研究方法,研究人口与城市空间的关系,对本书考察北京的城市空间变迁之于社会生活的影响具有启发意义。

与巴黎、维也纳在近代的变迁相比,近代北京的命运既有相似也有不同。相似的是,古都北京在接受现代化的洗礼后也逐渐由传统城市向现代城市转型,现代空间符号渐次在北京出现;不同的是,近代北京的现代化转型远没有上述几个城市彻底,专制与民主、传统与现代等不同的政治、社会力量、思想文化的碰撞更为复杂,并最终在城市空间中的改造、变迁中得以呈现。梳理近代北京的空间变迁，能从另一个角度窥视空间所表征的近代北京的政治、社会与文化的特殊性。

本书所用的"城市空间"概念，首先是指物质意义上的空间，如北京的城墙、城门、街道、广场、住宅、剧场、市场等建筑学上的地域空间，这是描绘北京城市空间变迁的前提。其次，结合近代北京具体的历史、文化语境，考察特定的政治历史事件与不同的文化传统加之于物质空间的影响，使物质空间呈现出特殊的历史、社会、文化意义，进而表现为集物质、历史、社会、文化、心理为一体的综合城市空间。本书正是在此意义上考察 20 世纪前 40 年北京城市空间变迁的政治社会背景、思想动力与文化表征，探讨不同的政治力量、文化传统、社会阶层在 20 世纪前期社会巨变过程中的摩擦与碰撞及其在城市空间上的体现。本书以城市空间为切入点，实质上探究的是北京的传统文化在遭遇以民主、科学为特征的西方现代文明之后所采取的应对方式与结果。

具体到研究路径上，本书将借鉴列斐伏尔"空间实践"的概念，"一个社会的空间实践藏匿了那个社会的空间，空间实践以一种辩证的相互作用提出并预先假定了社会空间，由于空间实践控制、占据着社会空间，因而就缓慢而确定地生产出了社会空间"①。卡尔维诺也曾指出，城市中的街道、拱廊、屋顶等并不会告诉你这个城市的真实故事，"构成这个城市的不是这些，而是她的空间量度与历史事件之间的关系"②。换言之，要深入了解一座城市，就必须考察显性的空间意象与特定时代的历史事件之间的关系，通过空间所承载的历史故事来"阅读"城市的历史。受此启发，本书试图采用"事件化"的手法来探讨近代北京城市空间变迁的意义，即把推动近代北京城市空间变迁的诸因素还原成一个个典型的历史事件。城市空间变迁的关键在于推动其产生变革的力量，在于激发空间变迁过程中的一系列历史事件，这些历史事件体现着社会、政治、文化、思想的演变，交织着政治、权力、意识形态、文化的冲撞与博弈。就近代北京来说，这一系列的历史事件可粗略地归入北京由帝都向国都、故都转变的三个历史阶段，最终都体现在北

---

① Henri Lefebvre, *The Production of Space*, Oxford：Blackwell Pub.，1991. p. 38.

② ［意］伊塔洛·卡尔维诺：《看不见的城市》，张密译，译林出版社 2012 年版，第 8 页。

京的城墙、道路、建筑等城市空间符号以及生活于这些城市空间中的人们的生活方式的变化上。

王笛曾在《街头文化:成都的公共空间、下层民众与地方政治,1870—1930》一书中提到了研究城市史的两种路径:"话语分析"与"叙事"。所谓"话语分析",就是用复杂的理论与术语分析看似简单的问题,以发现简单问题后藏匿的"精妙玄机";而"叙述"则力图用通俗、简单、清楚、直接的方式来阐述自己的观点,将读者引入事件的"内部"进行"身临其境"的观察。鉴于近代北京城市空间变迁的复杂性与事件化特征,本书选取了"叙述"的方法,尽量避免过多的理论分析与抽象阐释,而是倾向于用"讲故事"的方式重现近代北京的社会、历史事件对于城市空间变迁的影响,厘清国家意志、意识形态、社会思想、文化传统与城市空间的互动,使城市空间变迁背后的理论与文化意义在事件化的"叙述"中自然呈现出来。在资料选择上,本书将重点查阅民国时期北京的地方报纸,利用报纸报道事件的时效性与连续性的优势,同时参照相关的政府公文、档案,多方位还原相关历史事件的始末。

近代北京的城市变迁在空间上表现为城墙的破坏、西式建筑的出现、现代交通工具对街道面貌的改变等,但无论是拆城墙以利交通、开放皇家禁苑以启明智,还是兴建现代化的商场、游艺园以娱民情,都经历了许多曲折、艰难的历程。本书力图通过挖掘、梳理当时官方的公文及命令、报纸的记载、民间的舆论,将这些事件重新串联起来。特别是这一时期发生的具有影响力的事件,当时的报纸都有连续的跟踪报道,搜集相关的新闻报道可将历史事件进行最大程度的还原,与档案、历史文献中的记载相映照,梳理事件的来龙去脉。只有厘清了推动空间变革的力量、阻拦空间变迁的阻力以及二者相互碰撞、争斗的过程,才能发现空间变迁的意义所在。

本书还将采用比较的方法,将北京与同期的上海、天津进行比较。上海是当时中国现代化程度最高的城市,是"摩登"的代表;天津同属北方城市,又是港口城市,其现代化的程度虽不如上海,但由于开埠较早,市区又有多国租界,因而城市空间的西化特征较为明显。北京的空间变迁呈现出不同于这两个城市的面貌,现代化进程缓慢,传统因素生命力顽强。在与天津、上海的比较中,北京城市空间变迁的文化意蕴会更加凸显。

在论证的过程中,本书将以历史的进程为经,以清末民初的城市空间开放到国都南迁后的旅游区规划为主线,同时,以城市空间的形态分析为纬,将空间变迁带来的社会、文化影响作为辅线,采取历时性与共时性相结合的综合方法考察空间变迁及其文化意义。本书还将通过文学作品、报刊时文中的城市书写来考察城市空间变迁在文学、舆论中形成的城市空间想象,探讨城市空间变迁对于社会心理、文化的影响,力图从物质、社会、心理、文化等多个层面呈现出一个立体的城市空间。

霍布斯鲍姆在《传统的发明》一书中把传统看成是一个不断被发明、建构的事物,而不是一成不变的历史。本书赞同其观点。但为了论证的方便,本书在与之不同的层面上使用"传统"这一概念,即承认在特定的历史节点上"传统"的稳定性。本书中的"传统"特指中国在进入 20 世纪之前,社会文化、人们的思想观念、生活方式以及承载此种文化与生活方式的空间物质形态的总和。在思想文化上,传统表现为以儒家思想为主导的建立于农业社会基础上的精神文明;在生活方式上,体现为一种前工业社会的生活、消费娱乐习惯,区域习俗,以及人与人之间所遵守的封建时代特有的人际关系;在城市空间上,呈现为依据封建帝制思想规划、建造的城市布局以及与之相对应的建筑形式。

本书中的"现代"概念借鉴了罗兹曼对现代化的定义,他"把现代化看作是一个在科学和技术革命影响下,社会已经或正在发生着变化的过程"[1]。也有学者将中国的现代化分为三个层次,分别为器物技能层次的现代化、制度层次的现代化与思想行为层次的现代化。[2] 循此思路,本书中的"现代"或"现代化"指的是由科学、技术带来的生活、观念、物质上的变化,在思想观念上,体现为追求民主、自由;在生活方式上,体现为依托现代交通方式的快节奏生活和以科学技术为物质载体的娱乐方式;在城市空间上,呈现为以现代建筑方法为主的西式建筑以

---

① [美]吉尔伯特·罗兹曼:《中国的现代化》,陶骅等译,上海人民出版社 1989 年版,第 3—4 页。

② 金耀基:《从传统到现代》,广州文化出版社 1989 年版,第 117 页。

及建立于科学技术基础上的市政建设。

　　本书在描述近代北京时尽量避免使用"现代性"一词,这是因为一方面,"现代性"作为一个外来术语,各学科都在争相使用,以致有滥用之嫌;另一方面,就其内涵来说,与"现代"或"现代化"所指涉的社会制度、生产方式与城市空间形态的转变相比,"现代性"则侧重于这种转变对人的生存方式以及由此带来的心理、文化观念的影响。刘小枫在梳理西方现代性就指出,"现代性问题首先是人的实存的类型转变,即人的生存标尺的转变。现代现象中的根本事件是:传统的人的理念被根本动摇"①。王一川在谈论中国的"现代化"与"现代性"问题时也明确指出,"'现代化'更多地指向中国社会现代进程的经济和政治制度层面,突出科技、工业、商业和政体等的重要性;而'现代性'则更多地指向中国社会现代里程的文化层面,强调生活方式、生存价值、道德、心理和艺术等的重要性"②。就本书的研究对象近代北京而言,自清末始,北京的社会制度、城市空间、工商业领域都开始了不同程度的现代化,然而直到民国中后期,北京市民的生活方式、消费娱乐观念与文化思想,仍未脱离既有的传统,即使是政府管理、城市空间结构也都体现出传统与现代相交叠的形态,与以上海为代表的"摩登"城市相比较,北京的城市空间与市民生活则显得"落后"许多。因此,本书认为,使用"现代化"比"现代性"更能形象地概括近代北京的城市变迁进程。

　　当然,从普遍意义上说,传统与现代不能被视为一对绝对二元对立的概念,在历史的时间之轴上,传统是不断被发明的、建构的,今日的现代在不久的未来也可能会成为一种传统;但如果我们选取一个特定的时间节点,还是可以发现过去之传统与当下之现代之间的对立差异,本书正是在这个意义上,选取清末民国的近40年为对象,考察传统与现代在近代北京城市空间变迁中的体现。

　　本书主要以1898—1937年的北京城为考察对象。将上限定为

_____

①　刘小枫:《现代性社会理论绪论——现代性与现代中国》,上海三联书店1998年版,第19页。
②　王一川:《中国现代性体验的发生——清末民初文化转型与文学》,北京师范大学出版社2001年版,第10页。

1898 年而不是 1911 年或 1919 年，是考虑到现代化在北京的发生并不是始于清朝灭亡，更没有等到五四新文化运动的发生，而是早在清末的一系列政治改革中就已出现了现代化的萌芽。有论者指出，在文化领域，"北京文化的现代意识早在 1900 年庚子赔款事件前后就开始了，特别是 1898 年戊戌变法，旧的文化终结并非随着旧的封建王朝的崩溃而来，而是在它遭受最沉重的一击就开始了"①。体现在城市空间上，由戊戌变法及庚子年后的清末新政已对北京的城市进行改造尝试，清末的铁路已修至正阳门外，现代化的供水、供电、通信等设施已经开始建设，历经数朝营建的帝都的城市空间开始出现变革。将下限定为 1937 年而没有延续到中华人民共和国成立之前，是考虑到尽管日军占领北京后也制订了诸如《北京都市计划大纲》等城市规划方案，但由于历史原因这些方案没有完全落实、实施，这一时期的城市空间结构变化总体不大。日伪撤出北京之后至中华人民共和国成立之前，由于政局、社会的动荡，北京的城市面貌也没有出现大的变化，因而本书不做考察。

1912 年与 1928 年是划分帝都、国都与故都的两个关键时间节点，也是制定本书主体框架的依据，但我们在论述到具体的空间类型时并不能严格限定于这两个时间节点，因为空间的发展与变迁有其内在延续性。比如，我们在论及国都时期的商业市场时，重点是考察它在国都时期出现的新变，但也会梳理它从帝都向国都的转型历程，以及它在进入故都后的命运。另外，国都 17 年是北京城市变革最为活跃的时期，政治、社会、文化等领域都发生了划时代的变化，这些变化在北京的空间上也得到了表征，城市的现代化改造在这个时期开始规划并逐渐实施，帝都北京的空间结构在国都时期发生了重大的改变，逐渐形成了传统与现代相交叠的空间形态，这种空间形态在国都南迁后得到了维护，并一直保存到中华人民共和国时期。国都作为一个承上启下的城市史阶段就具有了特别重要的意义，因此，本书将国都的空间变革作为考察的主体。

从帝都到国都再到故都，北京在 20 世纪前半期经历的三次重大社

---

① 邱运华：《北京文化现代形态的发生和论域研究——清末民初（1898—1936 年）的文化史意义》，《北京联合大学学报》（人文社会科学版）2014 年第 2 期。

会变革也给北京的城市空间带来了三次不同的发展方向。在晚清,清廷在与国外列强一系列的军事交锋中落败,意味着现代军事、工业对传统中国政治制度的征服,并逼迫清政府在清末实行新政,逐步接受现代工业文化。帝都北京按照皇权至上所营建的城市空间结构与严整的空间秩序亦随之松动,现代化开始在北京萌芽。民国既立,北京由帝都一变而为国都,"观瞻所系"成为加诸国都北京的政治任务,由于代表着国家的形象与新的时代精神,加之此时现代化思想的引入,北京开始了大规模的现代市政建设,在新型政府机构——京都市政公所的主导下,帝都象征等级的封闭城市空间逐渐被打破,新型的公共空间开始创立,现代化的消费娱乐空间获得生长,同时,传统文化又对外来的现代化具有一定的免疫力,使国都的现代化进程面临着巨大的阻力。国都南迁后,北京由国都降格为地方性城市,成为故都,城市的现代化失其动力,在构建国家文化旅游中心的呼声中,北京再次返回传统,以北京既有的文物古迹为内容建构中国的文化古城,城市的现代市政建设亦为之服务,一系列的文物保护、整理措施得以实施,最终,北京传统的城市空间结构得到了维护,现代化受到空前的压抑。总的来看,近代北京的城市空间随着北京的城市身份变化而呈现出不同的演变逻辑,发展现代化与保护传统成为两条贯穿近代北京城市发展的主线,并在北京的身份变化中消长。

第一章　从帝都到国都

　　城市空间总表征着一定的意识形态与社会文化,帝都北京亦是如此。在数百年的建都史中,元、明、清等朝对帝都北京的建造策略都体现了帝制时代特有的政治理念,无论是刘秉忠对元大都的设计,还是明代朱棣对北京的扩建,都注意从儒家的经典《周礼》中汲取智慧,城市的空间布局与规划设计无处不着意于烘托"天子"意象与皇权的威严,城市内部的空间界限也强化了社会等级的划分与区隔。[1] 总之,帝都北京的空间结构关联着中国古老帝制时代的政治与文化。因此,当林语堂这个外乡人结束海外留学生涯来到北京清华大学任教时就感叹:"住在北京就等于和真正的中国社会接触,可以看到古代中国的真相。北京清明的蓝色天空,辉煌的庙宇与宫殿及愉快而安分的人民,给人一种满足及生活舒宜的感觉,朝代已经改变,但北京仍在那里。……北京,连同它黄色屋顶的宫殿,褐赤色的庙墙,蒙古的骆驼以及衔近长城、明冢,这就是中国,真正的中国。"[2]不过,林语堂只看到了"宫殿""庙宇"等帝都北京的空间符号,而没有留意到近代北京的新变化。实际上,在清末民初,在时代更易之际,在进入国都时期后,帝制崩溃,民国继起,同时又伴随着现代化的引入,在政体变更与时代变革的双重影响下,原先维持帝都空间结构的力量已无法继续发挥作用,国都北京的空间不得不受到新兴政治、社会文化的主导,特别是代表着新兴政权意志的政府机构,对北京的空间改造起到了直接的推动作用。本章主要介绍北京由帝都到国都的城市空间变迁的社会政治背景、思想文化准备与政府机构的演进,探讨现代化的引入对于帝都、国都北京的城市空间变迁的影响。

---

　　[1]　对帝都北京的空间研究详见 Jianfei Zhu, *Chinese Spatial Strategies*: *Imperial Beijing* (1420–1911), London and New York: Routledge, 2004。

　　[2]　林语堂:《从异教徒到基督徒》,载《林语堂名著全集》第 10 卷,东北师范大学出版社 1994 年版,第 56 页。

尽管帝都北京在清末已经有了现代化的萌芽,但在城市空间上体现并不明显。外国侵略者与义和团对北京的影响也仅限于建筑上的破坏,这些被毁的建筑在城市秩序恢复之后大多都修复了,因此也没有改变北京城的空间结构。在 1912 年之前,帝都北京在空间结构上仍大体保持着封建帝都的面貌,只是在局部体现着现代化的渗透。

另外,现代思想的引入又影响了北京城市空间变迁的方向。清末民初的知识分子,特别是留洋学者、文人、学生对西方、日本现代城市建设思想的引介,想象、建构了一个理想现代城市的模型,作为北京成为国都后城市建设的目标。在现代市政思想的影响下,负责国都北京城市规划、建设的政府机构京都市政公所主导了民国初年北京的城市改造任务,市政公所中有着为数众多的兼具中西教育背景的官员,它的运作机制及其制定的城市改造方案既受现代市政思想的影响,又受传统思想文化的制约,本章将分析他们对于现代城市建设的理解及其对待传统与现代的态度。另外,本章还将分析市政公所创办的专业出版物《市政通告》《市政月刊》《市政季刊》《京都市政汇览》,分析它们对于北京城市空间变迁的作用。

从帝都到国都,北京经历了国体、政体的变化,现代化思想的引入也引发了现代与传统两种文化的碰撞与交织,城市身份的转变与舆论对于国都新形象的期待使国都北京承载了与帝都北京不同的意识形态与文化功能,"首善之区"的政治符号功能推动北京在民国初年向现代化迈进,并要求国都北京改变帝都北京的空间格局。

第一节　帝都的陨落

民谚有曰:罗马不是一天建成的。位于地球东方的古都北京也同样验证着这句民谚。

据考古发现,早在 50 多万年前,就有人类活动于今天北京房山区的周口店附近。此后,"北京人"就在漫长的历史长河中生活和繁衍在这块土地上。据历史文献记载,3000 多年前北京地区就出现了政权。周灭商后,封尧的后代于蓟,封召公于燕,蓟、燕都是北方的诸侯国。由于燕比蓟强盛,将蓟兼并,并把蓟作为燕的都城,蓟城——"燕京"的名称自此而来。此后,北京在历史上曾多次更换名称:在隋唐五代称幽州,辽代称南京、燕京,宋代称燕山府,金代称圣都、中都,元代称大都,明代称北平、北京,清朝称北京,民国称北京、北平。[①]

"北京建都,实始于辽。"[②]辽会同元年(938),崛起于中原北方的辽朝南侵,将唐幽州升为陪都,号南京,又称燕京。辽南京城周长36里,城墙高3丈,宽1.5丈,共有8座城门。辽南京在当时有30万人口,已成为一个人口稠密、市井繁华的城市。1122年,金朝联合宋朝灭辽,攻占燕京,1153年正式迁都燕京,改称中都。金中都在旧燕京城的基础上仿照南宋的汴梁城进行了大规模的改造和扩建,中都建成之后周长约37里,城为方形,每边各有3座城门。

1215年,北方的蒙古骑兵攻破了中都,改中都为燕京,激烈的战斗使中都城内的皇宫毁于一旦,整个城池成为一个残破的废墟。1260年,忽必烈来到燕京城,当他看到中都城的残破后,决定重新择址另建一座新城,名之大都,同时,从这年始以"元"为国号。元十一年(1274),新的大都城初步建成,后来人们称之为"元大都"。新建的大都以今天的中海和北海为中心,新城呈长方形,其设计符合汉民族传统的都城设计思想,《周礼·考工记》载:"匠人营国,方九里,旁三门,国中九经九纬,经涂九轨。左祖右社,面朝后市。"[③]元大都外城共有11座城门,北面两座,其余三面各有三座。在城内以琼华岛及周围的湖泊为中心修建了三组宫殿,其中湖泊东岸的一组宫殿叫"大内",是后来紫禁城的前身。在三组宫殿的四周又修筑了一道城墙,时称萧墙,萧墙之内即后来的皇城。此外,在宫城的东面修建了太庙,西面修建了社稷坛,在宫城的北面修建了报时的鼓楼和钟楼。这种设计初步形成了多重城墙包围的城市格局,城市中轴线也同时呈现。元大都的建造实践了中国传统的设计思想,也体现了统治者的至高地位与权力。

1368年,明将徐达攻下元大都,将大都改名北平,并将元大内宫殿

① 周沙尘:《古今北京》,中国展望出版社1982年版,第6页。
② 陈宗藩:《燕都丛考》,北京古籍出版社1991年版,第10页。
③ 郑玄:《周礼注流》,贾公彦疏,上海古籍出版社1990年版,第641—642页。

全部拆除。1403年,明成祖改北平为北京,北京的名称从此开始,1421年,明朝正式迁都北京。明朝对北京城的修建是在元大都的基础上完成的。首先,将北面的城墙南移5里,另建新北墙,确定了今天安定门与德胜门东西线的位置;又将南城墙向南拓展2里,确定了今天崇文门、正阳门与宣武门东西线的位置。这就是常说的"内城"。为了加强京城的城防,又在南城墙的南面修建了"外城",形成一个"凸"字形的城墙轮廓。此外,元大都被拆以后,明朝在其原址上稍向南移修建了紫禁城。自此,北京自内到外的紫禁城、皇城、内城、外城四重城墙的格局基本形成。清代对北京的建设主要集中于西北郊的山水园林,著名的圆明园、颐和园都修建于这一时期,对于内城、外城只是做了局部的改建和重修,没有改变明代北京形成的空间结构。①

直至清末,北京数百年的建都史都持续地诠释着中国传统社会的空间秩序与帝制意识形态,从元大都的建设开始,北京城的营建无处不体现着汉民族的空间美学,彰显着古代中国的权力等级与政治哲学。城市的建筑格局,上至皇宫王府,下至平民住宅(如四合院),都折射着皇权、父权的传统等级观念,尤其是以紫禁城为核心的宫殿建筑群与城市南北中轴线,集中显示了帝制皇权的至高无上;商业市场、娱乐空间的位置在历代北京都有严格的规定,被限制在远离政权中心——宫廷——的外城;北京的四重城墙在御敌的同时,还被用来区隔人口,限制不同身份、等级人口之间的流动。帝都的特殊地位,使北京的空间结构在相当长的历史时期内都代表着中国传统城市的典型特征。瑞典学者喜仁龙在论述北京的城墙时曾感叹:"一个居民区,无论它多么大、多么重要,也无论它治理得多么好,只要没有城墙为其确定范围并把它围绕起来,那么,这个居民区就不能算作一个传统意义上的城市。"②当然,北京城市的空间特色并不仅限于它的四重城墙,在中国进入近代之前,北京的城市空间建造体现着中国传统城市设计思想、建造实践的内

① 以上对古代北京城发展的叙述参考了侯仁之先生主编的《北京城市历史地理》的相关章节,见侯仁之编《北京城市历史地理》,北京燕山出版社2000年版。

② [瑞典]奥斯伍尔德·喜仁龙:《北京的城墙和城门》,许永全译,北京燕山出版社1985年版,第1页。

在逻辑。正如美国学者所言，尽管中国城市的"城墙不能包容所有的集市、货店及其居民，但这些庄严的城墙，却体现了政府权威的尊严。为了强化这一印象，官府和用于其他国事的宏大的院落、特殊的庙宇，在广大的帝国之内，使城市的作用犹如矗立着的纪念碑，随时提醒平民百姓，使之产生一整套的联想，即强调秩序与天下其他部分的相互协调作用"①。北京在历史上所苦心经营的城市布局正好诠释了如何通过城市空间结构来强调帝制王权与等级秩序。

然而，进入19世纪中后期，清朝政权的权威受到西方列强的挑战与威胁，帝都北京的城市空间秩序也随之遭到破坏。第一次鸦片战争的失利，使清政府历史上遗留下来的世界范围内的国家形象瞬间破裂。1860年，英法联军侵入北京，对北京进行了疯狂的破坏，并将清皇室耗费巨资苦心经营的圆明园付之一炬，经由数百年逐渐修建而成的四重城墙的军事防御功能在现代化的武器面前顿时瓦解。整个19世纪的后半叶，清政府与外国列强所签订的一系列不平等条约表明，清政府的统治能力与政治权威在外国军事、政治、文化等的侵入下已无抵抗之力，传统中国第一次遇到了现代化的强势冲击。

1900年，八国联军入侵北京，慈禧携光绪帝逃至西安，清政府失去了对北京的管控能力，使北京的城市建设遭到了有史以来最大的破坏。我们可以从这一时期外国来京游历人士的描述中了解当时北京城的大体面貌。英国作家立德夫人（1845—1926）多次到访北京，她在见到被破坏过的北京后写道："我们去过罗马和雅典，凭吊过那里的宏伟遗迹。如今是北京，这座混杂着各种历史记忆的城市，它的壮观废墟令我们感叹不已。"②在异域来京的立德夫人眼中，北京不再保有昔日帝都的辉煌，"北京留给我们的只有深深的遗憾：构思完美、规模宏大的北京城竟会如此破旧"③。19世纪末20世纪初，英国社会学家亨利·诺曼到中国游历，在北京逗留期间，对北京落后的市政排水设施印象深刻："在北京的所有特征中，有一点非常突出，也非常可怕。我指的是

① ［美］罗兹曼主编：《中国的现代化》，陶骅等译，上海人民出版社1989年版，第209页。
② ［英］立德夫人：《我的北京花园》，李国庆、陆瑾译，北京图书馆出版社2004年版，第1页。
③ ［英］立德夫人：《穿蓝色长袍的国度》，王成东等译，时事出版社1998年版，第6页。

北京的污秽。北京是人们所能想象得到的最为肮脏的地方,这种可怕之极的肮脏真是无以形容。……说到北京的气味,真让人避之惟恐不及。这座城市简直就是一个巨大的臭水沟。"①北京多数的建筑在经过战火的洗劫也都遭到损毁,亨利·诺曼到北京后,"所见过的最好的建筑,就是英国使馆入口处的亭子了。这是我所见过的唯一一个不那么肮脏也不那么破败的建筑"②。可见,这个曾以建筑辉煌、规划严整闻名于世的东方帝都在清末陷入了怎样的杂乱局面。

外国列强除了破坏北京的建筑外,还强行打通城墙,将现代化的铁路修进了北京城,这显然是现代化对帝都北京的公然入侵,就连法国作家洛蒂见此情景后都觉得西方列强对北京做了"一件亵渎圣物的事情"③。尽管如此,现代化仍以无法阻挡的势头在北京扎下了根基。

另外,外国列强还将现代化的城市建设引入了北京,位于东交民巷的使馆区是西方现代城市建设在北京的最早实践。使馆区的建立可以追溯至第二次鸦片战争,当时英、法两国为了获得更多的在华利益,就在与清政府签订的《北京条约》中要求清政府同意各国公使进驻北京并建立公使馆。自此,英、法、俄、美、德、比、西、意、奥、日、荷等国先后进驻东交民巷建立公使馆,此时各国的公使馆大多利用原有的建筑,并未形成自己的特色。1900年义和团攻打使馆区,对使馆区进行了较大的破坏,而随后八国联军攻入北京,并迫使清政府签订了《辛丑条约》,要求大幅扩张使馆区的面积,取得独立的管理权。此后,各国列强就在使馆区内修建了带有本国特色的楼房,开设医院、饭店、银行、俱乐部等,同时,使馆区内还铺设了沥青路,安装了路灯,并设有发电厂专为使馆区供电。与当时破旧、萧条的北京城相比,使馆区内则"银行、商店,栉比林立,电灯灿烂,道路平夷"④,成为北京城内的一块拥有现代市政

---

①　[英]威尔士、诺曼:《龙旗下的臣民:近代中国社会与礼俗》,刘君等译,光明日报出版社 2000 年版,第 240—242 页。

②　[英]威尔士、诺曼:《龙旗下的臣民:近代中国社会与礼俗》,刘君等译,光明日报出版社 2000 年版,第 230 页。

③　[法]皮埃尔·绿蒂:《在北京最后的日子》,马利红译,上海书店出版社 2010 年版,第 177 页。

④　陈宗藩:《燕都丛考》,北京古籍出版社 1991 年版,第 187 页。

设施的飞地。

庚子事件之后,北京的城市空间也开始了缓慢的调整,尽管这种调整并不是完全来自于内在的动力,而带有一定的殖民色彩。20世纪的第一个十年内,京汉、京奉、京张等铁路分别修进京城,并在正阳门外修建了两处带有西式建筑风格的车站,北京城的人口、物资流动随之加速。1905年,由中国自己投资的京师华商电灯有限公司成立,标志着电气化在北京的平民化的开始,虽然这已比中国的其他一些城市晚了10到20年。① 因此,当吴宓于1911年从陕西到北京求学时,从北京前门车站下车,当时正值夜间,发现"道旁电灯平列如线,眼目一明"②。而据梁实秋回忆:"我家里在民国元年装了电话,我还记得号码是东局六八六号。那一天,我们小孩子都很兴奋,看电话局的工人们窜房越脊牵着电线走如履平地,像是特技表演。"③尽管这已是民国初年的事情,但也得益于清末所遗留下的市政基础。

简单来说,在清末,帝都北京已呈现了一定的现代城市特征。当在中国近代史上扮演着重要政治角色的外国记者莫里循于1906年来到北京时,就对北京的城市建设刮目相看:"北京展现出一个发展中城市的骄傲,处处呈现出比较健康的道德观念。北京在各方面都在取得进步:道路在改善,警力在加强,马车和人力车满街跑,电信事业蒸蒸日上,沿街修造了许多公共厕所,对有伤风化的广告进行大清洗……"④当莫里循于1911年再次回到北京时,又惊叹于北京所取得的现代市政建设成就:"到处都在修筑石铺的马路,每一座重要的建筑都装上了电灯,街道被电灯照得通明。电话系统相当不错,邮政服务也很好,一天投递八次。……所有的部办公楼,或已被安置在一些气势雄伟的西式建筑中,或很快将搬迁进去。自来水的供应很好,我毫不怀疑不久将出现有轨电车……这里的中国人现在正大量地使用现代物品。例如,英

---

① [美]史明正:《走向近代化的北京城——城市建设与社会变革》,王业龙、周卫红译,北京大学出版社1995年版,第235页。

② 吴宓:《吴宓日记:1910—1915》,生活·读书·新知三联书店1998年版,第17页。

③ 梁实秋:《电话》,载《梁实秋雅舍小品全集》,上海人民出版社1993年版,第313页。

④ [澳]西里尔·珀尔:《北京的莫理循》,檀东鍟、窦坤译,福建教育出版社2003年版,第254页。

国床架销售得极好。全城都能看到胶皮轮的东洋车。信件由骑着自行车的苦力投递，车胎是橡胶的。你可以见到上千辆的马车，汽车不多，但很快会像上海一样多。全城到处都在修建大楼……"①莫里循所说的这些"大楼"，是指在使馆区之外的其他城区陆续出现的一些带有西洋风格的建筑，分散于北京城的各个角落，这些建筑基本都配备了现代化的电气设施，其中较出名的有户部银行（1905）、北京饭店（1907）、陆军部衙署主楼（1907）、资政院（1910）、外务部迎宾楼（1910）、大理院（1911）、军谘府（1911）等，其他还有许多分布在北京各商业区的商业建筑，如前门大栅栏商业区的祥益号（1901）、瑞蚨祥（1901）等。②

　　这些新式建筑从空间外观上带有一定程度的西洋风格，早在民国初年，就有本土人士对不断出现的西式建筑提出批评，"自革命告成后，北京争修西式洋楼，如大理院、法部皆新筑楼房，直冲霄汉，官场尝称赞焕然一新，而人民亦盛夸。中国之文明虽非超过他国，亦必不在各国以下。其实承造洋楼者，任意侵吞并偷工减料，各监理员尚以为洋楼之建筑固当，如是遂至各处新楼房为欧美所未有之成式，其内容之不完善更无论矣，足证后进之民遽然摹仿欧美，以至有如此之怪现象，虽云为西人供一笑谈资料，亦文明进步必由之阶级也"③。这显然是为北京传统建筑所代表的中华文明鸣不平。当代也有学者指出，"作为一种文化现象，西洋建筑的出现是一种进步。当时，已经有人探讨融合中西建筑艺术的途径。但是，由于缺乏统一规划，西式建筑的无序出现，还是破坏了北京原有城市建筑的严整布局"④。但从本质上说，清末西式建筑的出现，只是改变了城市的局部空间外观，北京的城市空间结构还是基本稳固的。北京"四城九门"的空间布局仍然保存完整，宽厚、高大的城墙仍层层围裹着北京，可以说，北京城墙的完整存在，就表征着北京仍是一个传统的城市。义和团运动后，法国作家绿蒂以海军军官

---

　　①　［澳］西里尔·珀尔：《北京的莫理循》，檀东鍟、窦坤译，福建教育出版社2003年版，第324—325页。

　　②　参见张复合的相关描述，张复合：《北京近代建筑史》，清华大学出版社2004年版，第15—33页。

　　③　《西报论北京现状》，《顺天时报》1914年3月10日第8版。

　　④　北京大学历史系《北京史》编写组：《北京史》，北京出版社1999年版，第384页。

的身份来到北京,立即被眼前的北京城墙所震撼,"北京! ……只几秒钟,当那前所未见的高大城墙肃穆哀愁地出现在我们面前时,我立刻感受到这个说出口的名字所具有的那种令人浮想联翩的力量。城墙在灰蒙蒙、赤裸裸的孤寂之中无尽地绵延着,像是被诅咒的大草原。……我们来在这堡垒和雉堞的城墙脚下,我们为眼前的一切所震慑,恨不能有起伏的地面藏身"①。可见,列强的入侵虽然冲破了城墙所构成的军事防线,但城墙所形成的空间结构、所象征的文化力量对现代化的侵入仍有着顽强的抵抗能力。在世纪之交的北京城,现代化获得了局部的渗透,但这种渗透是很有限的。(见图 1-1)

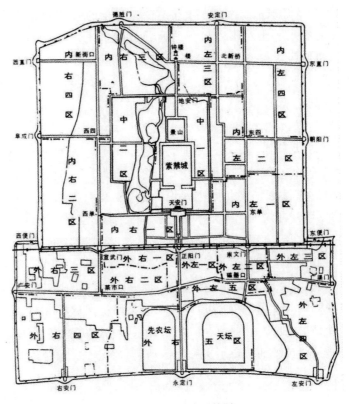

图 1-1 清末北京城简图

图片来源:袁熹:《北京城市发展史》(近代卷),北京燕山出版社 2008 年版。

---

① [法]皮埃尔·绿蒂:《在北京最后的日子》,马利红译,上海书店出版社 2010 年版,第 47 页。

另外,北京人的生活方式也没有发生根本变化,经由几个世纪形成的北京人独特的生活方式在清末时几乎仍原封不动地保留着。英格兰商人唐纳德·曼尼曾用相机记录了清末北京人生活的鲜活片段:"到义和团运动为止,北京城恢复了几个世纪以前的老样子。在北方明媚的阳光下,大街上的景象就像在电影里看到的一样,没有一点儿现代社会的气息。一群骆驼排成长队,缓缓前行;马上的骑士风驰而过;满族的弓箭手依然在练习拉弓射箭;贵族家的小姐们浓妆艳抹,坐在红漆马车上,时不时地掀开帘子向外窥视,与她们同行的严厉的老妈子则盘腿坐在车辕上——这场景都是几百年前北京的生活中司空见惯的,这与生活节奏快捷的西方人大相径庭。凌晨,有时会有运煤的骆驼队,浩浩荡荡,几乎把城门口堵得水泄不通。城门前的那条大街已经失去了以往的魅力,但是首都北京固有的特质却恒久不变。"①作者所指的"北京固有的特质"是指北京人独特、传统的生活方式,而这种生活方式是在北京所特有的城市管理制度、经济运行模式与文化背景下形成的,时代的变革与清王朝在政治上的失败以及清政府随后进行的局部政策调整还未来得及改变北京的城市管理模式,而现代化与传统文化的冲击又难以在短期内改变人们的思想观念,于是北京人仍能在动荡的清末延续几个世纪以来的生活方式。

然而,在现代化逐步席卷全球、工业城市取代传统城市的大趋势下,国内的其他城市如上海、天津、大连等都先后走上了现代化的道路,接受现代化的洗礼,而帝都北京因其特殊的政治地位未能及时跟上时代的步伐,但也终究不可避免。帝制时代特殊的政治体制、经济结构与文化背景造就了独特的北京城市空间与生活方式,相应地,在时代发生变革的世纪之交,清王朝政权的落幕、经济模式的瘫痪、文化思想的更新也将必然倒逼北京的城市空间做出变革。总之,在19与20世纪之交,帝都北京虽总体上保持着帝制时代的空间结构,但随着现代化的渗透,帝都不可避免地受到了威胁,原有的空间秩序必将受到挑战。

---

① [英]唐纳德·曼尼、帕特南·威尔:《北洋北京:摄影大师的视界》,张远航译,中央编译出版社2013年版,第40页。

第二节　现代市政思想的引入

按照美国城市规划学家、历史学家刘易斯·芒福德的考察,自资本主义出现后,统治城市的力量已由政治控制转移到重商主义,商人、财政金融家与地主代替了中世纪的城市管理者成为城市扩张的主要力量,而当工业革命开始后,大量新发明的机器与大规模的工业生产进一步将城市扩展的力量大大增加,并从根本上改变了城市的结构与面貌。[1] 从 19 世纪开始,伦敦、巴黎、纽约等新兴工业城市异军突起,火车、电灯等现代化设施与高楼大厦成为这些城市的显著标志,代表了工业文明与现代化的最新成就,而意大利的佛罗伦萨、锡耶纳等在中世纪风光一时的城市则逐渐淡出人们的视线。几乎与此同时,资本主义世界也开始了他们用武力征服世界的征程,用工业化获得的军事力量对古老的东方国家进行侵略。

东方的岛国日本较早地嗅到了工业时代煤与电的魅力,在 19 世纪中期就开始学习、引进西方的文化与科学技术,派留学生去国外学习,在国内兴修铁路、开采矿产、新建工厂,发展工业、军事。明治维新之后,日本已由一个封闭、落后的小国一跃成为一个现代化的工业强国。

相比之下,古老中国的统治者还在北京重重城墙的拱卫下沉醉于"万国来朝"的帝王梦之中,全然没有注意到外面世界所发生的翻天覆地的变化。当英国凭借着坚船利炮轰开了中国的国门时,紫禁城里的统治者们才慌了手脚,被迫接受不平等的《南京条约》,割地、赔款了事。然而,清政府仍然拒绝接纳中国以外的世界,对美国公使赠送的大炮模型和一些现代科技书籍也予以谢绝,从而使中国错失了第一次鸦片战争之后 20 年的宝贵时光,没有走上现代化的道路。[2] 甚至第二次鸦片战争的失败仍未能将清朝的最高统治者从封建王朝的幻梦中惊

---

① ［美］刘易斯·芒福德:《城市发展史——起源、演变和前景》,宋俊岭,倪文彦译,中国建筑工业出版社 2005 年版,第 427 页。
② 罗荣渠:《现代化新论:中国的现代化之路》,华东师范大学出版社 2013 年版,第 211—212 页。

醒,仍然寄希望于腐朽的国家机器来苟延国家命运。反倒是清朝的官僚士大夫阶层意识到了改革的必要性,于是恭亲王爱新觉罗·奕訢与曾国藩、李鸿章、左宗棠等清廷重臣发起了轰轰烈烈的洋务运动,开启了向西方学习的序幕。洋务运动的直接目的是兴办新式军事工业以期在短期内增强国力,于是,清政府开始发展现代工业,在上海开办江南制造总局生产现代化武器,在唐山成立开平矿务局开采煤矿,同时在国内的上海、天津、福州、广州等城市与国外的横滨、神户、新加坡等处设立轮船招商局发展国际航运。此外,在文化方面,清政府于 1862 年在北京成立京师同文馆,开始教授学生英、俄、德、日等外语。至此,古老的中国终于开始了艰难的现代化之路。

清政府的官僚之所以能决心向西方学习,还与现代化思想向中国的输入有关。早在 1847 年,中国第一位留学生容闳在香港商人的资助下赴美学习,容闳学成归国后,受到曾国藩的重用,他委托容闳从美国购置机器在安庆建立军工厂,容闳则趁机向清政府建议选派青年出洋留学。[1] 在容闳的推动下,李鸿章经过清廷的批准于 1872 年夏派 30 人赴美留学,其中有唐绍仪、梁敦彦、詹天佑等人;1875 年,又从福建船厂选派学员赴法国留学;1876 年,从天津选派 7 人赴德国学习陆军。[2] 之后,大量的青年学生由清政府派遣至美国、日本以及欧洲诸国进行深造,此外,清政府还奖励政府官员到国外长期游历,以考察、学习外国的科技与新政。随着这些出国人员的陆续归国,现代化的思想源源不断地向中国涌入。

有论者指出,"鸦片战争后,中国城市开始早期现代化进程"[3]。当现代化的工业技术、思想引入中国之后,中国的城市也就随之发生了变革。但中国的城市并不像国外的城市大多从国家的首都城市率先现代化(伦敦、巴黎、柏林等城市莫不如此),而是由一些沿海、沿江的中小城市先行走上变革的道路。这是由于这些城市都是在列强的军事胁迫

---

① 容闳:《我在中国和美国的生活:容闳回忆录》,恽铁樵、徐凤石等译,东方出版社 2006 年版,第 115 页。

② 舒新城:《近代中国留学史》,上海书店出版社 2011 年版,第 9、14 页。

③ 何一民:《中国城市史》,武汉大学出版社 2012 年版,第 485 页。

下被迫开放的通商城市,如上海、宁波、镇江、福州、厦门、广州、芜湖、安庆、汉口、杭州、重庆、天津、长春等。其中,外国列强又先后在上海、广州、厦门、福州、天津、汉口、重庆等城市建立租界,这也显示出近代中国城市不同于国外城市的发展逻辑,即在外国侵华势力与中国社会内部结构变革所产生的推动力的双重影响下的特殊发展模式。① 因此,当上述城市先后在 19 世纪中后期开始步入现代化进程的时候,帝都北京仍在清政府所设置的层层军事防线中保持着传统城市的空间结构,延续着传统社会的生活方式。直到 1898 年维新运动失败,1900 年八国联军入侵北京、慈禧外逃以及随后的东交民巷使馆区的正式确立与铁路的进京,北京才正式在外力入侵与内部结构调整的合力下开启了缓慢的现代序幕。②

导致中国城市产生变革的"外力"首先自然是外国资本主义强大的军事力量与先进的工业技术。同时,国外新兴工业城市建设所取得的成就与早期出洋国人对这些城市的描绘,也激发了本土国人对于现代工业城市及其生活方式的想象与向往。特别是对于北京这个受层层军事屏障保护的传统城市而言,清末民初对于异域现代城市的想象与现代城市生活观念的引入,对于推动北京的城市变革起到了军事强力所起不到的作用。

国人对于国外城市的想象是由早期出国游学人员、官员对欧美等大工业城市的描绘开始的。早在 19 世纪 70 年代,晚清思想家王韬到欧洲游历,记录下了当时欧洲城市的繁盛景象。王韬初到伦敦时,"从车中望之,万家灯火,密若繁星,洵五大洲中一盛集也。寓在敖司佛街,楼宇七层,华敞异常。客之行李皆置小屋中,用机器旋转而上。偶尔出外散步,则衢路整洁,房屋崇宏,车马往来,络绎如织,肩摩毂击,镇日不停。入暮,灯光辉煌如昼,真如不夜之城,长明之国"③。高耸的楼房、快速的交通与电器的使用是国人早期对于现代化城市的印象。晚清官

---

① 何一民:《中国城市史》,武汉大学出版社 2012 年版,第 465—466 页。
② 早在 1860 年英法联军就曾入侵北京并火烧了圆明园,并与清政府签订《北京条约》,但《北京条约》的主要内容是要求天津开埠与赔款。联军撤出北京后,北京又恢复了传统城市的秩序。
③ 王韬:《漫游随录·扶桑游记》,湖南人民出版社 1982 年版,第 98 页。

员郭嵩焘初到欧洲,也称叹伦敦"街市灯如明星万点,车马滔滔,气成烟雾。阛阓之盛,宫室之美,殆无复加矣"①。大洋彼岸的纽约也是如此,近代邮政的倡导者李圭在美国游历,对纽约的印象是:"屋由三层高至七八层,壮丽无比。行人车马,填塞街巷,彻夜不绝。河内帆樯林立,一望无际。铁路、电线如脉络,无不贯通。轮车必须由城内经过者,则于空际建长桥,或于街底穴道以行。"②纽约是美国一个新兴的城市,当中国最早的留学生容闳于1847年年初到美国时,纽约还只是一个仅有25万至30万人口的小城市,而当容闳于1909年返回美国时,纽约已发生了翻天覆地的变化:"危楼摩天,华屋林立,教堂塔尖高耸云表,人烟之稠密,商业之繁盛,与伦敦相颉颃矣。"③

需要指出的是,在19世纪的下半叶,这些出国游历、留学的官员与青年学生多是抱着救国的心态到国外学习先进的科学技术,了解其政治体制,他们考察的主要对象是造船、铁路、电气等现代工业,城市本身并不是他们关注的主要对象。因而在这一时期,国人对外国城市仅仅是一种印象式的描绘,他们并没有考察现代工业城市的空间结构与运行模式,也没有深入地体验现代城市的日常生活,更没有将现代城市与中国城市进行对比。这一时期国人与现代工业城市的初遇,没有价值上的评判。

到19世纪末20世纪初,随着洋务运动效果的逐渐显现与国内城市现代化进程的发展,现代城市设施与城市生活慢慢为人们所关注,这一时期人们已开始留意国外现代城市文明与城市生活的进步性,并将之与国内城市进行比较,现代城市的物质文明与生活方式已逐渐为国人所接受。维新派的代表之一康有为在接触国外的现代城市文明后,很快被现代科技所吸引并对之大加赞叹:"电灯可以照夜为昼,电戏可以动跳如生,电板可以留声听歌,电车可以通远为近,影相可以缩人物山川于目前,印板可以留书籍报纸于顷刻,凡此开知识、致欢乐之事,人

---

① 郭嵩焘:《伦敦与巴黎日记》,岳麓书社1984年版,第95页。
② 李圭:《环游地球新录》,湖南人民出版社1980年版,第74页。
③ 容闳:《我在中国和美国的生活》,恽铁樵、徐凤石等译,东方出版社2006年版,第14页。

道所号为文明,国体所藉为盛美者,皆新物质之为之也。古者无之,自为觳觫俭陋之观,故可使比户可封,人知廉让,道德美矣,而不能使得此文明也。"①在康有为看来,现代科技文明以及建立在此基础上的现代都市生活,是一种高于古代文明的新文明,应引入到中国来。当他游历到法国后,又被巴黎林荫大道的繁丽所折服,在康有为眼里,帝都的道路不仅关系卫生,还代表了国家的形象,而相比之下,"吾国路政不修,久为人轻笑。方当万国竞争,非止平治而已,乃复竞华丽、较广大、斗清洁,以相夸尚。则我国古者至精美之路,如秦之驰道,隐以金椎,树以青松;唐京道广百步,夹以绿槐,中为沙堤,亦不足以与于兹。他日吾国变法,必当比德、美、法之道,尽收其胜,而增美释回,乃可以胜。窃意以此道为式,而林中加以汉堡之花,时堆太湖之石,或为喷水之池,一里必有短亭,二里必有长亭,如一公园然;人行夹道,用美国大炼化石,加以罗马之摩色异下园林路之砌小石为花样,妙选嘉木如桐如柳者荫之;则吾国道路,可以冠绝天下矣!"②康有为所提倡的林荫大道理念,实际上是一种花园城市的设想,后来中国的许多城市在路政规划中都接受了这一理念。

然而,大多数国人还是对现代化程度较高的城市市政更感兴趣。在 20 世纪之前,人们还只能通过少量的外国游记了解国外的城市状况,到 20 世纪初期,随着中外交流的日趋频繁,国外现代城市的交通、建筑、卫生、电器以及其他市政设施,以一种新文明、新观念的形式迅速在中国的舆论中散播开来,大量宣传现代城市观念的文章出现在中国近代早期的报纸上,鼓吹现代城市的优越。北京的《群强报》还曾专辟"海外丛谈"专栏,定期介绍外国城市的现代化市政,特别是现代化的交通方式最为国人所称道:"自开辟世界以来,事事物物,一天比一天多,交通的机关,要不慢慢的整顿,这是万不能成的,况且街市是要紧的,所以交通机关,一定要灵便的。先由美国纽育市走一走看看,看见

①　康有为:《物质救国论》(1904),载《康有为全集》第 8 集,中国人民大学出版社 2007 年版,第 87 页。

②　康有为:《法兰西游记》(1905),载《康有为全集》第 8 集,中国人民大学出版社 2007 年版,第 143 页。

有惊人的高架铁道,西洋的房子盖的很高,最高的约有三十层。他那高
架铁道,总在十二三层的地方经过,围着街市绕弯,什么地方都可利
用。"①在交通工具方面,人们也意识到了在城市开设电车的必要性,认
识到电车的益处,"要说电车的能力,决不只个人的利益,其能力可使
背乡变闹市,远路变成比邻,补助商界,补助学界,补助军界、警界、政
界,至于伶界、花界、报界,所受的利益尤大"②。此外,诸如城市供水、
卫生、照明、通信等市政工程的重要,公园、博物馆、图书馆等公共场所
对于市民精神生活的益处,都在这一时期传入国内。总而言之,现代化
城市及其生活方式在 20 世纪初逐渐成为国人对新生活的追求。

尽管现代化的城市对于封闭的中国城市居民来说具有相当大的吸
引力,但遵循资本主义与商业经济逻辑所规划的现代城市及其生活方
式也有其自身消极的一面。当梁启超到达美国后,就对纽约的现代化
表示不以为然,在梁启超眼中,"纽约触目皆鸽笼,其房屋也。触目皆
蛛网,其电线也。触目皆百足之虫,其市街电车也"③。特别是街道上
的各种快速交通工具,令他难以适应,"街上车、空中车、隧道车、马车、
自驾电车、自由车,终日殷殷于顶上,砰砰于足下;辚辚于左,彭彭于右;
隆隆于前,丁丁于后;神气为昏,魂胆为摇"④。显然,纽约这个高度现
代化的城市并没有给梁启超带来美好的体验,"居纽约将匝月,日为电
车、汽车、马车之所鞺鞳,神气昏浊,脑筋瞀乱。一到哈佛,如入桃源,一
种静穆之气使人悠然意远。全市贯以一浅川,两岸嘉木竞荫,芳草如
簀。居此一日,心目为之开爽,志气为之清明"⑤。在梁启超看来,闲适
的花园城市生活比高度现代化的城市更符合人性,因此,在纽约游历期
间,梁启超常常避开拥挤的闹市,选择到公园中消遣。

---

① 《海外丛谈》,《群强报》1913 年 10 月 22 日第 7 版。
② 佩三:《电车》,《群强报》1915 年 6 月 5 日第 1 版。
③ 梁启超:《新大陆游记节录》(1902),载《梁启超全集》第 2 卷,北京出版社 1999 年
版,第 1144 页。
④ 梁启超:《新大陆游记节录》(1902),载《梁启超全集》第 2 卷,北京出版社 1999 年
版,第 1144 页。
⑤ 梁启超:《新大陆游记节录》(1902),载《梁启超全集》第 2 卷,北京出版社 1999 年
版,第 1148 页。

当然,梁启超对于现代城市的反感只是源于个人的生活体验,他还不可能像恩格斯与芒福德那样从生产方式与社会进化的角度对工业城市进行理性的批判,梁启超对于现代城市的体验与其他早期中国游历者一样,还处在初次接触现代城市的震惊体验过程中。

有学者指出,"西方资本主义工业城市,是第一种在全世界成为普遍形式的城市。工业化带来城市产业的集中,人口的聚集,城市主导地位的确立。城市的发展与繁荣,把城市附近的农村也带动起来,逐渐形成了都市化。都市化过程将工业化国家的绝大多数国民经济社会活动,纳入城市体系之中,绝大多数国民都成为都市经济、文明的贡献者和享受者"①。在清末民初,上海、天津、大连等沿海城市都先后开始现代化的进程,当地的城市居民也享受到了现代都市生活的优越,在外国势力的主导下,这些城市都修建了宽阔的道路、高大的建筑,城市供水、电力照明等设施也逐步完善,电车也先后在这些城市开行。而此时作为首善之区的北京仍然还保持着传统城市的格局,四重城墙构成的封闭空间严重束缚了城市的人口流动,而八国联军入侵造成的城市破坏又未能及时修补,此时的北京非但没有具备成规模的现代城市发展要素,②战争留下的创伤使其作为国都的传统城市形象也大打折扣。

民国建立,经过南北双方紧张的斡旋后,北京再次被确立为中华民国的首都。时代的更替与社会性质的变化,使人们对首善之区北京的城市功能也提出了新的要求。北京不再是服务封建皇权的帝都,而是能体现共和精神、便利全民的新型城市,对于这种城市的标准,人们也利用国外的首都作为参照,"国都必具三要素:交通便利一也,道路宏洁二也,屋宇丽整三也。法之巴黎,美之纽约,德之柏林,英之伦敦是也"③。然而,这三个要素北京基本都不具备,有人指出,"京师商业最发达者,第一是饭馆、茶楼、淫子、花园四种,其次如马车、洋货、电灯、电话,亦渐有日增月盛之势,然若属于文明事业,交通则电车迄今未修也,

① 傅崇兰:《中国城市发展史》,社会科学文献出版社 2009 年版,第 179 页。
② 清末北京已出现部分现代化要素,如电力照明、电话等,但仅限于当朝权臣与极其有限范围内,未能大范围普及。
③ 《京铎》,《大自由报》1912 年 11 月 14 日第 7 版。

教育则书肆日见其凄凉,卫生则自来水不如土井之畅销也"①。显然,在时人眼中,所谓的"文明事业"就是指现代化的城市市政以及现代化的生活方式,而以现代城市的标准衡量,国都北京需要补的功课太多,历史积弊太深,特别是城内道路的恶化、交通状况的落后,最为市民所诟病。在清末时,"北京道路之坏者,著名于世。今虽渐修马路,然止于通衢,不及于僻巷,雨天则泥泞满地,晴日则尘埃蔽天。行人之不便,莫甚于此,亟宜修理道路,以便交通"②。为求交通的进步,电车逐步进入北京市民的视野,民国初年北京的地方报纸经常刊文介绍国外电车的优势,"那电车要是到了加快的时候仿佛打雷似的,可以有火车那么快。按说人口多的地方,应当有拥挤混杂等事,而纽约的地方,有这样交通便利的东西,所以人口虽然那么多,一点也不混杂,而且很长的街,从这头到那头,使不了多大的时候,就可以走到,不像咱们北京城,从北城到南城,要用点儿的工夫,交通这么不便。此外还有四轮车、电汽车、自行车,连道路都看不见似的,东南西北,来回乱跑,说不尽那繁华热闹,实在无比。这是纽约街市的大概情形。出了美国,渡过大西洋,到了欧洲,首先就是英国的京都,名叫伦敦,很是热闹,铁道不在街上,都在地里头,或是河底下,横竖共有多少,要上火车站,用升降机器送下去,上来的时候,再用升降机器给送上来。地洞的里头,点之许多电灯,照如白昼一般,坐之车在里走,倒不觉在地里,仿佛在平地似的"③。可见,在首善之区引入电车、发展快速交通已成为人们的共识。

除了发展交通、改良城市的外部形象,现代城市的生活方式也成为建设新北京的内在要求。在帝制时代因个人身份、社会阶层的差异与城市空间的区隔等形成的生活方式在共和时代成为腐朽文明的象征,打破城市生活资源的专权、垄断成为共和时代的新追求。民国成立后,"苦闷、干燥、污秽、迟滞、不方便、不经济、不卫生、没有趣味,是今日北京市民生活的内容"④。人们急切地希望过上文明城市的新生活。于

---

① 冷眼:《京铎》,《大自由报》1914年2月4日第7版。
② 《论改良市政》,《顺天时报》1915年8月1日第2版。
③ 《海外丛谭(续)》,《群强报》1913年10月25日第7版。
④ 李大钊:《北京市民应该要求的新生活》,《新生活》1919年第5期。

是，创办城市公园、现代学校、公共图书馆、博物馆、模范剧场等公共娱乐、文化场所的呼吁不断，人们认为这些都是"都市文化行政上必要之举"，是新的时代"国家表示其文明之一种装饰品"①。这些民意表明，北京市民民主、自治的意识正在逐渐觉醒，人们对于北京市政建设之进行已从早期单纯现代城市想象向国外现代城市模仿转变，最终将现代工业城市的标本移植到建设本土城市上来。

无论是提倡发展交通、引入电车，还是改良城市公共卫生、建设公共空间，发展北京城市市政的初衷与落脚点都在于重塑民国国都的新形象，"中外观瞻所系"成为发展北京市政的主要动力。脏乱的街道、落后的城市生活、消极的城市形象，与国家首都的形象严重不符，"倘不急谋整理，渐次改良，匪特不足以增进人民之幸福，且将为世界列强所笑"②。"首善之区"的建设，不仅是要树立全国模范，更是因为北京代表了中华民国的国家形象，在民国初立之时必须通过改造北京的城市形象以使北京获得外国的承认。当时，多数人们都把建设"首善之区"理解为建设一个现代化的北京城，因而处处以国外的纽约、巴黎、伦敦等城市作为北京的参照，"俾腐旧之都市得以早进文明，切勿固步自封，不谋建设，使外人诮我为古典的国家、历史的陈物，有市政之责者务当急起直追，不容视为缓图"③。可见，随着西方市政思想的引入，现代工业城市逐渐成为北京市民眼中的理想城市图景，而作为帝都、古都的北京则被主要舆论所遗弃。

然而，在呼吁北京城市现代化的喧嚣中，也出现了保护城市古迹的声音。与上海、天津等新兴城市不同，北京城是元、明、清三代的都城，拥有大量的历史古迹。清帝退位之后，大量的皇家宫苑收归国有，此外，还有城墙、牌楼、坛庙等古代遗迹，都保存较好。进入近代以来，特别是庚子事件之后，西式的建筑如商场、饭店、银行等先后在北京出现，城市面貌呈现出新旧杂陈、东西并存的局面。特别是当外国的现代市政理念传入北京后，如何处理这些历史上遗留下来的古迹与发展城市

---

① 《北京市政之急宜整顿（续）》，《顺天时报》1916 年 12 月 2 日第 2 版。
② 《北京街市之改良》，《顺天时报》1915 年 9 月 22 日第 2 版。
③ 《北京市政之急宜整顿》，《顺天时报》1916 年 11 月 29 日第 2 版。

现代化建设之间的关系就成为一个亟须解决的问题。如何对待传统文化古迹？有观点指出，"京都者非所谓首善之区乎？在昔时为帝国之皇都，在今日为民国之首府，人烟辐辏，冠盖往来，不独外国之公使商人，本国之官僚、政客多集于此，即不远千万里特来观光者，亦复甚多。市之内政或非羁旅者所易知，市之外观实为游观者所共见。故苟欲筹办市政，宜先谋壮其观瞻，而欲谋壮其观瞻，不可不以保存古来建筑为急务也"①。这种观点把北京的古建筑视为国家的文化遗产，而保存此遗产可能增加"国家之荣誉"。还有人认为，如果能保护好北京的古迹，"不独可资国民之观感，且使外人来游者亦可藉此以觇中国之文化"②。从这个意义上说，保护北京的文化古迹与推进城市现代化的目的是一样的，都是改善首善之区的城市形象以确立民国在国际上的地位，只是出发点不同而已。

当然，保护古迹与现代化建设在市政建设的实践中充满了矛盾，保护古迹会给城市的现代化造成障碍，现代化建设必然会在不同程度上对古迹构成威胁。当现代市政思想遇到北京这样的传统城市时，必然会产生文化心理上的碰撞，现代化与传统文化的碰撞最终在北京的城市空间变迁上得到了呈现，北京的城市空间变迁呈现出传统与现代相交叠的特征。我们在民国前中期的城市现代建设中看到传统的文化心理对现代化所构成的阻碍，特别是国都南迁北京失去政治中心地位后，北京政府实施了大规模的修复古物行为，这些具体的城市空间实践都能在早期找到思想、文化心理上的源头。

总体而言，在世纪之交乃至民国初年，现代城市思想随着早期出国游历的知识分子、官员等被引入，现代城市逐渐成为国人想象中的理想城市图景。伴随着舆论环境的成熟，现代市政理论日益占据舆论的主导地位，并向古都北京渗透，成为一个重要的推动北京城市变革的力量。同时，北京传统文化对现代化思想的戒备也预示着北京的现代化之路将不会一帆风顺。

---

① 《京都市政之先务》，《顺天时报》1914 年 5 月 17 日第 2 版。
② 《论改良市政》，《顺天时报》1915 年 8 月 1 日第 2 版。

第三节　京都市政公所的设立与运行

　　每一个现代城市都有其专门的管理机构。在 20 世纪以前,帝都北京并没有一个专司城市管理的部门,传统城市的市政设施与生活方式也无需专门的市政管理机构进行管理,维护城市正常运转的管理职能被分配至几个不同的部门。在清代,北京的城市管理工作仅限于户籍管理、治安消防、救济赈灾、交通管制与税收等,这些工作由步军统领衙门、五城兵马司和顺天府下的宛平、大兴两县共同负责。此外,刑部、工部也会涉及北京的日常运转与建设,处理诉讼、道路沟渠修建等事务。① 这种多头管理的模式适应了当时北京的社会现状:没有大规模的市政建设,城市空间布局趋于长期稳定,人口的区域流动性小,而城市管理的目的则是维护京城的社会稳定与皇权的权威。这种管理体制一直延续至 19 世纪末。

　　19 世纪末 20 世纪初一系列的政治事件撼动了北京传统的城市管理模式。鸦片战争迫使中国开放了沿海的通商口岸,外国列强趁机强行带来了新的商业模式与交通方式,中国传统城市的生活秩序随之被打破。甲午战争的重创使中国的部分知识分子与政府官员意识到清政府体制的弊病,于是在康有为、谭嗣同等维新派的推动下,积极引进西方的管理经验,实施社会改革,而改革政府机构即是其中之一。1900年的义和团运动及随后的八国联军侵华事件直接推动了北京城市管理机构的变革。八国联军侵入北京之后,中国皇室逃往西安避难,北京的城市管理顿时陷入真空状态,于是各国列强在各自的占领区内与当地的绅商合作,成立了"安民公所",负责北京的城市管理事务。尽管中国皇室在八国联军撤出中国后立即返回北京,但八国联军对北京的短暂统治却给北京的城市管理带来了西方现代市政体制的新尝试。②

　　八国联军撤出北京后,清政府随即将"安民公所"撤销,并新设立

---

　　① 参见袁熹《北京城市发展史》(近代卷),北京燕山出版社 2008 年版,第 148 页。
　　② 参见［美］史明正《走向近代化的北京城——城市建设与社会变革》,王业龙、周卫红译,北京大学出版社 1995 年版,第 27—28 页。

"善后协巡总局"来管理北京的城市治安。1902年,清政府设立"内城工巡局",管理北京内城事务,1905年又增设"外城工巡局"。同年年底,将这两个部门合并为"内外城巡警总厅"(后文略称巡警总厅)。巡警总厅的职能并不仅限于维护城市治安,还负责北京的人口调查、公共工程、救济、卫生等事务。巡警总厅下设总务、行政、卫生、司法四处,每处各有其责,总厅还辖有路工队、内外城官医院、外城教养局等机构。[①]与北京原来多头管理、职责模糊的管理体制相比,巡警总厅的设立无疑具有质的进步,北京的市政管理从此不但有了专门的负责机构,实际上也推动了北京城市管理向规范化、现代化的方向迈进。

民国既立,北京的市政管理体制又出现了新变革,变革的首要原因是国体的变更。新成立的中华民国受西方治国理念的影响,借鉴西方经验成立了各种机构管理国家事务。在国家的内务管理方面,新成立了内务部取代了清代的民政部,总管国内的人口普查、土地登记、社会治安、消防、公共工程、救济、公共卫生与社会礼仪等事务。[②] 此时北京的城市管理仍由巡警总厅负责,1913年,巡警总厅被新成立的京师警察厅取代,将内外城的管理职能合并,从而使管理权限更加集中。京师警察厅直隶于内务部,下设总务、行政、司法、卫生、消防四处,主要负责京城的安全、消防、卫生等事务。此外,警察厅还负责京城的人口普查、捐税征收、贫民救济、兴办实业学校等事务。[③] 可见,京师警察厅基本沿袭了清末巡警总厅的管理职能,总揽管理北京的各项市政事务。

无论是清末的巡警总厅,还是民国成立后设立的京师警察厅,尽管它们在机构设置上都借鉴了西方市政管理的经验,但它们都有一个共同的缺陷:职责多集中于维护城市的正常运转,而无法着力于城市的市政建设。民国成立后,百废待举,人口日渐增多,商业渐趋发达,北京原有的市政设施已经无法适应城市发展的需要,而负责京城管理的警察厅又无力承担北京市政建设的重任。有鉴于此,时任内务部总长的朱启钤向总统袁世凯提议设立京都市政公所,以集中精力进行城市的规

① 参见袁熹《北京城市发展史》(近代卷),北京燕山出版社2008年版,第150页。
② 内务部编译处:《内务法令提纲》,1918年。
③ 京师警察厅编:《京师警察厅官制》,载《京师警察法令汇纂》,1916年。

划与建设工作。袁世凯很快就批准了朱启钤的建议,1914年6月,京都市政公所正式成立。市政公所与警察厅同隶属于内务部,二者地位平等,互有分工。市政公所成立后,警察厅原有的消防、治安等警察方面的职能继续保留,而城市建设、卫生等其他职能则由市政公所接管。

要考察民初京都市政公所的发展,首任市政公所督办朱启钤是无法回避的一位重要人物。他在民国成立之后历任交通、内务两部总长,市政公所成立后又兼任市政公所督办,并在任内推动了改造正阳门、修建环城铁路、开放中央公园、创建古物陈列所等重要工程,对民初北京的城市空间变革起到了关键作用。

朱启钤(1871—1964),祖籍贵州,生于河南信阳,字桂辛,号蠖园。朱启钤自幼接受中国传统教育,是光绪年间举人。朱启钤17岁时娶陈光玑为妻,陈光玑幼年在巴黎生活多年,10岁后才回国,陈光玑不仅给朱启钤带来了大量的异国见闻,而且从陈光玑遗留下不少维新富强的著作来看,朱启钤应该是从这里接受了变法维新的思想。戊戌变法失败后,全国恐怖,但朱启钤仍与张劭熙、章士钊、杨笃生等人私下阅读维新书籍,可见他当时对维新变法的强烈追求。[①] 朱启钤曾于1905年任北京外城巡警总厅厅丞,熟悉城市管理事务,1907年任东三省蒙务局督办,任内曾赴日本北海道考察开垦事业。[②] 朱启钤属于中国传统知识分子,在清政府任职多年,但他的思想却并不因循守旧,常常摇摆于保存传统与追求现代之间,尽管他在兼任市政公所督办期间对北京城市的现代化做出了诸多努力,但他又以内务总长的身份提倡保留传统礼仪,"以正风俗之失,杜淫辟之渐"[③];他一面力促改造城门、城墙以利交通,一面又筹款修缮孔庙,以体现"崇儒尊圣之至意"[④],从国家层面号召市民尊孔。朱启钤在社会变革时期表现出的在现代与传统之间的

---

① 刘宗汉:《回忆朱桂辛先生》,载北京市政协文史资料研究委员会、中共河北省秦皇岛市委统战部编《蠖公纪事朱启钤先生生平纪实》,中国文史出版社1991年版,第64页。

② 参见林洙《中国营造学社史略》,百花文艺出版社2008年版,第15—16页。

③ 朱启钤:《编订礼制会议定礼目呈》(1914年4月3日),载《蠖园文存》,文海出版社1968年版,第147页。

④ 朱启钤:《估修京师孔庙工程呈》(1914年11月14日),载《蠖园文存》,文海出版社1968年版,第161页。

矛盾,也是民国时期多数知识分子、政府官员的共同特点。

按市政公所的编制规定,市政公所的督办需由内务总长兼任,这客观上也有利于民国政府对北京市政工作的直接干预,同时也可为北京的市政建设争取更多的资金与资源。朱启钤在民国成立之后先后任交通、内务两部的总长,在市政建设方面可以调动较多的政治、财政资源。此外,他与总统袁世凯过从甚密,又是袁世凯称帝的支持者,袁世凯将主管北京市政的重任交给朱启钤,既是对朱启钤工作能力的信任,同时也可以为朱启钤的开创性工作予以有力支持。

即使如此,朱启钤欲在清末留下来的复杂局面上来发展北京的市政亦非易事。传统社会的生活方式与思想观念对北京的市政建设构成了严重的阻碍,因修筑马路而收用民房、拆改牌楼与城墙等古物的行为激起了百姓的反对,百姓们在商会的组织下走上街头反对官方的建设活动,这对于民国政府的形象是很不利的。舆论的压力与百姓的反应甚至引起了袁世凯的注意,报载:"大总统昨日传见内务总长朱启钤,询问筹办京师市政情形。朱总长面陈计划概略,大总统以筹划周详,甚为赞许,惟谕云市政乃创办之事,商民难免误会,层层解释总不使商民惊扰为要。朱唯唯而退。"[1]面对北京这样一座有着近千年建都史的皇城,在民国初立、政府财政紧张的情况下大兴土木地进行市政建设,也引起了一些保守官员的不满,甚至有肃政史向袁世凯上呈弹劾朱启钤浪费了国家的财政,但袁世凯并没有听取反对的意见,而是将"原呈交朱总长阅看,故昨日朱总长特谒见大总统,详陈北京为中外所瞻仰,不可因一时之财艰遂听其腐败凌乱而不整顿修饰,如大总统以肃政史主张为然,请即褫职惩处,另简贤员接替。大总统颇为动容,当面谕其积极进行,勿因此自馁云"[2]。除了来自官员内部的反对,还有来自社会底层的压力,许多商民因为市政建设收用房屋,个人财产受到损失,于是民间怨声载道,"闻内中有不甘受损失者,现已向司法机关提起诉讼"[3]。朱启钤在卸任市政督办后回忆筹建中央公园的困难时说:"时

①　《注重市政》,《群强报》1914年6月14日第4版。
②　《朱总长对于市政之进行》,《顺天时报》1915年8月1日第2版。
③　《市政督办被控》,《顺天时报》1915年8月7日第7版。

方改建正阳门，撤除千步廊，取废材输供斯园构造，故用工称事所费无多。乃时论不察，訾余为坏古制侵官物者有之，好土木恣娱乐者有之，谤书四出，继以弹章，甚至为风水之说，耸动道路听闻。百堵待举而阻议横生，是则在此一息间，又百感以俱来矣。"①可见在古都北京兴办市政的艰难，幸好袁世凯从国家的层面给朱启钤的市政创举给予了支持，使得朱启钤顶住了重重压力。同时，袁世凯又在财政上予以优先照顾，有新闻报道："朱内务长自被任命为北京市政督办后，颇为积极进行，惟因巨款难筹，所有计划多不能实行，朱督办深为焦急。大总统对于北京市政亦异常注意，昨特电召朱督办至总统府面询其整顿北京市政之计划，并饬其认真议定实须筹办费若干，无论如何，准饬财政部设法筹拨。"②而朱启钤又利用自己内务总长的身份，在市政建设经费出现缺口时，将内务部的其他款项移作兴办市政之用，③最终将收用民房、拆改城墙、修筑道路等市政事项锐意推进。

民国初年北京的市政建设所取得的成就，除了朱启钤的大力推动，还得益于负责市政建设的市政公所先进的机构设置与较高效的工作效率。

市政公所自1914年6月成立，至1928年撤销，期间虽历经多次机构改组，但其工作职能却基本稳定。公所成立伊始，设总务处综理全所事务，总务处下设文书、登记、捐务、庶务四科。1916年9月，内务部要求市政公所改组，将总务处废除，改设文书、调查、经理、测绘、工程、交际、出纳七科。1917年1月，鉴于调查、交际二科事务较简，将二科并入经理科，并将测绘科及由内务接管的土木工程处改设营造局。同年7月又进行改组，将科室撤销，改设第一、第二、第三科，各科设一名科长、一名副科长，第一科分文书、编辑、会计、庶务四股，第二科分行政、产业、勘核三股，第三科分考工、设计、材料三股，股设主任、科员等职。1918年1月，制定了《京都市政公所暂行编制》，将原来三科改为三处，并将营造局改为第四处，第一处下设文书、会计、编译、庶务四科，第二

---

①　朱启钤：《一息斋记》，载《蠖公纪事》，中国文史出版社1991年版，第12页。

②　《大总统注意北京市政》，《顺天时报》1914年5月24日第2版。

③　《京市区域之兴办费》，《顺天时报》1914年6月30日第9版。

处下设行政、产业、勘核三科,第三处下设考工、设计、测绘三科,第四处下设工务、稽核、材料三科,共计十三科。各处设一名处长、一名副处长,各科设一名主任、若干科员。此外,市政公所还下辖工巡捐局、传染病医院、工商业改进会、各公园事务所等机构。①

至此,市政公所的机构基本定型并一直延续到国都南迁,期间虽有局部调整,但总体的职能分配未做大的变动。市政公所改组后各处、科的职能分配如下:

第一处。文书科:收发信件,发布通知、布告,管理公所公章、文档,负责职员考勤。会计科:编制预算,管理日常经费收支,审核工程材料的支付与报销。编译科:编制统计报告,编、译市政书籍,编撰《市政通告》,进行会议记录,保管公所图书。庶务科:购置、保管物品,安排职员值班,管理安全、后勤工作。

第二处。行政科:筹划与监理交通、劝业、卫生与救济事业,辅助、监查重要的市政工程。产业科:筹划与监理城市财产、各项市营事业,审议、修改市政收益及其各项规划。勘核科:筹划市区道路,勘定收用商民房地,管理房地转移,查勘建筑质量。

第三处。考工科:考核、验收各项工程,审核工程用款,翻译、撰拟工程规章。测绘科:测绘道路、桥梁与沟渠水道,测定道路线幅与房基线,实测市区地图。设计科:设计各项工程计划,设定公共建筑物标准样式,制作图纸。

第四处。工务科:兴修道路、桥梁、沟渠及其他建筑工程。稽核科:监修公所自办工程,监督外包工程,稽查工程队的日常工作。材料科:购置、支配、稽核各项工程材料,管理工程器械。②

从机构设置与各机关的工作职责来看,市政公所已基本具备了现

---

① 《京都市政公所暂行编制》(1917 年 12 月 28 日),见京都市政公所编《京都市政汇览》,1919 年;《修正京都市政公所暂行编制》(1927 年 11 月 1 日),见京都市政公所编译室编《京都市法规汇编》,1928 年。

② 《京都市政公所各处分科办事细则》(1918 年 1 月 7 日),见京都市政公所编《京都市政汇览》,1919 年。

代政府管理机构的规模，而且将行政职能集中于城市的建设与日常管理方面，与京师警察厅共同构成了民国初年北京的两大城市管理机构。

市政公所的正常运行还得益于一支高素质的行政队伍，公所成立之初既无专门的办公场所，也没有专职的办公人员，而是多由内务部与其他部门中的官员兼任，他们中的多数人都接受了新式的大学教育，许多人还曾到国外留学。早在19世纪末，清政府就曾选派学生到日本、欧洲留学深造，他们中的多数人学成归国后都在本国政府中担任要职，在清末的工巡总局与巡警总厅中都不乏具有外国教育背景的官员。现在还没有资料显示民国初年政府官员教育背景的具体情况，但由于北京政府官员的任职较为稳定，我们可以借助1931年的统计资料进行参考。据1931年《北平市政府通告》的统计显示，在所调查的2813名市政府官员中，接受技术学校教育的有308人，接受大学教育的共计574人，其中有40人毕业于国外高校。例如，社会服务处处长娄学希，是美国哥伦比亚大学的政治学博士，公共工程处处长王慎在法国的一所高校攻读建筑学，其他毕业于日本与国内高校的官员也大多接受了西方式的专业训练。[1] 就市政公所而言，首任督办朱启钤前已述及，他在就任之前虽没有到域外学习的经历，但他受妻子陈光玑的影响，已经接触并接受了西方的先进思想。公所的其他官员也大都接受了较专业的教育训练，如第二任督办王揖唐，曾留学日本，先后在东京振武学校、法政大学学习，第五任督办蒲殿俊早年由官费选送留学日本东京法政大学，捐务科科长王文豹早年也曾到日本留学。其他的官员也基本具有接受现代教育的经历。可以说，北京政府官员的新式教育背景，为北京的城市现代化改革提供了一个强有力的行政队伍。

在合理的机构设置、高效行政队伍以及现代化的建设思想的基础上，市政公所对北京城展开了大刀阔斧的改造。与之前警察厅对北京的局部管理不同，市政公所的建设具有高度的规划意识，对北京的市政建设进行了全面的规划设计。

市政公所成立之初，古城北京的市政设施尽管有了一定程度的现

---

① ［美］史明正：《走向近代化的北京城——城市建设与社会变革》，王业龙、周卫红译，北京大学出版社1995年版，第34—36页。

代化建设,但建设得并不完善。据市政公所的调查,当时北京的"居民之数,实约在一百万以上。近数年来道路行政,屡经极力改良,故广衢之中,交通便利,即汽车亦可自由往来其中。电灯有总厂之设,颇几呈稳固发达之象,顾尚有不足者,以该厂既在创办,不能完美,而空中线道,又复任意安置,与电报、电话线纵横杂错,此最堪痛惜之事也。自来水吸取京北之河水,业已设立多年,水质纵不可云最佳,然较之北京井水,固已高出其上。惟于百万万民之需要,仅有此最低额之水量,是诚绝对不敷分配"①。显然,北京落后的市政设施不仅在功能上不能满足人们的生活需要,而且也影响了北京作为首善之区的形象,因而推进市政建设成为当务之急。然而,城市建设千头万绪,交通、沟渠、供水、供电及公共工程等事项都需要改善,仅从某一方面建设并不能根本改变北京的落后状况。

市政公所也很明白,在经费不充裕的情况下,仅改善某一项市政设施,既不高效,也浪费财政;建设市政,"非将筹备、建筑、修养等事,极力集合于同一管理之下不可,此为最省费之解决法也"②。因此,市政公所经过周密地筹划之后拟定了一批重要工程:"一,确定自来水分量之支配,以应居民需要及洗涤、街衢、房屋、工厂等处之用;二,筑造沟渠,以排泄雨水浊流及城中一切秽物;三,改良应修之街道,并筑造新衢,以便居民之交通,谋户口之发达;四,以电车交通城内各地点;五,完全改造现有之电灯厂,改置空中之电灯、电报、电话各线为地线;六,筑造市政公所及市政需用之房屋厂所;七,设立林囿、公园、博物馆、陈列所等处;八,订立因工程需要收买民产之规则,测绘全城市政工程之详细大图,规定街衢之宽度及其房基线。"③从市政公所规划的八类建设计划来看,其目的是要改变北京落后的城市形象,把古老的都城改造成具备现代化城市要素的新型城市。

---

① 《市政公所待办大项工程意见书》(1918),北京市档案馆藏,资料号:J017-001-00037。

② 《市政公所待办大项工程意见书》(1918),北京市档案馆藏,资料号:J017-001-00037。

③ 《市政公所待办大项工程意见书》(1918),北京市档案馆藏,资料号:J017-001-00037。

　　然而，如此宏大的城市改造计划想要顺利实施却并不容易。困难一方面来自于工程经费的缺乏，在民国初立，中央政府四处借款的情况下，筹措兴办市政的经费困难重重；另一方面，北京作为一个有着近千年建都史的古城，传统的生活方式与文化观念严重束缚了现代化建设在北京的开展，前文提及的官员与商民弹劾朱启钤就是一个明证。财政上的困难可以通过借贷、挪用其他款项、增加税收的方法解决，而文化观念的保守却非通过文化启蒙来解决不可。

　　市政公所意识到了开启民智的重要性，"督办京师市政朱君启钤以创办市政以来，人民多不知其大旨，以致群起猜疑，现拟仿照《内务通告》办法，刊发一种《市政通告》，将市政公所着手进行事宜演成白话，分门别类，详细揭载，逐日印刷，按内外城分送"①。创办《市政通告》的长远目的，是要"发挥市政之精神，启迪市民之智识，并发表本公所之文书"②。其短期目标，则是将兴办市政的理由"用白话或浅显的文字登出来，按天分送，让大家看看，以免生疑"③。显然，市政公所是想通过《市政通告》来为城市改造进行舆论宣传。

　　《市政通告》创办之初为每日发行，内容包括政府命令、法规、文牍、译述、论说、广告等类，但由于出版周期太短，内容过于简略，篇幅较小。1914年11月，改为旬刊，内容较之前有所丰富。1916年6月，受袁世凯称帝的影响，公所经费出现困难，《市政通告》被迫停刊，1917年3月，《市政通告》才得以恢复出版，恢复后的《市政通告》改为月刊，篇幅相应增加。为了吸引读者、扩大影响，《市政通告》在发行上采取了免费送阅的方式，主要送给政府的各机关部门、纳铺捐六等以上的商户，其他纳捐六等以下的商户与普通市民也可免费索阅。④ 可见市政公所对于社会舆论的重视。在发行数量方面，从最初日刊的日印行一千份到后来月刊的每期约四千份，虽然总数上并不大，但考虑到作为一份官办的专业性出版物与当时北京市民的文化程度，《市政通告》无疑

①　《朱督办拟编〈市政通告〉》，《顺天时报》1914年7月18日第9版。
②　京都市政公所编：《京都市政汇览》，1919年，第618页。
③　《公所〈通告〉》，《群强报》1914年6月14日第4版。
④　京都市政公所编：《京都市政汇览》，1919年，第619页。

对北京城市建设起到了传达信息、介绍思想及舆论推动的作用。

《市政通告》除了刊登政府命令、法规、公文、译述,还特别注意发表一些启蒙市政的浅白论文,尤其发行的最初几期,几乎每期都有着重介绍现代市政的文章,鼓吹兴办现代市政的必要性。

首先,市政公所通过宣扬改良北京的城市建设来重塑首善之区形象的必要性,将北京的市政建设提升到塑造民国国家形象的高度,改变北京在外国发达城市对比下的落后状况。正如《通告》中所言:"咱们北京,是堂堂中华民国的都市,同是一样共和国的都市,虽然不能跟人家并驾齐驱,难道可以自暴自弃么?况且北京城规模极大,自从明朝建都以来,几条大街,几座牌楼,规划的有多么整齐,建筑的够多么雄壮。在当初绅民房屋,高矮宽窄,亦都有一定制度,即如道路、恤贫、教育、消防,亦有清道局、养济院、义学、水会等设备,不过当时未曾把国政、市政分开罢了。到了前清晚年,都市才一天糟似一天,把一个极好的都城,糟蹋的不成样子,真是一件可惜可愧的事。虽然光绪、庚子以后,于公共建筑、上水工作,渐渐讲求,也不过国陋就简,聊以塞责,并未从根本上计划。如今民国成立,百度维新,可是都市自治事业,不堪提起。外面上固然是仍旧的肮脏,内里头更加以生计艰难,贫民日众。咳!市政不发达,真是共和国民的一个大缺憾呦!有人说既然知道生计艰难、贫民日众,似乎改良市政四个字,如今是万讲不得的。请看市面上元气未复,商民都是勉强生活,再要加以苦痛,岂不是置之死地么?这句话是大谬不然,这改良市政之于商民,不是加以苦痛,实在是谋其幸福,正因为生计太艰难,商业太凋敝,才想到发达市政以为救命金丹。"[1]这样一来,改良市政就不仅仅是普通的城市建设行为,而是关系民族荣誉、国家形象的政治任务,"就对内说,公益所关,也不能不办的;往维新里说,取法东西各国,是不能不办的;往守旧里说,回复明朝旧规模,也是不能不办的"[2]。国都的城市建设不再是北京一市的问题,而关系到中华民族传统在新的时代能否得到延存与被世界其他民族所认可。

在接下来的几期里,《市政通告》又向市民宣扬兴办市政的实际益

---

① 《改良市政之理由》,《市政通告》1914 年 7 月 20 日第 1 号。

② 《改良市政之理由(续)》,《市政通告》1914 年 7 月 21 日第 2 号。

处，比如，兴办市政可以提供大量的就业机会，"市政进行，无论交通事业上，卫生事业上，教育事业上，慈善事业上，哪一处不得用人"，"北京多一番公共事业，就能少去一班无业游民，救济如今市面，还有比这个再好的主意么？"①还可以改善工作条件，"无论是改一条街，是修一条路，或是创立一处公共营业，是设立一处救贫工厂，都于劳动社会有绝大益处，而且作工有一准的时刻，劳力有一定的报酬，不似拉人力车，损害生命"②。市政公所所许诺的，是一种劳动强度低、理想化的工作制度，而这种工作只有崭新的城市才能提供。市政公所还强调，兴办市政还可以发挥民族资本的作用，"无论是改良建筑也罢，建设公共营业也罢，哪一样都得用大资本，哪一样投了资本都有厚利，真要有大企业家，趁此机会，不定可以做多大事业"③。值得注意的是，市政公所不仅鼓励民族资本参与北京的城市建设，还在实际行动中抵御了国外资本对北京市政建设的渗透，后文将要分析的创办北京电车即是典型的例证。

在政权更替、社会转型的民国初年，《市政通告》的舆论宣传对北京的市政建设起到了积极的推动作用，1915年《市政通告》因经费困难停刊后，舆论纷纷表示惋惜，认为《市政通告》"印刷精良，议论透彻，甚为一般市民所欢迎，乃近闻因经费支绌，业已停刊，殊属可惜"④。可见，《市政通告》对于推动舆论的现实作用。

除了编辑出版《市政通告》，市政公所下设的编译科还组织力量系统地翻译、介绍国外的市政书籍，引入国外的成功经验。"比年以来，东、西列强都市政治由简略渐臻完美，法令、训诰之所记录，专家学者之所著述，多有足为我国法者。我国市政素未讲求，势不得不求借鉴于彼邦，则载籍尚矣。此本公所纂译市政书籍之主旨也。"⑤市政公所成立之初，即设编译室选派专业人员办理编译事务，或奉令指定专书，或自行拣择要籍，先后编译了如《市政通论》《市政工程论》《应用市政论》等市政书籍共30余本，其中《市政通论》还通过《市政通告》进行连载，

① 《改良市政之有益于失业者》，《市政通告》1914年7月22日第3号。
② 《改良市政之有益于劳动者》，《市政通告》1914年7月24日第4号。
③ 《改良市政之有益于资本家》，《市政通告》1914年8月1日第12号。
④ 《〈市政通告〉之停刊》，《顺天时报》1915年9月21日第2版。
⑤ 京都市政公所编：《京都市政汇览》，1919年，第623—624页。

以扩大影响。

需要指出的是,尽管市政公所在引入、传播西方现代市政思想方面用力颇勤,然而在实践中,市政公所并没有简单地将西方的城市现代化经验照搬到北京。无论是首任市政督办朱启钤还是公所的其他官员,在主导北京的市政建设期间都注意将国外的现代市政思想经过改造后再应用于古都北京的建设,在他们眼中,现代化并不是目的,如何让这座有着丰富历史遗产的帝都在新的国际环境中取得应有的地位与形象才是他们的最终追求。因此,现代市政思想并没有主导北京的城市建设,而是适应了北京的城市变革,这在后文的具体案例中可以看到。

总之,市政公所作为民国成立之后第一个专业化的城市管理机构,对北京的城市建设、城市面貌的改变以及随之而来的城市空间的变迁起到了关键的推动作用。市政公所以其合理的机构设置、专业化的行政人员与先进的市政思想,全方位地规划、实施了北京的城市改造工程。城市交通状况的改善、城门的改造、电车的开行等重大工程,都是在市政公所的推动下完成的。随着城市建设的推进与空间结构变化,北京市民传统的生活方式与文化观念也随之发生了变化,这与市政公所在民国初期的积极作为是分不开的。

小　结

北京城市空间的变革始于清末。帝都北京的空间结构、布局在封建政权的统治下维持了几百年的稳定局面,至清末,外国列强的强势侵入强迫清政府在政策上做出适度的改革,然而,清朝的统治者"希望在不改变根本利益和保持统治地位的前提下改弦更张,并坚持在传统的框架内进行有限的或预防性的改革,力图维护封建权贵的特权和封建社会体制"①。国家政治上的调整在城市的空间演变中亦有所体现。相比沿海城市的逐步现代化,北京因其特殊的政治地位与清政府的政

---

①　何一民:《中国城市史》,武汉大学出版社 2012 年版,第 484 页。

治主张联系更为密切。在此背景下,帝都的城市空间结构在清末并没有发生本质的变革,只是出现了局部的调整。清末改革的不彻底性决定了现代化在短期内无法在中国迅速散播,在清政府的政权所在地北京尤甚。

另外,清末的改革新政又为北京的城市空间变迁埋下了种子。大量到海外留学、游历的人员在体验现代都市的生活后,纷纷将现代城市的生活方式、理念带回国内,在思想、文化层面为北京的城市变革提供了舆论动力。到民国初年,作为现代工业城市表征的现代化逐渐占据了北京舆论的主导地位,现代城市的生活方式逐渐成为北京市民的新追求。尽管这一时期人们对于现代化的理解还是肤浅、片面的,但随着清王朝统治的灭亡,现代化逐渐凭借新的传播媒介与日渐成熟的舆论环境,成为推动社会变革、城市变迁的无形力量。

民国既立,北京由帝都转变为国都,城市的管理机构随之调整,现代化的思想在一定程度上影响了京都市政公所的成立与运行,这一机构在民初北京城市空间变迁的过程扮演了举足轻重的角色。史明正在他的《走向近代化的北京城》一书中将推动北京城市变革的力量归结于当时的技术官僚,的确,以朱启钤为首的市政公所官员克服财政困难、思想束缚,直接策划、实施了民初北京几个重大的城市改造工程,奠定了北京城市空间变革的基础。市政公所还注意占领思想、舆论高地,译介外国现代市政书籍,出版《市政通告》,扩大舆论影响,力图消除文化保守派对城市空间的阻力。然而,市政公所的工作也面临着巨大的困难,第一,北京过于动荡的社会政治格局影响了市政改造的进行,军阀混战虽然没有直接破坏北京的城市建设,但频繁的政权更替、人事调整却延缓了城市建设的进程;第二,北京的传统思想、文化观念以及城市空间本身的稳固程度也阻拦了现代化在北京城的推进,现代化在北京遇到了比国内其他城市更大的阻力。另外,市政公所以及北京政府的其他官员大多接受的是传统的文化教育,常常使他们在传统与现代之间摇摆不定,最终使城市空间的变迁体现为传统与现代两种文化表征的相互渗透,在后文的案例分析中可以看到政府官员的思想矛盾对于空间改造的影响。

　　总的来说,近代北京的城市空间变迁有着深刻的社会、政治与文化根源,政权的更替、社会结构的变化与新文化观念的引入共同驱动了北京的城市变革,同时,社会政治的不稳定与传统文化观念的根深蒂固又限制了城市现代化的步伐,现代化在进入北京的过程中受到了压抑。在北京城市空间的变迁上表现为现代化市政建设未能将传统城市空间彻底清除,而是与之共存。

第二章　国都新形象与城市空间的开放

20 世纪 20 年代,当外国人菲茨杰拉尔德第一次来到北京时记录了如下的情景:"这就是我第一眼看到的北京:一座几乎没有触摸到现代气息而多少有点冷落萧条的城市。作为首都,它存在的理由已经消失,或者几乎消失了。一个能够收留皇帝并且与那个被推翻的显赫、威严、高贵的封建王朝相'比美'的新王朝还没有建立起来。取而代之的是军事强权人物卵翼之下,一个反复无常、乌七八糟的民国政府。"①的确,在帝都陨落、国都兴起期间,北京一直处于军阀割据的混乱局面之下,袁世凯称帝、张勋复辟、末代皇帝被驱逐出宫、府院之争等一系列政治闹剧表明中国在走向现代国家途中所遭遇的种种困境,中国固有的思想文化与建构现代政治国家的努力在国都北京进行交锋,同时也影响着北京城市自身的发展方向。

在国都时期,北京贵为"首善之区",对内与帝制时代的帝都相决裂,对外则急欲建立一个崭新的现代城市以体现民国的新面貌,展现国家的新形象,国都北京的现代化建设自此开始。

国都北京对帝都的空间改造是巨大的,在新型政权与国家机关的主导下,北京打破了原有的封闭空间格局,大力发展现代市政,建构了新型的城市公共空间,同时使消费娱乐空间发生了转型,使一个传统的古都向现代化城市转化。可以说,国都时期既是国家政治、北京社会的转型期,也是城市空间变革的关键期。因此,本书以国都北京的空间变迁为重点考察对象,从城市空间的开放、公共空间的拓展与消费娱乐空间的转型三个方面来重现国都北京的空间变迁历程,呈现城市空间与民国政权、现代化力量、不同文化传统的交织与互动。

---

① ［澳］菲茨杰拉尔德:《为什么去中国——1923—1950 年在中国的回忆》,郇忠、李尧译,山东画报出版社 2004 年版,第 35 页。

改造北京、建设新北京首先必须从改造帝都北京的封闭城市空间开始,这是民国初年北京政府所面临的现实问题。实际上,民国北京政府所主导的城市空间开放运动与相关的配套市政建设也确实改变了北京的城市面貌。莫理循曾在1916年的日记里记载道:"除非通过历史遗迹,否则你简直无法认出北京。碎石子铺成的道路,电灯,广场,博物馆,各种形式的现代建筑,其中一两座在规模上可与白厅媲美,汽车(我认为北京至少有200辆)、摩托的数量远远超出我们的想象,毫不夸张地说,已有1000辆自行车。城内各处正在修筑道路,城墙现在有十几处豁口用以通车……"①国都北京的空间开放与改造,体现了北京政府欲通过城市空间来展现国家新形象,进而宣传新兴政权的意图。打破原有的封闭城市空间、改造城市交通,为北京市民勾画了一幅新都市生活的蓝图。因此,国都初年对北京的空间改造也就隐藏了民国政府的政治目的,新兴民国政权与帝制时代遗留下来的政治、文化观念在城市空间的改造中发生了碰撞。北京空间现代化改造过程中出现的各种纠纷,实质就是不同的政治制度、文化传统的较量。

本章将通过几个具有典型意义的城市改造工程与事件来考察北京从封闭走向开放的历程,探讨在建设新国都的运动中,现代化因素取得了何种程度的进步,而新兴的民国政权、传统的思想文化与各社会阶层对这种现代化建设又是如何反应的。第一节考察的是在袁世凯授意下、由内务总长朱启钤主持的正阳门改造工程。此工程对于打破城市的封闭性具有重要意义,其直接动力是修建公路、发展现代交通的需要。本节将通过一些具体的细节(改造方案中对城墙的保护意识、建筑形式上的中西并用等)表明,此工程在何种程度上兼顾了发展交通与保留传统的努力。同时,本节还将重点梳理改造工程对当时的北京社会秩序、市民文化心理的影响,探讨改造工程影响下北京社会文化的变迁。第二节将对环城铁路的修建及其对城市空间的影响进行探讨。一般以为,为方便交通修建的环城铁路打通了瓮城,破坏了城墙的结

---

① [澳]西里尔·珀尔:《北京的莫理循》,檀东鍟、窦坤译,福建教育出版社2003年版,第478页。

构。本节将通过考察环城铁路的修建过程指出,该工程在城墙的外围铺建轨道,其本身就是对整体城墙的保护,城墙外围的铁轨无形中对城墙构成了一道防线,这种设计与后来梁思成保护城墙的思路是相似的。第三节考察民国初年对于北京城墙的处理方式,梳理北京城墙先遭阶段性拆除后又被勒令保护、维修的历程,梳理城墙拆修过程中所体现出的保护传统古物意识的觉醒过程。第四节探讨的是北京电车的开行对城市空间的影响,梳理电车开行过程中所遇到的重重阻力,如市民、商会因为生计问题、保护古迹与跨街牌楼等理由而激起的反对等,重现电车公司与政府、民间团体、市民之间的碰撞与斗争,并指出北京电车的开行对北京社会生活的影响。

第一节　正阳门的改造与国家观念的变化

与现代城市的开放性不同,古代中国的城市无一例外地都在城市外围建有高大、宽厚的围合式城墙,以起到军事防御的作用,并通过在城墙上修建城门来沟通内城、外城的交通。对于这种全封闭式的城市来说,城门无异于城市的咽喉,在军事、政治、社会、经济上都具有重要意义。在中国的古代城市中,北京的古城门无疑是最具代表性的。北京素有"九门之城"之说,此处的九门即指北京内城的 9 座城门,即南面的正阳门(亦称前门)、崇文门、宣武门,北面的德胜门、安定门,东面的东直门、朝阳门,西面的西直门、阜成门。这 9 座城门都修有城楼,城楼之前又修有箭楼,城楼与箭楼之间建有瓮城相连接。

20 世纪初,瑞典学者奥斯伍尔德・喜仁龙来到北京,他在看到北京的城门后写道:"北京这座城市将五十万以上生命用围墙圈了起来,如果我们把它比作一个巨人的身躯,城门就好像巨人的嘴,其呼吸和说话皆经由此道。全城的生活脉搏都集中在城门处,凡出入城市的生灵万物,都必须经过这些狭窄通道。由此出入的,不仅有大批车辆、行人和牲畜,还有人们的思想和欲望、希望和失意,以及象征死亡或崭新生活的丧礼或婚礼行列。在城门处,你可以感受到全城的脉搏,似乎全城的生命和意志通过这条狭道流动着——这种搏动,赋予北京这一极其复杂的有机体以生命和运动的节奏。"①在喜仁龙看来,北京的城门不仅构成了北京独特的封闭式空间景观,还造就了北京所特有的生活方式与地域文化。城墙与城门所组合而成的空间结构,是古都北京地域生活与文化的外在显现。

正如玄武门之于古西安城,中央门之于古南京城,城门常常被当成是一个城市的名片,正阳门(见图2-1)则是首善之区北京的名片。正阳门在北京的九门之中建筑规模最大,地位也最为重要,在帝制时代国家的最高统治者皇帝在此门出入,成为至高无上的皇权象征。民国建立后,帝制废除,正阳门的重要性未减,又被人们尊为"国门"。显然,无论是帝制时代皇帝的专用之门,还是共和时代的"国门",正阳门都不仅是纯粹物质上的建筑,还联系着权力与民族国家的身份想象。如果说,正阳门在帝制时代所象征的皇权是由于历史上的规则延续而自发形成的话,那么,民国后公众对于正阳门"国门"的想象则是一种主动的赋予。民国成立不久,就有市民向内务部建议,通过正阳门的特殊地位来宣扬共和的政治理念,以清除专制积习,树立新的社会风气,具体做法是"将正阳门改题曰共和门,即请袁大总统题书,更设自由钟钟楼于门楼厅上,上升国旗","并将共和门永远开放,照中华规划办理,

图 2-1　未改造前之正阳门鸟瞰

图片来源:《铁路协会会报》1916 年第 40 期。

---

① ［瑞典］奥斯伍尔德·喜仁龙:《北京的城墙和城门》,许永全译,北京燕山出版社1985 年版,第 114 页。

使一般人民得以自由出入康衢"①。这一请求并未获得政府的批准,但更换城门名称以彰显国体的请愿在民间一直存在,直到正阳门改造完成后,仍有市民向政府请愿,认为"'阳'象君,故曩在帝王专制时代,有谓天子当阳,诸侯用命之说,又有以为天子南面而立,诸侯北面而朝。持此说者,大都均尽视帝王。北京前门命名'正阳',揆之当时命名取义之意","凡属一切抵触国体、违悖共和建筑,自应一律铲锄"。更改城门名称的目的则是要"一新国人耳目而重中外观听,藉奠国基"。②民国时期的这种通过传统文化符号来构建国家形象的公众意识值得注意。

但是,这个代表国家形象的"国门"在清末却遇到了危机:城市人口增加与人口流动性加大导致了前门一带的交通拥堵。1901年,京汉铁路延伸至正阳门西侧,并于次年建成正阳门西车站。1902年,京奉铁路修至正阳门东面的使馆区,并于1906年建成正阳门东车站。这两处车站的开通运营给前门一带带来了大量的流动人口,尽管从庚子事变之后,正阳门城门已不像外城城门那样在夜间关闭,但是日渐增长的客流还是给交通带来了巨大的压力,而且原来瓮城内的东西两侧各有观音庙、关帝庙一座,城门脚下又有许多商贩支棚摆摊(见图2-2),结果造成瓮城内的流动人口急剧膨胀,而内城、外城之间仅有一个门洞可供通行,交通拥堵时常发生,严重有损"国门"的形象。

民国成立后,主管城市建设的内务部就曾着手解决这些问题。1913年,内务部为了疏散前门一带的人口压力,将前门外的正阳商场迁到天桥西边,但未从根本上解决交通拥挤问题。③后来交通部筹划修筑京师环城铁路,其中就有修改瓮城的想法,但由于工程太过浩大,也没有实施。1914年京都市政公所成立后,拆改正阳门工程才正式提上日程。

但是,改造"国门"事关重大,为了防止人们对于改造工程产生质疑,市政公所采取了舆论先行的办法,在公所创办的《市政通告》上向

---

① 《呈请改正阳门之理由》,《大自由报》1913年3月21日第7版。
② 《更改正阳门名称之请愿》,《新闻报》1916年12月28日第1版。
③ 参见《正阳门交通之新旧比较观》,《市政通告》1915年第25期。

图 2-2　未改造前之正阳门城楼外景

图片来源:《市政通告》1915 年第 28 期。

大众宣传改造正阳门的必要性,用极通俗的语言阐释改造"国门"的意义:"京都内外城居民,谁也不能不由前门往来,所以前门洞车、马、人拥挤的情形,永远是免不掉的。近年还仗着出城入城分出上下辙,由巡警指挥,所以秩序还好。回想当年未办警察以先,时常车马塞途,直到夜晚,连城门都关不上,岂不是交通不便的经过么? 即以近来说,寻常的日子还好,若遇见热闹举动,立刻就觉得交通不便啦。譬如近日中央公园里市民开会,由前门出入,真有等到半点多钟过不去的,这在交通行政上,能够不求改么? 再说一国的国门,乃中外观瞻所系,形式上也不可不讲究。""正阳门旧规模,本来很是壮丽,但是月墙一带,石头道既然坑洼不平,荷包巷子旧基址,也未曾加以修饰,初到京的人,乍下火车,一看这文明古国的国门,就是这样情形,未必不大失所望。"①可见,市政公所改造正阳门的意图,除了改良交通的实用目的,还有通过重建正阳门以达到重塑新国家形象的目的。在民国初年,北京的城市

---

①　《问答》,《市政通告》1915 年第 19 期。

建设基本上都冠上美化民族国家形象的名义进行现代化改造,其中已显露出一定的民族主义倾向。中国近代的民族主义建基于以"华夏中心"观、"华尊夷卑"观、"夷夏大防"为主要观念的中国传统民族主义,并受西方近代民族主义的影响,其目的是挽救中华民族于危难之中,实现中国的富强。① 改造正阳门,体现了民国政府迫切改变北京城市落后、杂乱现状,重新塑造"国门"形象的民族主义心态。

市政公所成立后,正阳门改造工程得到了实质的推进。首任市政督办朱启钤早年在内务、交通两部任职时就有改造正阳门的计划,在兼任市政公所督办之后,便极力推动这一工程的进行,以便为改良北京的城市建设树立典范。在呈给总统袁世凯的工程申请中,朱启钤详细说明了改造工程的设计方案:"正阳门瓮城东西月墙,分别拆改,于原交点处东、西各开二门,即以月墙地址改筑马路,以便出入。另于西城根化石桥附近添辟城洞一处,加造桥梁以缩短城内外之交通。又,瓮城正面箭楼工筑崇巍,拟仍存留,惟于旧时建筑不合程式者,酌加改良,并另添修马路,安设石级,护以石栏,栏外种植树木,以供众览。又,箭楼以内正阳门以外原有空地,拟将关于交通路线酌量划出外,所余之地一律铺种草皮,杂植花木,环竖石栏,贯以铁链,与箭楼点缀联络一致,并留为将来建造纪念物之地。""其瓮城内旧有古庙二座,拟仍保存,加以修饰,俾留古迹。"②这个计划呈交给袁世凯之后,很快就得到了批复:"所拟修改正阳门瓮城、添开化石桥城洞分拨地段暨筹划各办法应均如拟照准,即速兴工,以期便利。"③

按照这个改造方案,原来连接城楼与箭楼之前的瓮城将被全部拆除,城墙上还将新开凿四个门洞,这是此方案的重点所在。拆除瓮城、开辟城墙门洞对于北京城墙的完整性来说将是颠覆性的变革,改造计划若得以实施,正阳门箭楼将与城楼断开连接,成为一座孤立的建筑,整个前门地区的空间布局将会按照现代都市交通的规则重新调整。正

① 参见郑大华《论中国近代民族主义的思想来源及形成》,《浙江学刊》2007年第1期。
② 朱启钤:《修改京师前三门城垣工程呈》(1914年6月23日),载《蠖园文存》,文海出版社1968年版,第151—152页。
③ 参见《内务部呈筹拟修改正阳门城垣工程办法并请拨款项文并指令》,《市政通告》1915年第17期。

如史明正所指出的,民国政府之所以乐于对历史悠久的正阳门进行大刀阔斧的改造,其真正用意是清除封建帝制的特权象征,而彰显民国公众所拥有的民权。① 就民国初年的社会环境而言,开放瓮城恰好体现了由专制社会向共和社会过渡的历史进程,民国北京政府把城市空间当成了昭示新式政治理念的舞台。

然而,要拆去瓮城的创举,在当时并不能轻易被人接受。修改正阳门工程的方案得到总统袁世凯的批准后,市政公所随即将工程承包给德国罗克格公司,着手进行工程改造。此事一经公开立即在京城掀起了巨大的风波。

最先反对工程施工的是京师总商会,商会在民国时期北京的社会生活中起着十分重要的组织作用,商会以拆改瓮城将威胁原瓮城内及前门一带商贩的生计为由,向政府上书,并组织商贩到工程现场进行阻挠。对于商会的阻挠,有人认为是由于市政公所未能做好前期的宣传解释工作而导致的误会,"此次修改道路开辟城门之事,假使市政公所中有一二人民代表,则官民意见早已疏通,商务总会又何至有反对市政之呈请乎?"②可见,中国市民的民权意识在民国初年已初步觉醒,并在城市公共事业中得到了显现。

反对拆城墙的还有其他力量。此时,有报纸报道:"近有某政治钜公极力反对拆城之举,略谓往时第一次开放城门,即有庚子之变,第二次开放,即遭京军哗溃之虞,近顷始提议开门,又有张家口兵变之事。政界信之,遂有中止之意。"③这位政治家以拆城墙会破坏北京城的风水为由进行阻挠。无论是商会以维持生计的实际目的阻挠拆城,还是某些政治家因为担心拆城破坏风水而激起的反对,都体现了固有的生活秩序与文化观念对于城市改造、现代化建设的巨大阻力,也体现了北京原有的城市空间结构顽强的稳定性,现代化的力量想在短期内改变这种空间结构并非易事。

---

① 参见[美]史明正《走向近代化的北京城——城市建设与社会变革》,王业龙、周卫红译,北京大学出版社1995年版,第88页。

② 《吾人对于京师市政之意见》,《顺天时报》1914年7月8日第2版。

③ 《拆城中止之奇闻》,《顺天时报》1914年7月26日第3版。

由于反对拆城墙的运动闹得沸沸扬扬,"此事发生以后,大总统当不谓然,故拆去前门瓮城一节,已作罢论"①。显然,最高决策层很快意识到,对于这个有着500多年历史的"国门"的改造问题必须审慎对待。

而此时改造工程已经开始进行。由于拆城会产生大量城砖,施工方请市政公所协调,将正阳门东站的铁轨延伸到瓮城内,以便运送拆下的城砖。"此项计划变更,拆城一事停止,而铺设之路轨亦属无用,故于日前已将城东路轨撤去,俾免有碍交通云。"②而当时因延伸铁轨,将东、西车站的围墙各拆了一处二三丈宽的缺口,"经两站铁路局于昨又饬工匠将拆之缺墙重行修补完整云"③。第一次拆城墙就这样草草结束了。

改造工程虽然停工了,但舆论上的争论却没有停止。

尽管有商会以实际行动阻挠工程的施工,有政治人物从舆论上给决策者施加压力,但还是有许多支持改造正阳门的声音。早在工程被叫停之时,就有人在报上发文表示遗憾:"改良市政一举又将暂从缓议乎? 夫小民可与落成难与谋始,其仅顾目前利害固无足怪,然以业经大总统批准举行之要政,设使因商会一书遽从缓办,则政府之朝令夕改,毫无定见亦足为天下议者笑矣。"④还有人对拆城可能会破坏城市风水的观念提出质疑:"区区一城门之微事,竟能关系国家之重大若是耶? 信如斯说,则当年未筑京城以前,中国固终岁无不在变故中矣,有是理耶? 风鉴之惑人亦何若是之甚耶? 不知归咎于所以致变之原,而徒谓开放城门之故。窃意城门有知,亦将哑然笑其黑暗矣。吁愚哉,夫城门只可论其于利害上,当开不当开,万无于风鉴吉凶有何关系也。苟如某公所言,则凡各省采矿、筑路,皆属风鉴攸关,而不宜兴办矣。政界中尚有斯等固陋之议论,窃不禁对于中国前途百感交集。"⑤从当时的舆论情形来看,主张改造正阳门以促进城市建设的并不在少数。

---

① 《保存瓮城》,《群强报》1914 年 7 月 9 日第 3 版。
② 《撤去拆城铁道》,《顺天时报》1914 年 7 月 29 日第 8 版。
③ 《拆墙修墙》,《大自由报》1914 年 9 月 20 日第 6 版。
④ 无是:《市政果将缓办乎?》,《顺天时报》1914 年 7 月 6 日第 2 版。
⑤ 《拆城中止之奇闻》,《顺天时报》1914 年 7 月 26 日第 3 版。

对待城门改造的两种不同态度,实质上是对于两种空间秩序的不同态度。瓮城作为冷兵器时代的有效防御工事,在进入近代社会之后已经不再具有军事上的价值,但作为象征传统社会符号的功能仍然存在,同时保留的还有它的文化遗产价值。尽管当时人们对于城门的文化价值的认识还未完全觉醒,但对于城门作为既有城市空间秩序守卫者的作用却有较大程度的共识。以便利交通、重塑国家形象的名义对正阳门进行现代化改造,触碰到的不仅是前门一带商贩的生存利益问题,更重要的是这种现代化改造威胁到了传统城市的空间结构——作为首善之区的九门之城的完整性。赞成拆城的,自然是看到了现代城市交通便利、卫生整洁的优越,体现了一种向往现代城市文明的倾向;反对拆城的,则注重的是传统城市空间结构的稳定性以及这种空间结构所象征的中国传统文明。民国初年对于北京城门拆改的两种不同态度,说到底是中西方两种文明、传统与现代两种文化观念的冲突。

关于拆城的争论未休,工程亦没能继续。此时适逢第一次世界大战爆发,日本趁德国战乱强行侵占了德国在山东胶州湾的租界地,导致民国政府在外交上疲于应付,而政府内部财力又出现不足,因此一时无暇进行如此庞大的建设工程,再加上负责正阳门改造的德国工程师罗克格又于此时回国,多种因素叠加,正阳门改造计划只得暂时搁置。

然而,市政公所一直没有放弃推进这项工程的努力,有报纸报道,市政公所将正阳门改造模型(见图 2-3)放到新近开放的中央公园中展览,"拆撤前门瓮城开辟城门一事,经内务部已于年前议定,然未实行,兹于昨日见中央公园陈列拆撤瓮城开辟城门之模型一幅,系将前门东西门洞及月墙一律拆撤,仅留南北城楼,并于东西城墙各辟二门,共计进城路线五处,而瓮城内之关公庙、菩萨庙仍然保存云"①。中央公园的开放也是民国初年北京城市空间变迁的一大创举,其主要推动者正是内务总长兼市政督办朱启钤,将正阳门改造模型放在中央公园这个公共空间中展示,显示出民国政府意欲通过向公众宣传现代都市意识以达到推进城市现代化建设的目的。

---

① 《拆撤瓮城模型》,《顺天时报》1915 年 5 月 13 日第 7 版。

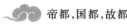

图 2-3 改良正阳门模型

图片来源:《内务公报》1915 年第 21 期。

另外,内务总长兼市政公所督办朱启钤又多次向大总统袁世凯力陈改造正阳门的必要,在工程停工的次年,国际、国内的形势都有所缓和,内务部便乘机向袁世凯呈请继续正阳门的改造工程,"拆改瓮城东西月墙添辟城门尤为工程中重要之点,良以前门交通繁盛,车马殷阗,较之他城奚啻倍蓰,若非将瓮城拆去,则取径仍多迂曲,将来电轨经过不足以利通行而新气象","现值春令融和,工程设施陆续筹备,应行收用之房地亦经和平晓导办理,略有端绪","自应赶紧兴工,以扩规模而新气象"。① 这次袁世凯批准了内务部的请求,工程所需之经费,也由袁世凯批示由交通部负责筹措。此时有报载:"内务部规定拆撤正阳门瓮洞并开辟城墙新门一事,刻已筹有的款,拟于月内即行开工,故于日昨已在东西月墙铺设铁轨,以便移运砖土,并将棋盘街偏西有碍新门路线之商铺二十家,昨亦通饬一律迁移他处。"② 改造工程终于在停工半年多后,于 1915 年 6 月 16 日重新启动了。

---

① 《内务部呈筹拟修改正阳门城垣工程办法并请拨款项文并指令》,《市政通告》1915 年 5 月第 17 期。

② 《拆城开工在迩》,《顺天时报》1915 年 5 月 19 日第 7 版。

　　但是,关于这次工程的重启,民间却流传着另一种说法,有舆论认为袁世凯这次之所以能力排众议坚决推动正阳门的改造,是由于改造工程有利于袁世凯个人的政治前途,而工程的开工日期也"与袁大总统贵造相合,初由公府中陈姓者选择,继交由浦信铁路督办沈云需君,复行推算,始行定议云"①。工程开工当天"尚有一番慎重礼式,即内务总长朱启钤暨交通次长麦信坚二君,在城上设列香案,焚香祭告毕,由朱总长亲将城砖拆下一块,然后由工人按照所拆处接续扩张云"②。朱启钤在城楼施工现场拆卸第一块城砖所用的工具,是由袁世凯以大总统名义颁发的特制银镐,这个银镐上刻有"内务总长朱启钤奉大总统命令修改正阳门,爰于 1915 年 6 月 16 日用此器拆去旧城第一砖,俾交通永便"的字样。③ 当市政公所以改善交通、重塑"国门"形象为由对正阳门进行改造时,遭到了多种势力的阻挡,而当改造城门与重要政治人物联系起来时,阻拦的力量很快就消失了。这再次表示了正阳门不仅仅是代表国家形象的"国门",更象征着一种至上的权力,即便在民国时期也是如此。对正阳门的改造,实际上就是一种权力对另一种权力的更替。

　　此次工程启动由于有了大总统的推动,因而几乎没有遇到阻力,工程很快由德国公司重新开始施工,工程涉及的商户也顺利搬迁,城楼东面妨碍施工的美国使馆操场也经交涉后同意出让。④ 市政公所还计划请袁世凯于民国国庆日 10 月 10 日登城视察,以突出城门改造的意义,因而与施工公司约定将竣工日期定为当年的 9 月 22 日,而"动工之初所有工役共有六百余名,现闻承修商人因拆撤城墙期限甚迫,惟恐有误要工,故于日前又继招夫役数百名,以便早日工竣,俾免扣罚"⑤。改造"国门"对于北京市民来说是一件大事,据吴宓的日记载:"(1915 年 7 月 18 日)至前门,乘人力车入。时方拆毁城垣,又新值大雨,城门附近,一片汪洋,泥水深逾半尺。至社稷坛,入中央公园游览。"⑥由于正阳门

① 《开工大吉》,《群强报》1915 年 6 月 17 日第 4 版。
② 《拆城式之慎重》,《顺天时报》1915 年 6 月 19 日第 7 版。
③ 参见张复合《北京近代建筑史》,清华大学出版社 2004 年版,第 221 页。
④ 参见《市政进行》,《大自由报》1915 年 6 月 28 日第 6 版。
⑤ 《添募拆城工人》,《顺天时报》1915 年 7 月 2 日第 7 版。
⑥ 吴宓:《吴宓日记:1910—1915》,生活·读书·新知三联书店 1998 年版,第 465 页。

是南城进入内城的必经之路,因此,改造工程对百姓的日常生活影响尤大。由于工程施工难度大,施工的过程中多次有工人因拆城发生事故殒命,工程亦未停止,但工程仍未能按计划的进程完成,直到当年的11月才全部竣工。改造完成后,市政督办朱启钤亲自到现场检查验收,地方政府官员多到场参加城门开放礼,"礼成开放城门,行人由中门出入,车马由东西四门出入,秩序整齐,交通亦甚便利"①。民国初年北京第一个重要的城市改造工程终于成功完成了。

从最初市政公所正式提出改造正阳门到最后工程完工,历时约一年半,其中施工时间仅为5个月。工程之所以出现延宕,其直接原因是瓮城拆改计划破坏了现有的城市空间秩序,正如当时的舆论所指出的:"自从阴历五月初四开工,到现在将近一月,把一带月墙,拆得破破烂烂,拆出来的破瓦黄土,堆积如山。就现在说,总算是一种破坏作用喽。但是拆这城墙的意思,并非是专为破坏,乃是想要建设一座新样的城门,自不能不先拆去旧的,所以才动这拆城的工程。由此看来,建设和破坏,乃是目的、手段的关系,自然可以明白了。"②正阳门改建的一破一立,开启了北京城市空间改造的序幕。

正阳门改造工程是民国成立后北京城市建设中的一件大事。工程完成以后,前门地区的闭塞状况有了根本改观,旧时仅供帝王通行的门洞经过改造后成了交通便捷的出入口,成为北京普通百姓日常生活的必经之地,当时民间有竹枝词描绘此种情形道:"都城一洗帝王尊,出入居然任脚跟。为问大家前二载,几人走过正阳门。"③这是城市空间变迁改变市民日常生活的一则明证。此外,工程的主要推动者市政公所对工程的成功实施也颇为满意:"改良正阳门工程,是一般市民所闻共见的,工程开始之时,也不知招了多少谣言,到如今大功告成,再看一般市民,走到哪里,都欣欣有喜色。本来也是,堂堂国门,多开出两条平坦大道,出城入城,不至拥挤,谁能不赞成呢?就连外国人,都肯牺牲一部分的利益,以成此美事(美国操场,让出一块为修马路之用),本国人

---

① 《城门落成》,《群强报》1915 年 12 月 6 日第 3 版。
② 《说拆城》,《顺天时报》1915 年 7 月 20 日第 2 版。
③ 《京都新竹枝词》,老羞校印,1913 年。

就不必说了。这虽不是市政公所一处的力量办起来的,究竟也算是近几个月交通市政进行中的一篇大文章。"①正阳门的成功改造(见图2-4),解决了因为城墙阻隔造成的交通拥堵与卫生问题,使象征国家门面的前门一带形象焕然一新,从这个意义上说,改良正阳门并不仅仅是一个市政建设工程,还肩负了重塑民族国家形象的重任,就连新安置在城门前的石狮,也被当时的人们赋予了特殊的意义:"吾观于正阳门之石狮,不禁发无穷之感想:两目怒张,其大如炬,形似欲吼,殆我千年睡狮之中国,由梦而醒之气象乎? 或又曰:是二狮也,一雌而一雄,然则宁为雄飞,勿为雌伏,是又丈夫有志,所当奋兴鼓舞,以毅力策进行者也。雄乎狮乎,其齐廷之大鸟乎? 不飞则已,一飞冲天,不鸣则已,一鸣惊人。吾知虽有眈眈虎视之强邻,亦当望风震慑矣。伟哉壮哉! 寄语国人,由是路面出入是门,观此对峙之石狮,不可不同此感想也。"②石狮在中国的建筑布局中本是常见的陈设品,一般摆放在家宅的门前以作镇守或辟邪之用,在北京地区亦极为多见,而正阳门前的石狮,却被人们赋予中华民族的国家想象,再次印证了正阳门"国门"地位的重要性,正阳门改造的意义也就格外重大。

图2-4　改造后之正阳门鸟瞰

图片来源:《铁路协会会报》1916年第40期。

无论是官方还是民间,都不自觉地把对于民族国家的认同与城门的改造联系起来,人们急切地希望在外国列强称雄的世界格局中确立

---

① 《得尺则尺之市政进行》,《市政通告》1915年第24期。
② 静观:《对于正阳门石狮感言》,《群强报》1915年12月8日第5版。

中国的地位,其途径之一,就是通过城市的现代化改造来改变城市的落后面貌。在民国初年国内军事、经济都落后的情况下,改良国都的城市空间确实是重塑中国形象的捷径。正阳门因为其"国门"的特殊地位,在民国之后便成为最先改良的对象。民国"政府迫切要求褫夺皇室特权并把它们交给民众;对前门而言,就意味着把这座以前为皇帝专辟的中央大门变成可供民众使用的通道"[1]。拆毁瓮城,将前门一带的封闭空间改造成一个开放的空间地带,"便是对封建帝国时期以严格的社会等级秩序为基础的空间概念作了新诠释。将那些以前供皇帝专用、普通百姓不准入内的地区向公众开放,意味着这些地方不再被极少数特权人物所垄断"[2]。尽管在清末北京也修建了铁路、兴建了现代化的火车站,但这些现代化建设都是由外国资本主导的工程,中国政府虽然不愿意看到城市空间秩序的破坏,但迫于国力孱弱只能被动接受。而正阳门改造则是民国成立后第一个由官方主动推行的城市改造工程,民国北京的城市空间由被动改造转变为适应新社会、经济的主动变革。正阳门的成功改造,标志着北京的城市空间由封闭走向开放迈出了关键性的一步,也预示着北京城市空间自此之后将受一种全新的权力逻辑的主导。综观正阳门改造工程的始末,我们可以明显看出民国政府推动城市现代化的迫切心态,而其改革的动力很大程度上来自于弥漫于那个时期的浓郁的民族主义情绪。

正阳门的改造开创了主动改造北京城墙的先例,为后来北京城墙的拆改埋下了种子。稍后修建的京师环城铁路正是因为有了正阳门瓮城的改造模范,才能顺利地拆改铁路沿线的城门瓮城。在城墙上开辟门洞,也是民初北京城市建设中的创举,此举有效地解决了城市交通拥堵问题,加速了内城、外城之间的人口流动,因城墙造成的内城、外城阻隔问题从此得到了极大的缓解。同时,门洞的开辟还为日后电车的开行创造了条件,使古都北京向快速交通城市迈进。一方面,正阳门的改

---

① [瑞典]奥斯伍尔德·喜仁龙:《北京的城墙和城门》,许永全译,北京燕山出版社1985年版,第145页。

② [美]史明正:《走向近代化的北京城——城市建设与社会变革》,王业龙、周卫红译,北京大学出版社1995年版,第91页。

造及其附属工程进一步打破了前门至天安门一带的封闭状况,促进了天安门区域向现代城市广场的转变。可以说,正阳门的成功改造,拉开了北京由传统城市向现代城市转型的序幕。

另一方面,民国政府对于正阳门的改造又是不彻底的。改造方案的初衷与目的是使北京城向现代化迈进,然而,北京既有的城市空间显示出了比其他城市更强大的生命力。当天津、上海等城市的城墙被先后拆除殆尽时,北京政府还在为在城墙上开辟门洞而费尽周折,北京城市建筑厚重的历史及其承载的文化价值,使其在城市现代化的进程中部分地保存下来,免遭全部拆除,最终,北京在城市空间的变迁中呈现出传统与现代相互交融的现象。就正阳门改造工程而言,在拆毁瓮城、修建马路的同时,又保存了古老的箭楼和庙宇,对于这种中西并存的空间外观,喜仁龙从建筑美学的角度进行了批评:"今天,这个中央大门给人的印象,无论从哪方面看都是令人失望的。诚然,门楼仍旧保留原样,但城门马道新开了两道拱门(这拱门似有损结构之坚固性),前面广场也显得过于西洋化,与城楼的建筑风格不大协调。当然,如果从南面(包括昔日属于瓮城空地的颇大的一片荒凉地段)观望,其景象则更令人扫兴。箭楼的情形也如是,不仅如此,它还用一种与原来风格风马牛不相及的方式重新加以装饰。箭楼孑然而立,两侧瓮城残垣所余无几。两条直达城台顶部的马道皆呈之字形,台阶中间隔有数层平台,平台上修有汉白玉栏杆和凸出的眺台。不但如此,箭窗上侧还饰有弧形华盖,弄巧成拙地仿照着宫殿窗牖式样。在前门整个改造过程中,箭楼的改建确实是最令人痛心的,而且这种改建简直没有什么实际价值和理由。"①

这种中西杂糅的空间外观可能不符合建筑学的审美标准,但对于北京的城市空间改造来说却具有重要意义。前文已经指出,将瓮城改造成开放式街道空间体现了民国政权对封建皇权的更替,而对于箭楼、城墙的保存(在城墙上开辟门洞也是一种变相的保护)(见图2-5)则体现了民国北京在空间变迁中对传统文化的传承。在现代化力量对传

---

① [瑞典]奥斯伍尔德·喜仁龙:《北京的城墙和城门》,许永全译,北京燕山出版社1985年版,第149页。

统城市带来巨大冲击的同时,在民族主义思潮迫切要求北京进行现代化改造的背景下,传统作为一种看不见的力量对现代化的入侵产生了有效的免疫,传统的生活方式与文化观念在北京坚厚的城墙的掩护下,得到了比沿海城市更好的保存。矗立于古都北京的古老城门,正是传统在北京延存的象征。

图 2-5　正阳门新开辟的门洞

图片来源:《铁路协会会报》1916 年第 40 期。

　　面对传统的坚韧力量,北京的城市规划设计者不得不采取一种调和主义的态度。一方面,为了体现新兴政权的优势,民国政府毅然对正阳门进行现代化改造,并将工程的设计、施工承包给德国公司,显示了新兴政权与国际接轨的开放心态;另一方面,传统文化观念根深蒂固的影响与北京作为历史古城所具有的遗产价值,又使民国政府在制定改造方案时注意保护象征传统文化的箭楼与庙宇。正阳门既象征着等级特权的封建政权,又承载着为大多数国人所认可的传统文化。民国政府急切要改造的是象征权力的城门,对于承载历史、文化的“国门”,又意欲保留。其结果,就使正阳门改造呈现出中西杂糅的特征,体现了传统与现代相交融的文化心理。同时,正阳门的改造过程也体现出社会舆论和民众心理的变化。正阳门改造之初,商会与政治人物的反对分别显示出传统生活方式与文化观念对于北京城市现代化进程的阻力,而将正阳门改造与更新国家形象相联系的民意,则体现出民族主义情绪对城市改造所起的推动作用,对城市现代化的支持与欢迎。

　　总之,正阳门改造的曲折过程及其中西杂糅、传统与现代相交融的结果,既表征着北京城市空间变迁的艰难历程,也是民国初年社会文化心理变迁的缩影。

第二节 传统城市中的现代形式:环城铁路的修建

与改造正阳门同时进行的,是由市政公所推动的修建京师环城铁路工程。环城铁路的修建,拆改了铁路沿线的城门瓮城,初步改变了北京交通的既有格局,对于北京的城市空间开放具有重要意义。

正阳门的改造解决了前门一带的交通拥堵问题,方便了城南地区内城、外城之间的人口流动。然而,由城墙阻隔造成的城市的总体封闭格局却没有根本改变,民国初年,绕城墙而行仍是当时北京市民出行时所面对的现实。此时北京本土的人口迅速增长,据甘博的调查,1913年北京内外城的人口为727863人,到1917年则增至811556人,处在人口高速增长时期。[1] 特别是自正阳门东、西火车站与京张铁路西直门站开通运营后,外来的人口、货物源源不断涌入北京,于是,人口、货物区域流动的不便更显突出。京张铁路的西直门站地处北京城的西北角,经由西直门站出入的行人,去往城东、南部就极为不便。而京奉、京汉两路车站,虽然地处城市的中心,其辐射能力也仅局限于前门一带,东直门、西直门、安定门、德胜门等处的商民出行问题仍得不到解决。

发展公共交通是唯一的解决之道。在当时的技术条件下,电车是被各国广泛采用的公共交通方式。电车于20世纪初传入中国,北京也早就有建设电车的计划,但因为多种因素未能实现(其中原委后文将有专节叙述)。于是民国政府退而求其次,提出了修建京师环城铁路的方案(见图2-6)。

环城铁路的设想并非民国政府的创举,伦敦早在1863年就开通了地铁,国外"空中电车、地底电车"的便利也引起了民国市民的注意,[2] 这里所说的"空中电车、地底电车"就是现代所谓的城市高架铁路与地

---

① 参见[美]西德尼·D.甘博《北京的社会调查》,陈愉秉等译,中国书店2010年版,第82、83页。

② 《京铎》,《大自由报》1912年11月7日第7版。

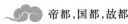

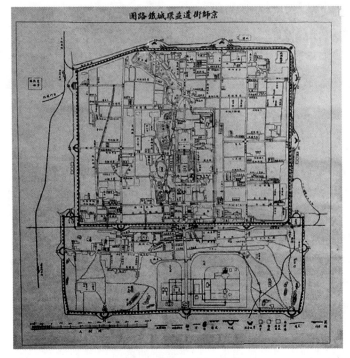

图 2-6　京师环城铁路图

图片来源:首都图书馆。

铁,清末民初中国不乏到国外游历的人士,修建环城铁路的设想肯定受到了国外轨道交通的启示。

　　早在朱启钤任交通总长时,为改善北京市区交通,美化城市形象,就有修建环城铁路的设想,他在给袁世凯的呈文中指出:"北京为首善之区,人口繁密,为全球有名之都市,一切交通设备必须力谋完善,方能示海内以标的,而竞文明于列强。且京畿一带环城日用之品以米粮煤炭为大宗,专恃车驮,供求均多不便。现在京汉、京奉、京张各路虽已在前门、广安门、西直门等处设有车站,然偏在西南一隅,影响不能及于东北方面。揆之现势,殊不足剂城乡商市之平,而谋都会交通之便。"①修

----

　　① 朱启钤:《京师环城铁路请由京张路局承修接通京奉东便门车站呈》,1914 年 6 月 12 日,载《蠖园文存》,文海出版社 1968 年版,第 151 页。

建环城铁路的目的,在于加快北京城区域之间的客流、物流的速度,使古都北京尽快摆脱空间封闭导致的交通落后面貌,进入快速交通城市的行列。

按朱启钤的计划,环城铁路从西直门京张铁路站开出,沿城墙外围向东行驶,沿线经过德胜门、安定门、东直门、朝阳门,最后到达正阳门站,所过各城门分别设车站。袁世凯很快批准了这个计划,并批示"展修京都环城铁路由京张路局筹款承修,接通京奉东便门车站,以利交通而兴市政,计划甚是,应即照准。其路线经过地面所有勘用沿城官地均准划归该部应用,至修改瓮城、疏浚河道及关于土地收用事宜,应由内务部会同步军统领督饬各该管官厅营汛协力辅助,俾速施工,毋误要政"①。

为了使人们了解环城铁路的益处,市政公所又专门撰文,用极浅显平易的语言向人们宣传修建环城铁路的必要与意义:

> 顺着大城城圈,都筑上铁路,沿路设站,无论挨哪一个城门近的,都可以就近上车下车,使一般市民,都可以享交通便利的幸福也。不但出京到京的人方便,就是此城到彼城,也极其便当,譬如朝阳门到东便门罢,隔着五里多地,你若顺着外城城根走,道路是很坏,你要由城里头绕着走,便得绕过崇文门,姑无论现在没有电车,即便将来电车通行,也不能一门挨一门,都铺电车道,若是顺着城根有了火车道,一门有一处车站,火车往来,岂不可以补将来电车之所不及么? 再说到运输货物,也有几种便宜,譬如木头、石头、石灰、煤等等笨重货物,向来由火车运至北京,因为不能遍送到各门,于是那些离路站远的人家,购买此等物品,就加了一大笔运费(类如一吨煤,原价四五元,还要加一二元不等的运费)。而且重载大车,往里九城输送货物,部(不)得进前三门,发生种种困难。就已为重载车设想,各处都修了马路,挤的无路可走,也是为难。若是各城有了车站,通了火车,商家运货,也都可以利用铁路,不必再专靠那笨重的大车,来往转运,何至再有以上的为难情形? 有此

---

① 《大总统申令》,《政府公报》1914 年第 740 期。

种种原因,所以本公所督办,去年署交通总长之时,就呈明大总统请展修环城铁路,以利交通而兴市政,奉令照准。今年部已经预备款项,克期开工。至于收用土地,以及修改德胜、安定、东直、朝阳等门瓮城的事情,都由内务部会同步军统领衙门协力辅助。这件事于我们京都市政,实在有绝大的好处,不但是在交通一方面,显着便利,还可以使各城的货物行栈,都有生意,商务渐渐的繁盛起来,并且使城内各地方,也不至于热闹地方拥挤不堪,日日居奇,偏僻的地方,愈形冷落,无人过问,也是调剂市面,匀道理,体恤商艰的一番大作用。若再说到市民健康上,将来京城里的人,由京门支路往游西山,出西直门游农事试验场,游万寿山,出东便门逛二闸,无一不可搭乘环城铁路的火车,随处上下,这不都是市政改良后得享的幸福吗?①

然而,据交通部估算,环城铁路的工程费高达 20 万元,这笔巨款京张铁路局在短期内难以筹措。加上此时北京的民族主义思想已深深影响到社会生活的各个角落,因此民国政府也不敢贸然引入国外资本,始终坚持官办官管。最后,交通部"因款项支绌,该部现饬该局从缓办理"②。环城铁路的修建计划不得不暂时搁置。

环城铁路工程之所以耗费如此巨大,除了要收用铁路沿线的民房民产,对沿线城门瓮城的改造也加大了工程的修建成本。民国初年,北京的城市布局基本保留了帝都时期的空间结构,在城门以外都修有瓮城,瓮城与城门之间有高大的月墙相连接,形成一个凸出的城圈,而铁路又需取直而行,这就对环城铁路的铺设构成了障碍。瓮城在古代社会具有有效的军事防御作用,但进入现代社会之后,瓮城因其封闭的空间特征无疑成为发展现代交通的羁绊。

民国政府鉴于北京交通的落后状况,决意修建环城铁路,工程的关键在于对铁路沿线瓮城的改造,民国交通部对此也有着清醒的认识,他们认为,火车"经过各城门时,非将瓮城两边开通,无从取宽面积。且

① 《说环城铁路》,《铁路协会会报》1915 年第 32 期。
② 《铁路缓筑》,《大自由报》1914 年 12 月 7 日第 6 版。

鉴于崇文、西直门各栅栏,车到停候需时,不免拥挤。又,路线如果隔河远绕向外,不特路长需费过钜,于附郭一带坟墓田庐难于绕避,行旅运输舍近就远,交通转为不便,于发达市政宗旨似相迳庭。即使沿城另行取线,委曲迁就,亦需穿越一二门洞,行车仍多周折。日后交通繁盛,再求改线,旧路全归无用,新筑又须费资,且既已行车,万无停车数月再行改筑之理。是以熟筹详审,计须将改修瓮城一层确实决定,方可定办施工"。而解决的办法,则是将火车"经过各门瓮城即仿京奉路穿过崇文门瓮城成案,均取直线一律通过办法,将经过各城门瓮城两边均行开通。仍将前面大箭楼留存,附加点缀,略为修葺,另开马路,较之崇文门现状更为适观,且便行人来往。又,每城门均设车站,以便搭客上下、军队运输"①。

改造瓮城并不是修建环城铁路工程的创举。早在 1900 年英国修建京奉铁路时,将铁轨从马家堡向城内延伸,经过崇文门,对崇文门的瓮城进行了改造,在崇文门的瓮城上开了一个拱形门洞,铁轨穿洞而过。作为城市安全守卫者的城墙,就这样被现代化的铁路给攻陷了,原来封闭的城市空间秩序就此开始松动。正如董玥所指出的:"当城墙与城门被一边冒着浓烟一边轰鸣的钢铁机器包围时,它们再也不像以前那样宏伟、威严了。"②火车作为现代化的标志,对代表传统城市空间秩序的城墙城市构成了前所未有的威胁。不过,崇文门瓮城的改造并不是清政府的主张,而是英国列强趁八国联军进京、清政府西逃时强行实施的。列强对北京的入侵不仅是在军事上进行打击,还利用现代化的交通工具对北京的城市空间进行破坏。

修建环城铁路是民国政府主动利用现代交通工具改造既有城市空间布局的创举,由于环城铁路沿线的瓮城不具备正阳门"国门"的影响力,且此时正阳门改造工程经过舆论的洗礼后已成定议,因此铁路沿线的瓮城拆改并未遇到太大的阻力。1915 年,修建环城铁路的经费筹

---

① 《京师环城铁路勘定路线并修改瓮城情形绘图呈请钧鉴文》,载吴廷燮等《北京市志稿一·前事志、建置志》,北京燕山出版社 1998 年版,第 225—226 页。

② Madeleine Yue Dong, *Republican Beijing: The City and Its Histories*, Berkeley: University of California Press, 2003, p. 37.

齐,征用铁路沿线商民房屋均顺利推进,①工程于同年 6 月正式开始施工,铁路所经过的朝阳、东直、安定、德胜等城门瓮城都先后顺利拆改,②整个工程于 1915 年年底完工,铁轨成功与京奉路衔接,修建了 6 座车站,1916 年 1 月 1 日正式开车运营。③（见图 2-7）

图 2-7　环城铁路东直门车站

图片来源:中国铁道博物馆编《中国铁道博物馆正阳门馆:中国铁路发展史掠影》,中国铁道出版社 2012 年版。

修建环城铁路的初衷,是为了方便市民的出行,加快城区人口的流动速度,缓解城市交通拥挤的状况。然而,环城铁路开行之后并未出现人人争坐的局面,"京师环城铁路现已售卖通车客票,兹闻该路开车次数现规定每日由前门车站起,开往西直门车站五次,来往共计十次,而所售之票价分为三等,头等车票价四角,二等车票价二角,三等车票价

①　《环城路将修》,《顺天时报》1915 年 5 月 13 日第 7 版。

②　参见《拆卸城门》,《群强报》1915 年 7 月 27 日第 4 版;《月墙开放》,《群强报》1915 年 8 月 30 日第 4 版。

③　《京绥路呈报环城铁路竣工文》,《铁路协会会报》1916 年第 47 期。

一角。惟闻该路通车后搭车客人不甚踊跃云"①。环城铁路的票价在当时处于什么样的消费水平呢？在环城铁路开通的1916年,每百斤白面粉售价为5.54元,而这一年普通手艺大工的日工资不到四角,小工则不到三角。② 可见,大多数市民根本达不到环城铁路的消费水平。此外,据陶孟和20世纪30年代的调查,1926年北京内外城共25万余户,其中极贫户、次贫户、下户就占了18万余户。"极贫户,乃指毫无生活之资者;次贫户,乃指收入极少,不赖赈济则不足以维持最低之生活者;下户者,乃指收入之仅足以维持每日生活者。"③

环城铁路按照公共交通的模式运营,但其高昂的票价却将大多数北京市民挡在门外,因而大多数市民仍然选择传统的交通方式出行。

票价过高导致的乘坐率过低有事实为证,报载:"环城火车开行以来,每日搭客甚属寥寥,故经车务局乃于日前元宵灯节期内,援照各公园减价办法,于旧历正月十五、十六、十七等日,将头二三等车价减半,遂致此三日中售出环城火车客票每日约在三百余张,可见非搭客不多,实因票价稍贵,故难发达也。"④当时北京内外城的固定人口近一百万人,就每天300多人的出行人次来说,环城铁路的运客能力仍没有充分发挥出来。

环顾世界其他大城市的轨道交通情况,伦敦地铁自1863年开通,当年的客运量就达到900多万人次,至1910年达到1028万人次,⑤平均每天乘坐地铁的人数达到近3万人次;地铁的发车频率为每10到20分钟一班,票价根据车厢等级不同分为一等舱6便士,二等舱4便士,三等舱3便士,往返票是9便士、6便士和5便士。年票一等舱是8英镑,二等舱是5英镑10先令,而当时伦敦城郊的总人口约二百万人。⑥ 低廉的票价与高密度的发车频率保证了伦敦地铁的高乘坐率。

---

①　《环城路之车价》,《顺天时报》1916年1月9日第7版。

②　参见孟天培、[美]甘博《二十五年来北京之物价工资及生活程度》,李景汉译,国立北京大学出版部1926年版,第24、87页。

③　陶孟和:《北平生活费之分析》,商务印书馆2011年版,第24页。

④　《环城路宜减票价》,《顺天时报》1916年2月23日第7版。

⑤　参见范文田《伦敦地铁历年客运量》,《地铁与轻轨》1991年第3期。

⑥　参见贺鹭《维多利亚时期的伦敦地铁》,《史林》2013年第5期。

相比之下,北京的环城铁路除了票价昂贵超出市民的经济承受能力外,每天仅发5次车也大大限制了人们乘坐的积极性,环城铁路仍停留在铁路的运营模式,未能实现城市公共交通的现实要求。

环城铁路无法吸引客流的现实也超出了管理者的意料,不得不寻找解决对策,报载:"环城铁路开车以来,已阅数月,而搭客甚不踊跃,以致该路经费入不敷出,现闻该路车务局为发展营业,增多车客起见,刻正讨论改良办法,其手续不外减少车价,庶可以广招徕云。"①但仅靠降低票价还不足以从根本上解决问题,单纯加大发车次数势必会提高运营成本,环城铁路乘坐率低下除了经营方式的问题外,还有其他原因。

环城铁路从西直门始发,经德胜、安定、东直、朝阳四城门抵达正阳门车站,名为环城,实际仅沟通了半城的交通,城区西南一带的居民要搭乘环城铁路十分不便,也就无法实现真正的环行。此外,环城铁路的行驶速度也很慢,全程耗时约四十五分钟,并不具有速度上的优势。有一位报纸记者到万牲园中游玩,"去的时候,由前门上火车,顺着环城铁路,坐到西直门下车,到万牲园中,游玩了一回,仍旧坐了环城火车,回到前门,这一天游逛,简直让坐火车的工夫,占去大半"②。另外,由于环城铁路车站都设在原来的瓮城之内,人们在搭乘火车之后大多还要转乘人力车或步行才能到达目的地,在便利性上又打了折扣。因此,如果市民从东城去往西城多半不会选择环城铁路绕行,而会选择廉价、灵活的人力车直接穿城而过。环城铁路的管理者也认识到了问题所在,于是管理层"为补救起见,惟有仿照电车办法,多开轻便之车,而将绕城未筑铁路之处一律兴筑,以圆环城路线"。具体的计划是:"在城内之西南角接连京汉、京绥两路;在前门前面开辟地底铁路接连京汉、京奉两路;在外城之西南角接连京绥、京奉两路以便通达南城一带。"③不过,在前门修建地铁的计划由于耗费过大,未能实施,最后的方案是"于西便门外交叉地点之东北角兴修岔道,北接西直门,西接前门西

---

① 《环城路将改良》,《顺天时报》1916年5月5日第7版。

② 《火车脱轨》,《顺天时报》1917年5月21日第3版。

③ 《扩充北京环城铁路意见书》,《铁路协会会报》1918年第67期。

站,藉以联络两路运输,并依照欧西各国京都之环城铁路办法,俾该路成一圆线"①。倘若西线铁路得以连通,前门以西地区的居民出行就有了更好的选择,京汉、京绥两路的乘客换乘也更加方便。京汉、京奉、京绥三局呈请展筑环城铁路的计划很快得到了交通部的批准,②修建费用由京张、京汉两局承担,工程于 1919 年 8 月竣工通车。③ 至此,自正阳门东站至西站的环城铁路全线贯通。

然而,北京环城铁路仍不能实现真正的循环开行,正阳门东站与西站之间因为有"国门"正阳门的阻拦无法连通,因此,尽管市政公所、交通部与铁路局为修建环城铁路付出了极大的努力,但环城铁路始终没有成为北京市民出行的首选交通方式。当沈从文从崇文门出发到二闸游玩时,本来可以坐一站环城铁路,但由于乘坐不便,最后选择了步行,"沿着铁轨从崇文门到东便门,又沿着运河从东便门到了二闸,是用脚走去的"④。除此之外,我们再难在当时的文学作品、报纸时文中见到关于环城铁路的描述,可见环城铁路未能改变市民的出行习惯,远不及电车的影响力大。

尽管环城铁路未能从根本上改变北京的交通状况,但北京的城市空间却因此发生了重要的变化。

环城铁路工程虽然拆改了沿线的城门瓮城,但对城门箭楼、城墙的主体构造并未造成大的破坏,工程完成后,内务部随即要求施工方对因工程受损的箭楼、城墙进行修补,"以壮观瞻"⑤。显然,民国政府在发展北京现代交通的同时,对于城墙这个传统空间符号的态度还是十分谨慎的,现代化的力量并没有全面渗透北京的城市空间,保存传统空间符号在民国初年仍是大多数人的共识。结果,在整个 20 世纪的前半期,代表现代化的火车与代表传统文化的城墙始终并存,我们从民国时期的老照片中可以看到冒着浓烟的火车沿着城墙根行驶的独特现象,

---

① 《京汉铁路管理局呈交通部拟展修环城铁路由西直门直达前门西站以利运输而便交通文》,《铁路协会会报》1918 年第 67 期。

② 《呈修环城路》,《益世报》1917 年 9 月 18 日第 6 版。

③ 纪丽君:《北京环城铁路》,《世界轨道交通》2004 年第 5 期。

④ 沈从文:《游二闸》,载《沈从文全集》第 11 卷,北岳文艺出版社 2002 年版,第 68 页。

⑤ 《赶筑环城工程》,《顺天时报》1916 年 3 月 25 日第 7 版。

这种现象一直持续到中华人民共和国成立之后。

修建环城铁路的主观目的,是在北京南城与北城、东城与西城短期内还不能实现快速通行的情况下,在市区电车没有通行之前,发展北京的城区交通,推动北京的现代化,以提升国都北京的城市形象。环城铁路建成之后,犹如在城墙外围增加了一道人工防线,客观上起到了整体保护城墙的效果,这恐怕是环城铁路的建设者所没有预料到的。对于环城铁路的这种特殊空间形式,日本学者中野江汉称之为"中国的形式主义",在他眼中,"不是有条环城铁路吗?那火车是绕着北京城的城墙走的。在建造这条铁路的时候,有一段线路通过城内了。这么一来,可就不成环城啦。为此,在通过城里的那部分线路的内侧,即在原有的城墙里面,又造了一堵城墙。总而言之,这种形式主义也真是了得"[1]。在日本学者看来,为了环城铁路而新修一堵城墙属于形式主义,但这种"形式"背后所隐含的文化内涵却是他所没有注意到的,亦即,环城铁路的修建,是在北京城市现代背景下对城墙整体最大限度的保存,从这个意义说,环城铁路对于维护北京城市空间秩序的意义要大于其对北京交通的促进。

也正因为如此,环城铁路没有从根本上改善北京交通因城墙阻隔造成的不便状况,高大、宽厚的城墙仍是民国初年北京交通的巨大障碍,限制了北京的现代化进程。于是,如何冲破城墙的阻挠仍是民国初年北京城市规划建设者面临的重要问题。

第三节　城墙拆改的文化之争

1933 年,澳大利亚的女摄影家莫里逊来到北京,在见到北京的城墙后发出了这样的感叹:"在中国以及世界的其他地方,也有许多别的有城墙的城市,但是从未有能和北京的城墙相媲美的。"[2]其实,莫里逊

---

　　① 〔日〕芥川龙之介:《北京日记抄》,载《芥川龙之介全集》第 3 卷,罗兴典等译,山东文艺出版社 2005 年版,第 749—750 页。

　　② 〔澳〕赫达·莫里逊:《洋镜头里的老北京》,董建中译,北京出版社 2001 年版,第 11 页。

所看到的并不是北京城墙的原貌。民国以降,由于国体改变所导致的文化心理变化与发展交通建设现代城市市政的需要,北京的城墙经过了多次改造,原有城墙的完整格局遭到破坏,皇城几乎被完全拆除,内外城的城墙、瓮城也都经过不同程度的改造,城墙上先后开辟了许多门洞,所保留的只是内外城城墙的主体。在民国以前,北京城墙基本保持了原貌,当吴宓1911年初到北京时,去颐和园游览,"登排云阁,凭栏下望,湖中景物适当眼下,北京城垣,亦依稀可见。几疑凌空虚步,不复见人间世矣"①。这是吴宓从远处观看北京城墙的感受。而当林语堂在近距离接触到城墙时则发出了这样的感叹:"当从天津来的火车驶近京城,斜下里向着城墙行进时,便有连绵不断的城堡、炮塔、壕堑,以及八十英尺高的门楼从眼前飞快掠过,景象之壮丽令人难以忘怀,惊异不已。北京,似乎是个永不衰老的城市。当此时刻,所有西方文明的记忆都似乎从脑海中消失了,只有古代的梦化作真实的北京,在眼前迤逦展现。"②因此,北京城墙不仅具有感观上的艺术美感,是北京所特有的城市空间名片,还有着深厚的历史、文化内涵。民国初年北京城墙的拆除与改造,标志着北京由一个空间上的封闭城市向开放城市演进,在破坏了北京的城墙建筑艺术的同时,也显示着民国民众文化心理的变迁。

一 皇城的拆除

北京城墙的破坏有一个渐进的过程,由紫禁城、皇城、内城、外城四重城墙组成的围合空间,除紫禁城保护较好外,其余三重城墙先后都遭到拆改。

1900年,八国联军攻入北京,后来为了方便运送物资,英国将津卢铁路从城外的马家堡车站延伸至永定门,在永定门西边的外城城墙上开凿了一个门洞。后来又将铁轨延伸至正阳门外,在崇文门附近城墙上开凿了一个门洞,铁轨穿城而过。同年,又在东便门附近城墙上开辟

---

① 《吴宓日记:1910—1915》,生活·读书·新知三联书店1998年版,第80页。
② 林语堂:《辉煌的北京》,载《林语堂名著全集》第25卷,东北师范大学出版社1994年版,第53页。

了新缺口,修建东便门至通州的铁路。这是为了修建现代化的铁路拆改城墙的开始。1901年,东交民巷使馆区的外国人为了方便出入内外城,在正阳门与崇文门之间御河出口处的城墙上开辟了一个门洞。这是为了便利交通而拆改城墙的开始。这几处新开辟的城墙门洞由于都不是清政府的规划,因而都没有为之命名,有门而无名。① 尽管这是由外国列强在特殊历史时期强行推动的拆改城墙运动,没有征得清政府的同意,但这种在城墙上开辟门洞的方式也为后来北京官方对城墙的主动改造创造了先例。

1912年,中国延续了数千年的封建王朝灭亡了,封建皇权顿时失去了昔日至高无上的地位。同时失去合法性的,还有在帝制时代建立起来的帝都北京的城市空间秩序。

最能体现帝都北京城市空间秩序的是经过明清两朝建立起来的四重城墙。直到清末民初,北京仍保留着内外四重城墙的格局,由外而内分别是外城、内城、皇城与紫禁城,一城围合着一城,层层包裹。正如刘凤云所分析的那样:"无论是以城墙为标志的城市体系还是以紫禁城的方形中轴为特点的皇宫都城,都在空间上诠释了政治体制与权力,如果说前者展示的是官僚等级制思想的话,那么后者所要表达的则是皇权的至尊。"②北京四重城墙的空间体系正是集等级与权力的最好诠释。

然而,随着封建政权的坍塌,从帝制走向共和的国体转变相对应的必然要求空间体系做出调整,因此,北京城墙在新社会政权下不得不面临价值重估。

在帝制时代,帝都北京城墙所体现的皇权是通过空间区隔与人口控制来实现的,四重城墙所划分出来的空间严格控制着人口的区域流动,不同身份、背景的人占有着不同的活动空间,内外城有着严格的门禁制度,皇城对于普通百姓更是不得而入。民国既立,城墙非但不再具

---

① 参见余棨昌《故都变迁记略》,北京燕山出版社2008年版,第3页;袁熹《北京城市发展史》(近代卷),北京燕山出版社2008年版,第7页。
② 刘凤云:《北京与江户:17—18世纪的城市空间》,中国人民大学出版社2012年版,第33页。

有拱卫皇权、空间区隔的作用,反而成为建设现代城市的空间瓶颈。在新的时代条件下,破除城墙的空间区隔已成为一种历史必然,无论是民国政府还是市民都急切地希望通过改变国都北京的空间秩序来体现新社会制度的优越。

最先被拆改的是皇城。皇城处于紫禁城与内城之间,是北京四重城墙的第二重,拱卫着紫禁城的安全。皇城辟有四门,南为大清门,东为东长安门,西为西长安门,北为地安门。皇城周长 3656.5 丈,高 1 丈 8 尺,下宽 6 尺 5 寸,上宽 5 尺 2 寸。皇城将紫禁城及社稷坛、三海、景山等包围起来,形成一个仅供皇室专有的封闭空间,一般市民不得随意进入,更不准车马穿行。民国初立,耸立于北京城中间的皇城成了发展城内交通的最大障碍,负责北京市政的内务部立即着手对皇城进行改造。

由于皇城坐落于北京城的中间,因而北京城始终没有一条能横穿东西的街道,长安街也因为皇城长安左门、长安右门的阻断而分为东西两段。有鉴于此,内务部于 1912 年民国甫一成立,就"以大清门已改中华门,所有棋盘街原旧石栅栏及东西偏吉厅即一律拆去以利交通,其东西长安门外之三座门皇墙亦拟拆去,所有地基为建筑市场之用云"①,将长安左门、长安右门拆除,打通了东、西长安街,开通了一条贯穿东、西城的通道,开启了皇城改造的先声。同年,又在皇城西面开辟了灰厂门,打通了国务院至西长安街的道路。1914 年,在天安门东面开辟南池子街门,在天安门西面开辟南长街街门,这样就打通了内城南北向的通道,地安门外的居民可不必绕行东西安门即可直达前门。② 1916 年,周作人在鲁迅的介绍下谋到了一份北大的工作,初到北京的周作人也证实,由于皇墙的阻隔而导致了"交通不便,许多地方都不能通行,须要绕一个大圈子,我到北京的时候看着南北池子这条马路,是正方开辟的"③。后来,内务部又制订了更密集的开辟豁口计划,"将皇城四面,

---

① 《棋盘街便利交通》,《大自由报》1912 年 11 月 7 日第 7 版
② 参见余棨昌《故都变迁记略》,北京燕山出版社 2008 年版,第 6 页。
③ 《周作人回忆录》,湖南人民出版社 1982 年版,第 300 页。

计合十八中里有奇,仿照中华牌楼拆卸,起修花墙,每里开一方门"①。

随后,在皇城东面开辟了花园口,北面开辟了北栅栏,又于 1916 年至 1918 年间先后开辟了北箭亭、枣林豁子、菖蒲河等豁口。② 至此,由于皇城所造成的空间区隔基本清除,北京内城东西、南北实现了直线通行。(见图 2-8)

在皇城上开辟豁口既方便了交通,同时又保留了皇城的主体结构,这种做法是民国初年改造城墙的主要方式,也为广大市民所接受,有人认为:"市政行政中,所最为许可者当以开辟皇城四隅便门为第一善政。"③显然,当时的民众是把发展交通方便市民出行看成是第一要务,皇城所象征的皇权在他们看来已无关紧要。然而,皇城最终没有逃脱被拆毁的命运。1917 年,段祺瑞挥军讨伐张勋复辟之乱,在皇城东安门南段发生战斗,战乱平定后,将这一带皇城拆除。④ 自此开启了拆除皇城的先例。

1921 年 6 月,市政公所以"皇城之筑原为巩固禁城,现已无存留之必要,屡开豁口殊不雅观,且于交通仍感不便"为由,拟将皇城东面由御河桥至东安门一段,西面由灰厂至西安门一段拆除,拆除工程承包给协成建筑公司办理,拆城所得的城砖部分用来修筑南段大明濠,部分折价卖给商民。但这次拆城遭到了清皇室遗胄的非议,并向总统徐世昌提出抗议,于是徐世昌出面制止了拆城行为。1924 年冬,内务部以皇城经过拆改后参差不齐,殊不雅观,呈请将原来的拆城计划继续执行。而当时的国务总理颜惠庆"谓此系数百年古物,亟宜保存,不可毁去,因以停顿"⑤。1925 年 1 月,内务部将南河沿南头三道桥至北河沿北头宽街共长 659 丈皇城作价 3.8 万元卖给荣昶木厂拆卸。同年 3 月,内务部将宽街迤西至西安门皇墙作价 3 万元卖给市政公所,市政公所将之拆除,城砖留作他用。1926 年 12 月,内务部将三座桥迤南毗连堂子

---

① 《估修皇墙》,《群强报》1915 年 3 月 4 日第 4 版。
② 京都市政公所:《京都市政汇览》,1919 年,第 102 页。
③ 笔侠:《市政之谈话》,《京话日报》1918 年 9 月 11 日第 1 版。
④ 参见余荣昌《故都变迁记略》,北京燕山出版社 2008 年版,第 6 页。
⑤ 《皇城垣将庚续拆毁》,《北京日报》1924 年 11 月 20 日第 6 版。

图 2-8 旧皇城新开之豁口

图片来源:《市政通告》1914 年第 1 期。

东面皇墙作价 5000 余元卖给德记木厂拆除。此外,地安门内东西雁翅楼暨景山附近一带皇城也在这一时期由内务部拆除。同年,市政公所因为修筑大明濠急需用砖,在无力筹款的情形下将西安门以北至西北拐角共 374 丈皇城拆除,所拆城砖用来修筑大明濠,又将地安门以东至宽街长 271 丈作价二万一千余元卖与合盛木厂拆除,将地安门以西至西不压桥长 150 丈作价一万二千余元卖与荣昶木厂。① 至此,皇城的四面城墙除南面天安门一段及少量残壁外,其余三面皇城几乎拆除殆尽,北京四重城墙的格局已不复存在。

早在皇城被拆之前,北洋政府已先后完成了正阳门改造工程,修建了京师环城铁路,这两处工程都涉及了城墙的改造问题。特别是正阳门改造工程,曾激起了官民的强烈反对,使工程一再延宕。相比之下,拆除皇城的行为似乎没有遭到强大的阻力。无论是初期开辟豁口以便利交通,还是后来大规模的拆除皇城利用城砖修建大明濠,除了清皇室遗胄提出非议,并未遭到其他质疑意见。在普通民众看来,皇墙在新的时代并没有存在的价值,反而影响了他们的日常出行,经常沿皇墙出行的周作人就曾抱怨:"皇城北面的街路,当初有高墙站在那里,墙的北边是那马路,车子沿墙走着,样子是够阴沉沉的,特别是在下雪以后,那靠墙的一半马路老是冰冻着,得到天暖起来,这一半也总是湿淋淋的。"②

拆毁皇城的原因是多方面的。除了发展交通,北洋政府的财政贫乏也是拆毁城墙的原因之一。由于时局不稳,导致多个政府部门出现财政赤字,报载:"内务部为最穷之一部,年来所需笔墨纸张等项,由各南纸店赊垫,购买已积欠不下一万余元,各南纸店近以年关在即,所欠过巨无法再垫,群向该部庶务科索讨,并由静文斋、松古斋等九家联名具呈该部,请将东直门箭楼所拆卸之旧料,估价抵偿债务,闻该项旧料,可作价一万余元,恰可抵偿该项债务,惟不知该部能否准许耳。"③内务

① 参见《呈:国务总理潘复呈大元帅为查明拆除内城皇墙情形文(附件)》,《政府公报》1927 年第 4116 期。
② 《周作人回忆录》,湖南人民出版社 1982 年版,第 499 页。
③ 《内务部一贫如洗》,《北京日报》1925 年 1 月 14 日第 7 版。

部不但缺乏正常的工作经费,甚至出现无法发放工资的局面,并导致出现内务部职员多次集体讨薪事件。市政公所的经费情况大体相似,公所创办的《市政通告》也曾因经费不足出现停刊的窘境。在这种情况下,内务部与市政公所将皇城所拆之城砖用来修筑大明濠甚至直接卖给第三方也就可以理解了。

然而,以上都不是皇城能顺利拆毁的根本原因。皇城之所以能在民国初年大规模的改造与拆毁而没有遭到强力阻拦,是因为皇城所象征的帝制皇权在民国失去了昔日的合法地位,皇城所围合成的封闭空间在追求共和、民主、平等的民国成为众矢之的。旧时代等级森严的皇权制度被新时期人人平等的“民权”理念所更替,北京作为昔日的帝王之城在进入民国后被定位为首善之区,其目标是要建设成能体现中国国家形象的现代化都市。在皇城上开辟豁口以利交通、拆毁皇城以开放空间恰好适应了这种需求,两者都是为了建设现代化的北京,表明人们急于将封闭的皇城改造成人人可以自由通行的开放空间,迫切追求全新的都市形象、市政设施。总之,皇城在这一时期仅仅被当成皇权的象征,人们还没有注意到它的文化价值。

实际上,皇城的拆除确实改变了内城的空间格局。皇城拆除之后,内城的交通状况得到了根本改善,东、西城的通道得以打通,免去了市民绕皇城出行的麻烦,也为后来电车的开行扫清了障碍。更重要的是,原来由皇城所包裹的景山、北海等皇家禁苑,平民百姓也得以接近。皇城的拆除,加快了北京城市空间的开放脚步。据钱穆的回忆,当时他在北大教书,又到师大兼职,“余住马大人胡同,近东四牌楼,师大校址近西四牌楼,穿城而去,路甚遥远。余坐人力车,在车中闭目静坐,听一路不绝车声。又街上各店肆放留声机京戏唱片,此店机声渐远,彼店机声继起,乃同一戏,连续不断,甚足怡心”[1]。如若皇墙没有拆除,钱穆每次出行必定要绕墙而走,也就享受不到这种穿城而过的乐趣了。

当皇城将被全部拆除时,北洋政府制止了拆城行为。1927年,时任国务总理的潘复以“京师内外城垣规模宏壮,为中外观瞻所系,属应

---

① 钱穆:《八十忆双亲师友杂忆合刊》,载《钱宾四先生全集》第51卷,台北:联经出版事业公司1998年版,第179页。

由地方官厅切实保护,以存古迹"①,使仅存的南面皇城得以保存,并成立了专门的办事处调查拆毁皇墙变卖城砖事宜。北京城墙的文化价值逐渐为人们所认识。

二　和平门的开通

与皇城的顺利拆除相比,市政公所在内城城墙上开辟和平门的计划却经历了反复的波折,前后拖延了十余年才最终完成。

市政公所成立不久就提出了开辟和平门的计划。皇城的拆除拓宽了内城的面积,方便了内城的交通。然而,内城与外城之间的交通因为内城城墙的阻隔仍显不便,内城南面城墙上本有正阳、宣武、崇文三座城门,但仍满足不了日益增长的人口的出行需求。尤其是在正阳门与宣武门之间的外城地区,有厂甸琉璃厂旧书市、古玩集市,吸引了大量的文人墨客到此漫游,而此处并没有直达内城的通道,必须绕行宣武门或正阳门。另外,市政公所自成立之后就计划在厂甸以南地区仿照国外现代都市规划建设一个新商业区,以繁荣市面。为此,市政公所提出了一个创造性的计划:"就是从琉璃厂中间,开一条南北道路,北从化石桥起,拆一个城洞,建一个铁桥,跨过护城河,由五城学堂后面濠沟边取道,穿琉璃窑,进沙土园,穿玉皇庙,再行查看地势,设法直达骡马市大街。"②这个计划有两个要点,一是新建一条穿越内外城的大街,后来命名为新华街,二是在内城城墙上新建一座城门,后来命名为和平门。市政公所十分重视这个计划的意义,认为"不但于交通上有莫大的利便,就是于商务上,于卫生上,都有很大的益处"③。

内务部很快批准了市政公所的计划,并拟将开辟城墙门洞工程以四十万元的价格承包给德国公司。④ 然而,新门洞的开辟计划受到袁世凯称帝事件的影响,坊间谣传"新皇帝登极后,即应迁住皇宫内,故

① 《国务院为派专员查办京师拆卖城垣的咨文》,《北京档案史料》1997 年第 6 期。
② 《电车计划(续)》,《市政通告》1914 年第 37 期。
③ 《晓谕开辟西长安街道直达香厂新路收用房地理由办法启示》,《市政通告》1914 年第 3 期。
④ 《承包市政》,《群强报》1914 年 7 月 4 日第 3 版。

拟将正阳门大街改为模范街,而于化石桥地方即不另辟新门"①。由此可见北京城墙的命运与国体性质密切关联。再加上当时正阳门改造工程与修建环城铁路也急需资金,袁世凯政府又因称帝一事耗费了大量经费,开辟新城门一事不得不暂时搁置,而先行修筑街道。

　　1916 年,袁世凯政府倒台,正阳门改造与环城铁路工程均已完成,市政公所又极力推动开辟新城门。然而,这次工程仍未能顺利动工,报载:"此事甚费周折,现正与管城人员磋商,二十六日恐尚不能开工云。"②与象征皇权的皇墙不同,内城城墙的规模体制要大得多,尽管在民国时代已失去了昔日的军事防御作用,但仍由北洋政府的京师步军统领衙门负责管辖,得不到步军统领衙门的准许,市政公所亦无权在内城城墙上开辟门洞。但市政公所发展交通的要求极为迫切,有媒体报道市政督办曾设想在化石桥城墙处仿照国外城市高架桥办法,兴建一个"极大铁桥,由城墙上飞越,以达河沿南岸"③,但终因耗费太大未能实行,最终仍决定在城墙上开辟门洞。

　　这还不是拆城工程所遇到的最大阻力。经费的缺少与部门的阻拦都可以设法协调解决,文化观念上的抵制才是阻拦拆城的最顽固障碍。北京四重城墙的结构不仅具有军事防御的现实意义、衬托皇权的象征意义,还凝聚着中华传统建筑思想的文化心理,这种文化心理在清朝灭亡后并没有立即消失,而是继续在社会各阶层中发挥着作用。在内城上开辟城门,正是向这种古老的文化心理发出挑战。显然,市政公所没有预估到传统文化观念的力量。

　　1916 年,有媒体报道,开辟新门洞工程在市政公所的推动下开始动工,但很快又停止,原因是有某位政治人物向总统上书,认为开辟城门有损国运,关系重大,极力反对。这篇文章代表着当时反对拆城的普遍心理,极具典型性:

　　　　北京九门制度,其象则本于河图洛书,其数则本于阴阳奇偶。

①　《新城门从缓开》,《顺天时报》1915 年 11 月 18 日第 7 版。
②　《拆城周折》,《群强报》1916 年 10 月 19 日第 4 版。
③　《新门年内开辟》,《顺天时报》1916 年 12 月 1 日第 7 版。

正阳在离,崇文在巽,宣武在坤,一奇二偶,扶阳之象也;朝阳在震,东直在艮,阜城在兑,西直在乾,一奇一偶,抑阴之象也;德胜在壬,安定在癸,自为奇偶阴阳交媾之象也。九门之制至当,不易长治久安,实基于此。试以金之十三门,元之十一门,明清之九门,一比例之,其国祚之修短,人事之得失,稍读史者,皆能言之,无需赘论矣。自民国四年,即阴历乙卯五月初四戊寅日丁巳时,正阳门经始拆改,阅数月而帝制之事起,阅二年而复辟之事又起,各省既无宁日,而京师又岌岌动摇。盖是门经拆改而后,其象为孤立无援,其数为四分五裂,而人事即因而应之。今又闻欲拆化石桥城墙,新开一门,直达香厂。区区之见,窃谓不可。夫门必有关阑,其气始聚,瓮城者,城门之关阑也。门外无阑,则气从八方而来,复从八方而出,此门既直达香厂,南北马路必取直线,如射肋之箭,穿腮之鱼,此其象之不吉者也。坤为釜为叶为柄为囊为阖户,今门在未方,未为坤之初,爻动则变;坤为震,自相克贼,是破其釜,散其众,倒其柄,解其囊,自坏其门户,此其数之不吉者也。当道者拟辟此门,无非为振兴市面,便利交通起见,然振兴便利之事,固有重且大于是者?且此门一辟,则京城或蒙重大影响。是欲为市民开百年之利,反令其不能得一日之安,得失之数,无烦再计。或谓象数之说,本我国迷信之言,西儒汤若望,则数百年前以学说游于我国也,其论北京建置,尝谓阴宜收敛,阳宜开广,棋盘街房屋闭塞宜禁,文德、武初两坊,相配宜修,足见天人合应之理,中西学说,并未殊途,而且正阳楼门,历年至今依然关闭,虽曰沿习,必有其故,前门一改,国家日以多事,其事甚著,其理甚微。固未改执途人而语之者,天下兴亡,匹夫有责。某研究象数三十余年,管见所窥,杞忧所抱,以为化石桥一门,万不可辟,正阳一门,亟宜修复,用敢不避琐屑奉陈伏候鉴核。①

帝都北京的规划,尤其是城墙、城门的设计确实受到了《易经》的

---

① 《某前统领关于拆城呈》,《京话日报》,第 2208—2211 号第 1 版。由于缺期严重,这几期的报纸没有头版,无法确定准确日期,但根据期号推断,此文当刊于 1916 年。

影响,元大都的设计者刘秉忠精通《易经》,明、清两代对北京城的扩建也基本继承了元大都的设计理念。上面的那位政治家对北京城墙的分析是基本符合文化历史的,而把城墙与国家的命运、社会的兴衰相联系,则被诉以"风水"之论。一般以为,民国初年对于城墙的保护多出于维护"风水"免遭破坏,而在新文化运动之后,"风水"一词被归入迷信一类。然而,这种"迷信"的传统风水观念在民国初年仍有较大的影响力,特别是对于统治者而言,将北京城的风水与国家命运联系起来之后,北京的城墙就不仅是阻隔空间的物质实体,在新的时代又变成了维护国家政权的空间图腾。从这个意义上说,北京城墙因风水观念在民国初年所昭示的国家崇拜与其帝制时代所象征的皇权是同一性质的。

但对于思想进步的人士而言,恰恰应该通过添建城门、破除风水迷信来体现共和政权的优越。对于在化石桥修建城门一事而言,有舆论指出,因迷信风水而停止拆城,"非当道之脑筋迷不解共和真谛耶?有市政责任之当道,宜断然打破此顽固迷信之思想,使名实均副,共和之真意焉可"①。在这些开明人士看来,城墙还代表了旧文化的落后,因而在内城上开辟城门体现了文明的进步。孙伏园曾在《京报副刊》上撰文赞赏朱启钤改造正阳门瓮城、在城墙上开辟门洞的创举,并认为"少开一道城门并不算得如何耻辱,因为迷信风水之说而少开一道城门才是全国人民尤其是北京市民的无可逃避的奇耻大辱"②。如此一来,关于城墙的存与废、城门的开辟与不开,就成了两种政治理念、文化观念之间的冲突,进一步言之,是传统与现代两种文化之间的冲突。

如果把城墙当作传统文化的象征,那么城墙对于现代交通的顽强阻力恰好显示了传统文化在民初北京的深厚根基,尽管人们都渴望北京也能拥有像国外城市那样的现代化交通,但在城墙的阻隔下,对现代城市的急切期盼不得不在传统文化观念的限制下缓慢推进。化石桥开辟城门一事就这样被搁置下来了。

直到南、北新华街都完工之后,修建化石桥门洞工程也没有实质进

---

① 《宜破拆城迷信》,《顺天时报》1918年9月7日第7版。
② 伏园:《和平门再提议》,《京报副刊》1925年第347期。

展,就连陈独秀也感叹,"一条很好的新华街的马路,修到城根便止住了"①。这种特殊的现象被陈独秀称为北京的"十大特色"之一。在发展交通的现代市政建设面前,城墙显示出了强大的阻力。

1923年,北京电车进入筹办阶段,电车公司计划在新华街铺设轨道,于是联合市政公所向内务部呈请将化石桥城门开通。②此后,又有市民向市政公所呈请:"略谓京师人烟稠密,且电车开行在迩,一般人力车夫必受大影响,为此谨请将南北新华街所隔城墙开辟一门,以利交通而维人力车夫生活。"③但是,开辟城门一事又遭反对,有人呼吁道:"我们学界及商民等,不赞拆城墙之事,他们简直拆不了,请大家快快反对,我们市民不出力维持,不能眼看着北京城要他们赃官糟完了。从古到今的城墙,现在要拆通,什么叫作便利交通,我们不懂得,在原先直皖战争时,皖军溃兵在各外城,均未进来,北京未受损失,要没有这道城墙,你们有钱的早就被他们瓜分了。"④在军阀混战的年代,城墙客观上仍具有一定的军事防御作用,因而这些人以城墙在局势不稳的时代可以保护北京市民的安全为由反对拆改城墙。总体而言,北京内城城墙的文化象征意义、军事价值,成为其在时代更替、时局不稳的环境下的护身符。

显然,传统的文化观念阻挡了城门的开辟,而在思想上的禁锢无法打破的情况下,必须有其他的力量来推动城门的开辟。1924年,冯玉祥领导的国民军挥师北京讨伐张勋复辟,代表了一种维新的力量,当时即有市民表示希望冯玉祥能推动城门的开辟,"如果冯玉祥的班师真会对于小百姓有实益,那么除非把功亏一篑的'和平门'赶紧开了"⑤。后来有市民直接向冯玉祥请愿,要求开辟城门,冯玉祥批示由当时的市政公所督办鹿钟麟办理此事,并调拨自己的军队进行拆墙任务。⑥由

---

① 陈独秀:《北京十大特色》,载姜德明编《北京乎——现代作家笔下的北京》,生活·读书·新知三联书店2005年版,第4页。
② 《拆卸城墙之实行期》,《北京日报》1923年3月22日第7版。
③ 《市民代表请开城墙》,《北京日报》1924年8月22日第7版。
④ 朱宪章:《保存北京城墙》,《顺天时报》1924年4月6日第7版。
⑤ 柏生:《"和平门"怎样了?》,《京报副刊》1924年第9期。
⑥ 参见朱小平《鹿钟麟与和平门》,《博览群书》2006年第10期。

于有军事力量的介入,反对拆城的保守力量也就无能为力了。就这样,
内城城墙上被开辟一个豁口,开辟化石桥门洞工程终于进入了实质修
建阶段。

直到 1926 年 2 月,市政公所制定了新辟城门的设计方案:"城洞拟
开东西两洞,每洞宽二十七英尺,护城河上建筑平桥,以青石作基,上架
铁筋混凝土梁板。"①工程的动工,使市政公所多年的规划付诸实施,将
使"西城南城交通近捷,新市繁昌,庶足以慰市民之望,而完成十年之
悬案也"②。不过,由于当时时局不稳,工程动工不久即遭停顿,直到当
年的八月重新开工,年底全部完成,"未数日而毕,车途毕达,往来称
便"③。新落成的城门,"定名为和平门,一般人皆以为南北新华街有似
南北大局,今开通,则南北有和平统一希望,定名为和平门"④。这表
明,民国初年对北京城市空间的改造并不仅仅是简单的市政改造,还密
切联系着国家与民族形象的建构。和平门于 1927 年元旦正式开通,市
政公所为表重视,还在城门开通当天举行了隆重的典礼。⑤

和平门开通之后,在内城与外城之间新增了一条通道,将南、北新
华街打通连贯起来,方便了内城去往厂甸、香厂地区的交通。市民称赞
"市政公所独能于无可如何之中,拨出巨款且不顾种种迷信,断然进
行,此我市民所极欣喜且甚感谢者也"⑥。就连经常去厂甸一带游逛的
周作人,也认为"从厂甸往府右街,不须由宣武门去绕,的确是很便利
了,这是一件快事"⑦。可见,除了文化保守者,大多数人都是欢迎在城
墙上开辟城门的。

除了对城墙的拆改,北京的城楼也遭到了拆除的命运,德胜门的城
楼因残破无力修缮于 1921 年被拆除,宣武门、朝阳门的箭楼于 1927 年

---

①　《预修化石桥城门工程计划》,《市政月刊》1926 年第 1 期。

②　《开辟化石桥城门》,《市政季刊》1926 年第 2 期。

③　陈宗蕃:《燕都丛考》,北京古籍出版社 1991 年版,第 19 页。

④　《和平门限年内落成》,《北京日报》1926 年 11 月 7 日第 6 版。

⑤　《和平门定元旦通行》,《北京日报》1927 年 1 月 18 日第 6 版。

⑥　《南北新华街开通之和平门和平桥之落成》,《顺天时报》1927 年 2 月 1 日第 7 版。

⑦　周作人:《和平门》,载姜德明编《如梦令:名人笔下的旧京》,北京出版社 1997 年版,
第 7 页。

被拆除,不过拆除城楼并没有引起拆除城墙那样的震动,这也说明了城墙对于北京的特殊意义。从1913年内务部提出开辟和平门的设想,到1927年城门正式开通,期间经历了十余年的时间,这在民国初年的北京市政建设中是不多见的。当正阳门瓮城改造、修建京师环城铁路、开放中央公园等工程都按照计划完成后,和平门工程却因为文化保守者的反对而保持完整,可见传统文化观念在城墙所构成的城市空间变迁中所起的重要作用。

中国古代的城市基本都建有城墙,除了军事防御作用,城墙还是政治权力、社会等级的象征。因此有学者指出,"在帝制时代的政治意象中,城墙更主要的乃是国家、官府威权的象征,是一种权力符号。雄壮的城楼、高大的城墙、宽阔的城濠,共同组成了一幅象征着王朝威权和力量的图画,发挥着震慑黔首、'肖小'乃至叛乱者的作用,使乡民们匍匐在城墙脚下,更深切地领略到官府的威严和'肃杀'"①。对外,城墙可以用来阻挡外敌入侵;对内,城墙可以区隔人口。归根结底,宽厚的城墙背后,还隐藏着看不见的政治权威与帝制时代的社会文化。帝都北京的四重城墙结构则是象征政治权威与帝制文化的极致。

作为北京四重城墙的组成部分,皇城与内城由于其自身的象征意义、功能不同,在民国之后也面临着不同的命运。皇城与内城、外城相比规模较小,在新的社会背景下起着阻隔交通的消极作用,同时皇城还是帝制皇权的象征,因而在内务部与市政公所拆除皇城时,没有遇到诸如改造正阳门、修建和平门那样强大的阻力,其根本原因在于民国社会已不需要皇城所代表的皇权及其背后的文化基因。民国初年以北京皇城拆毁与修建和平门为代表的空间变迁过程,也体现了这一时期北京的社会舆论与民众文化心理的演变,即从帝制转向共和的政治理念,由保存传统向追求现代的文化心理的转变。当然,传统与现代在城墙的拆改中并不是简单的替代,两者有激烈的冲突。

环顾国内其他城市的情况,天津的城墙于1900—1901年在都统衙

---

① 鲁西奇、马剑:《空间与权力:中国古代城市形态与空间结构的政治文化内涵》,《江汉论坛》2009年第4期。

门的治理下为修建环城街道而拆除,①在当时的情况下,拆除城墙基本没有遇到阻拦。而北京城墙为代表的城市空间的结构是坚固的。尽管皇城遭到了大部分的拆除,内城城墙上也新辟了和平门,但北京内城、外城的城墙主体还是保存了下来,在发展快速交通、建设现代市政的时代背景下,北京的城墙体现了顽强的生命力,政府采取了修建环城铁路这样的折中方案,即是对城墙的妥协。正如国外的观察者指出的那样:"由于中国人根深蒂固的保守主义观念,以及它在维持内部安全方面的作用,因此城墙又被保留了半个世纪。"②此外,在1928年前后,北京官方保护文化古迹的意识逐渐觉醒,对城墙做了较好的维修与保护,这已不是简单的保守心理了,而是对城墙价值的重新体认,在新的时代条件下对城墙价值的文化定位。

然而,正如前文所指出的那样,以城墙为特征的城市空间象征着帝制社会的权力等级,城墙阻绝了城市与农村的交流,造成了城里与城外的不平等,这正是帝制等级社会文化的体现,而新社会追求人人平等的文化注定要破除这种不平等,以及这种不平等在空间上的体现。因此,在新旧社会的交替中,"会有一部分人如文人,学者耆老,他们把城墙当着是优越的象征,是文化的孕育者,保护者,是值得尊贵的古物。他们认为这里面的一切都是神圣的,你不得亵渎,你更不得改革。即使你要新开一个城门,新造一条马路,你都会遇着很大的阻力"③。民国初年对北京城墙的艰难拆改过程正是传统与现代相冲撞的生动诠释,尽管保住了城墙,开辟门洞方便了交通,实现了传统与现代的并存,然而,新兴的现代文化对以城墙为代表的空间及其象征的传统文化能包容到何种程度,在当时仍是一个悬而未决的问题。

正如有人预言的那样:"在将来的文化里,绝对不会有城墙的地位。在将来的文化里,凡属阻碍人与人中间的了解和同情的,凡属隔离人类与大自然界的接触的,一定都在被铲除之列。我们也许可以看得

---

① 罗澍伟编:《近代天津城市史》,中国社会科学出版社1993年版,第319页。

② [澳]赫达·莫里逊:《洋镜头里的老北京》,董建中译,北京出版社2001年版,第11页。

③ 问笔:《谈城墙》,《宇宙风》1937年第54期。

到,有那么一天,各处的城墙拆毁了,厚实的城砖用来盖平民的住所。"①这个预言在民国北京并没有成为现实,在民国政府调和传统与现代的努力之下,北京的城墙继续存留了近半个世纪。而中华人民共和国成立之后,由于出现了一种全新的文化,北京的城墙终于失去了存在的依靠,上面的那个预言终究成了现实。

第四节 封闭城市中的快速交通:北京电车的开行

城门的改造、城墙的拆改与环城铁路的修建都在一定程度上改变了国都北京的城市面貌,使北京逐渐从一个秩序森严的封闭皇城转变成一个开放的城市空间。同时,北京城的人口不断增长,传统的交通工具已经不能满足人们的出行需求,人口流动的加速造成了北京城的交通拥堵,汽车、马车、手推车以及人力车都拥挤在城区的马路上,于是现代化的交通工具——有轨电车便提上了创办议程。北京电车的创办颇为艰难,过程异常曲折,原因在于现代化的电车受到了北京传统城市空间的阻碍,两种势力在当时相互碰撞,最终,电车开行载客,传统空间也得以保存,现代与传统两种文化表征在北京城里实现了并存、交叠。

一 北京电车的到来

电车是 19 世纪末出现的现代化的公共交通工具,最早出现在德国,随后逐渐被许多国家的大城市所采用,成为当时世界上最先进的公共交通方式。电车的便利让国人看到了现代交通方式的优势,纷纷介绍国外的发展经验,"各国著名之都会如伦敦、巴黎、纽育等,皆道途宽坦,电车纵横,市肆繁盛之区甚至有空中电车、地底电车之设。所以利交通、壮形式者无所不用其极"②。北京是首善之区,修建电车,繁荣市面,是自然之举。时人谓"京师地面之辽阔,宜广辟马路敷设电轨,诚能多集股本,克日兴工,以期早观厥成,亦近之急务也"③。电车于 20

---

① 问笔:《谈城墙》,《宇宙风》1937 年第 54 期。
② 《京铎》,《大自由报》1912 年 11 月 7 日第 7 版。
③ 《京铎》,《大自由报》1912 年 11 月 7 日第 7 版。

世纪初传入我国,却没有最先落脚北京。1902 年,天津率先开通电车,紧接着,上海的电车于 1905 年开始营业,1909 年,大连的电车驶上了马路。不过,这三个城市的电车均由外资创办。

民国初年的北京,城市的交通状况较为恶劣,有民谚称"无风三尺土,有雨一街泥",人们出行基本全赖人力车。但乘坐人力车,既不快捷,也不舒适。而彼时近邻天津已开行多年的电车让国都市民倍感焦急,"堂堂都会之区,国家无建筑电车之思想与能力,已足为政府羞",纷纷表示"今北京交通窒碍,生活程度日高,事业愈不发达,而解决此困难问题,非速修电车不可"。① 交通的不便既有碍于北京的城市形象,更让首都居民深受其苦,就连李大钊也呼吁政府"赶快修造市营的电车,使我们小民少在路上费些可贵的时间,吃些污秽的尘土,作同类的牛马,膏汽车的轮皮"②。

不仅民间看到了电车优势,北京政府也预见到了发展电车是必然趋势,从而极力推动。早在 1912 年,京师警察总厅就有创办电车的动议。北京城的人口多,面积大,兴办电车是现实需要,加上当时现代化的供电系统已经在北京城初步形成,客观上为开通电车准备了必要的硬件设施。

然而民国初立,北京政府财政紧张,无法拿出修建电车的资本,此时民间商人陈星舫见北京电车事业有利可图,又因其有承办上海电车工程的经验,便联合国内的资本家筹认股本,并强调"纯用华股自行建筑,以免利权外溢,并无另派人员向各国洋行、银行购料、借款以及零星招股"③,以免北京电车的所有权落入外国资本之手。岂料随后媒体爆出消息:"谓陈某招有洋股,遂致反对风潮日益激烈,各该管衙门屡接控诉之呈,于昨内务部又接有公呈一件,由白堦领名,居然请将电车停止兴办。"④本国资本修建北京电车的计划就这样被搁置了。

1914 年京都市政公所成立后,为改良市政,极力主张兴办电车,并

---

① 《京铎》,《大自由报》1912 年 10 月 9 日第 7 版。
② 李大钊:《北京市民应该要求的新生活》,《新生活》1919 年第 5 期。
③ 《北京华商电车有限公司发起人启事》,《顺天时报》1912 年 11 月 25 日第 4 版。
④ 《电车阻力》,《顺天时报》1912 年 11 月 28 日第 5 版。

反复在市政公所发行的《市政通告》上进行宣传,为开通电车营造舆论。按市政公所的主张,要繁荣北京的市面,首要的任务是兴修道路,便利交通,交通发达之后,"将来要让京都各处繁盛,自然非电车不可,故此一方面又规定几条大干路,作将来电车的路线,从现在就逐渐进行"①。但是,当时的北洋政府财政紧张,四处借贷,根本拿不出兴办电车的资本。而以朱启钤主导的市政公所出于维护本国掌控公共事业的考虑,不愿意像天津、上海、大连等城市一样,将电车的兴办权交到国外资本的手里。这样,创办电车的呼声虽然不断,却始终没有实质性进展。

这时,本土的民间资本看到了机会,国内的一些商人看到兴办电车有利可图,便向政府提出创办电车的申请,报载:"沪商王文燦等以中国各大埠如天津、上海、广东等地均已设有电车,京师地途平坦,街衢广阔,亟应兴办以利交通,特集合同志于京师组织电车公司一所,已于昨日拟具章程,分呈内务、交通两部。"②但政府仍坚持电车公司应属官办,未予批准。直到1921年,才由政府与商家以各认购一半股本的方式,创立了电车公司。至此,兴办电车进入了实质的运作阶段。

作为一种现代化的交通方式,开通有轨电车对于古都北京而言无疑具有划时代的意义。电车的到来,预示着一个以机械化、电气化为主要特征的交通社会的来临,北京城既有的交通方式、街道的面孔、区域的规划,以及人们旧时的出行习惯,都面临着巨大的变革。更重要的是,电车的开行,对北京既有的皇城空间秩序构成了威胁。在电车公司成立之前,京都市政公所曾就电车的运行线路做过考察,计划"由正阳门、宣武门之间,由南而北,穿过城墙,开一条路,通行电车"③。这是继火车穿越城墙之后,又一个现代交通工具对象征着传统空间秩序的城墙的征服,显示出现代化的势力在这个古都城市中所产生出来的强大力量,也预示着北京城原有的空间秩序正在逐步式微。

但北京电车的开通却阻碍重重。除了募集资本的过程曲折跌宕,

①《市政整理之次序与工程之筹备》,《市政通告》1914年第3期。
②《请办北京电车》,《晨报》1918年3月21日第6版。
③《改良市政经过之事实与进行之准备》,《市政通告》1915年第9期。

电车工程的设计和施工尤其充满阻力。

1921 年 10 月,电车公司勘定了四条线路:第一路,由天桥经前门、西长安街、西单、西四牌楼至西直门;第二路,由天桥经前门、东长安街、东单、东四牌楼至北新桥;第三路,由磁器口经菜市口,进宣武门、东西长安街,出崇文门至磁器口;第四路,由北新桥经地安门大街、西皇城根至护国寺街西口。这四条电车线路,突破了北京内外城以及南北中轴线的限制,把原来的北京内城与外城、东城与西城串联了起来,电车开行之后,将能极大地加快人口的流动,使古都北京进入快速交通的城市之列。但这个线路规划却遭到了多种势力的阻挠与反对。

电车公司规划的线路除了要穿越城墙,沿途还多有前代遗留下来的古迹,于是一些市民出于保护古迹的目的向政府上书:"我北京即各处街道均被电车公司乱布电杆电线,亦应与我辈留一幅干净土。如东西长安街、东西三座门内两旁现已植树,何等清洁;而天安门外之文化美术建筑等物,宽阔空地,何等壮丽,虽不能与巴黎、伦敦等处比较,却亦差强人意。设被电车往来,横穿直截,请大家想一想,不知变成什么样子!"其目的,则是要"与该公司严厉交涉,一面联合市民群起向市政警厅哭诉,竭全力反对,不达到变更路线不止"①。但是,在当时的情形下,这种维护传统古城空间的呼声毕竟还是太弱了,电车公司不可能让已经募集的资本付诸东流,始终设法力促电车工程的推进。

另外,由于电车通行需要铺设轨道,而电车体积硕大,占地较宽,对长安街等宽阔的街道影响不大,但外城的街道普遍较窄,铺设车轨势必要拆迁房屋,即便无须拆迁的地段,电车的通行也会影响街道两旁商户的正常营业,加之电车所经之处,基本都是北京城最繁华的地段,于是引起了沿途商户们的不满,特别是前门一带的商户反应尤为强烈,他们纠集一处,请京师总商会出面,以"停止铺捐、车捐各项义务"为筹码向政府施压,反对电车通行。② 同时,他们还以开通电车会影响人力车夫

---

① 《市民秦子壮等呼吁保护古迹改变电车行经路线公启》,载北京市档案馆、中国人民大学档案系文献编纂学教研室编《北京电车公司档案史料》,北京燕山出版社 1988 年版,第 119 页。

② 《京师总商会尤为反对电车》,《北京日报》1923 年 11 月 28 日第 6 版。

的生计为由,组织人力车夫聚集,向电车公司与政府示威。政府出于维护市面稳定,不得不斡旋于电车公司与商会之间,多次下令叫停电车公司的工程。电车公司不得不与市政公所、警察厅、内务部、交通部等多方交涉,"文书盈箧,往返需时,各处开工,坐是延误"①。电车工程一再拖延。商会之所以极力反对电车开行,根本原因在于电车工程需要展宽马路,商户们的营业空间受到电车轨道的挤压,因此,商会与电车公司的纠纷本质就在于对街道空间使用权的争夺。

北京电车工程由于长期停滞,引起了国务院的注意,国务院以京师交通不便,饬令内务、交通两部"责公司迅速兴工,赶早开车,以便交通而慰众望"②。于是电车公司四处托人疏通商会,经中间人调停,商会开出了两个妥协条件:"(一)公司以六万元在京设立贫民工厂一处,并每年捐助常年经费五千元;(二)前门大街仅修单轨,只许早晚电车由停车厂开出及开回时通行一次,不得营业。"③起初,电车公司不愿接受这两个条件,但商会方面又执意坚持不肯让步,最后电车公司不得不妥协,"以设立贫民工厂及城外暂安单轨为条件,始允继续开工"④。这时距电车工程停工已逾十个月之久,为使电车早日通行,电车公司加快了轨道的铺设,昼夜施工,各处工程均先后就绪。后又因时局不稳,开车时间一再拖延,直到1924年12月才通车。

二 电车的开行与牌楼的拆修

北京电车在开通、运行的过程中,还与北京城内的跨街牌楼产生了一定的矛盾。北京街头的牌楼是帝都时代遗留下来的历史建筑,有学者认为:"旧时北京街道上的牌楼,可以说是世界上最华瞻、漂亮的街头装饰建筑之一。"⑤除了艺术价值,这些牌楼还具有历史、文化意义。

---

① 《电车公司第二届董事会报告书》,载北京市档案馆、中国人民大学档案系文献编纂学教研室编《北京电车公司档案史料》,北京燕山出版社1988年版,第44页。
② 《政府催办电车》,《北京日报》1923年4月19日第7版。
③ 《电车公司前门通轨交涉之经过》,《北京日报》1924年6月25日第6版。
④ 《电车公司第三届董事会报告书》,载北京市档案馆、中国人民大学档案系文献编纂学教研室编《北京电车公司档案史料》,北京燕山出版社1988年版,第48页。
⑤ 邓云乡:《燕京乡土记》,上海文化出版社1985年版,第314页。

因此,当电车来临时,如何处理这些跨街牌楼就成了一个棘手的问题。

电车公司初期规划的四条干线,共要穿越城内的几个跨街牌楼:正阳门牌楼,东、西长安街牌楼,东、西单牌楼,东、西四牌楼。其中,正阳门牌楼,东、西长安街牌楼规制宏大,足以容电车从容通过,再加上当时建筑仍然坚固,因而未对电车的通行构成实际的阻碍。而东、西四牌楼与东、西单牌楼的规制则要小一些,同时,这几处牌楼均有不同程度的损坏,存在安全隐患,给电车通行造成了限制。电车公司力主拆除牌楼以利交通,而许多市民则以牌楼为历史古迹应予保存,政府也为此多次与电车公司交涉。这样,代表现代化力量的电车与代表传统文化的牌楼之间的纠纷自此展开,并上演了一出先拆后建的历史剧。

最先被拆去的是东单牌楼。东单牌楼由于年久失修,几个柱脚已现松动,人马通行其下,安全堪虞。政府有鉴于此,又顾忌"将来电车通行昼夜震荡,势必虞危险"等因素,计划将东单牌楼先拆后建,待将来马路拓宽之后,"仍旧原拆原做,添配完全,并酌量向北移置,宽广处所,俾利交通"①。1922 年 7 月,东单牌楼被拆除。1922 年 10 月,电车钢轨从法国分批运抵京城,次年 5 月开始动工铺设。此时,电车公司又以西单牌楼"与电车工程进行殊多窒碍"为由,呈请内务部将其拆卸,认为"就街面安全方面起见,与东单牌楼视同一律,亦似应赶速办理。应请大部转函市政公所,即日将西单牌楼拆卸"②。当时,市政公所派技术人员前往勘估,并有意对西单牌楼进行修理,但由于内务部的工程经费迟迟不到,最终商议由电车公司出资,市政公所派工将西单牌楼先行拆除。同时,内务部又设计了改建方案,依照东单牌楼的设计式样,等待合适时机重建,重建经费由电车公司承担。市政公所为确保重建经费的落实,要求电车公司在中国银行预存了六千大洋的款项,并由中国银行出具保函,以便将来重建牌楼时支用。

东、西单牌楼的拆除,客观原因是其自身建筑的损坏,存在安全隐患,需要进行维修;而主观原因则是电车公司在幕后的积极推动。电车

---

① 《内务部请款拆修东单牌楼呈文》,《北京日报》1923 年 6 月 28 日第 7 版。
② 《电车公司致内务部函》,载北京市档案馆、中国人民大学档案系文献编纂学教研室编《北京电车公司档案史料》,北京燕山出版社 1988 年版,第 115 页。

公司不仅多次向内务部与市政公所催促拆卸牌楼, 并主动表示愿意承担拆卸与重建的费用, 其用意, 不过是为电车的顺利开行扫清障碍, 以便尽早开始盈利。

这两处牌楼拆除后, 在当时的北京产生了极大的反响, 舆论界也形成了两种截然不同的意见。第一种意见认为牌楼只是旧社会的陈迹, 对于当代已毫无价值, 因而主张拆除。有人在报上发文说: "想牌楼之建, 当在数百年外, 其时众人的心理, 不过视作街上的陈设品; 或者是大皇帝借此以夸其威严的。今时改势易, 而市民独尊之如珠宝, 此辈真是今之古人了。"①他们认为牌楼是封建时代的产物, 是帝制时代的遗迹, 在现代社会只会妨碍交通, 而无艺术上的价值, 应该任其随着旧时代一起消逝, 不能使其成为阻碍社会发展的绊脚石。

但更多的人则反对拆除牌楼, 并积极主张加以修缮、保存。其实早在拆卸牌楼之初, 市政公所也曾有过犹豫, 认为"牌楼是历史遗迹, 极具文物价值, 且为本市公共建筑物, 久为本市市民所认可, 理应予以保护"②。拆除牌楼时, 许多市民为了保存历史遗迹、保留传统, 大力宣传保护牌楼。他们不仅不把牌楼当成封建糟粕, 反而认为牌楼是"古代文化的遗踪", 牌楼作为古物, "直接出自古人, 尤有真实的价值"。他们认为, 牌楼虽然是旧时代的产物, 但"保存古迹古物并不是崇拜旧时代", 因为现在的时代"不论何时总受以前时代的影响"。③ 这样一来, 牌楼作为一种古物, 就成了传统文化的承载物, 具有了超时代的意义, 自然应予以维护、保存。在这种观念之下, 牌楼就在文化层面与电车形成了对立。

尽管争论一时未断, 但北京的电车还是在曲折中发展着。北京电车于1924年年底正式开行, 之后其客运能力不断提升。1925年上半年, 每天的出车数为50辆, 乘客数约5200人次, 到了1926年2月, 每

---

① 博言:《牌楼有何用?》(1923年7月27日),《晨报》1926年5月30日第6版。

② 《北京电车公司关于改建修复西单东四牌楼问题函及内务部、市政公所等单位的复函》(1923年10月1日), 北京市档案馆藏, 资料号: J011-001-00041。

③ 李玄伯:《保存北京的古迹古物》,《京报》1923年9月5日第5版。

天的出车数增至 83 辆,乘客数达 63000 多人次。①

此时,未拆除的东、西四牌楼又发现损坏,尤其是东四牌楼损坏较为严重,直接威胁到街上行人、车辆的安全。由于有前两次拆除东、西单牌楼的教训,这次政府采取了较谨慎的策略。市政公所先是派员去现场查勘,回报称"四盖均经颓坏不堪,西、北两牌楼各柱,尤极倾斜。查该处为市民往来要道,若不急图修理,危险甚巨,应请设法筹费,以便规划修理"②。但又因为修理经费没有着落,维修一事又拖延下来。又由于反对拆除牌楼的呼声较高,公所又不敢贸然将之拆除。次年,东四牌楼损坏加剧,加上电车每日往来震荡,随时有倾颓的危险。为安全计,市政公所不得不"派工扎架,着手拆卸"③。但这次的拆卸并不顺利。媒体报道称,市政公所派工"拆卸数日,仅将东西两座拆倒,其南北两座,尚未刨掘。近日彼处之人大造谣言,告以牌楼为纯粹楠木,又有谓是红木,并云该项牌楼异常坚固,如不拆卸,当为万年不朽,更可为历史上之古迹",不久,拆卸牌楼一事"被卫戍司令部闻知,代理司令邢士廉派人查看后,告工人暂停拆卸"。④ 因为拆卸城市公共建筑而惊动了军事部门,在当时也算得上是一桩奇闻。但没过几天,拆卸工作又重新开始,报载:"南面牌楼业已扎架,继续工作,端节前即可完工。"⑤但事情的发展又出乎人们的意料,市政公所的拆卸行动并未继续,工程停摆多日,"据闻未拆卸者,已不再拆卸,已拆卸者,在势不得不赶紧修复,但此项材料,若从新购置,一时不易得,所费亦复不资。市政公所方面,探得从前内务部所拆宣武门西角楼之木料内,有坚木三梗,横枋一梗,极合此项牌楼之用,昨已函部拨用,一俟拨到,即可动工云"⑥。很快,内务部将所需木料拨到,于是,由市政公所对外招标,选定一家"索价较廉之德山木厂,令其承做此项工程,闻工价数目,为一千一百二十

① 《旧北京的有轨电车事业简况》,载北京市档案馆、中国人民大学档案系文献编纂学教研室编《北京电车公司档案史料》,北京燕山出版社 1988 年版,第 19 页。
② 《东四牌楼行将修建》,《晨报》1926 年 1 月 13 日第 6 版。
③ 《东四牌楼开始拆卸》,《晨报》1927 年 5 月 8 日第 6 版。
④ 《东四牌楼暂停拆卸》,《晨报》1927 年 5 月 19 日第 6 版。
⑤ 《东四牌楼继续拆卸》,《晨报》1927 年 5 月 24 日第 6 版。
⑥ 《东四牌楼将修复》,《晨报》1927 年 5 月 31 日第 6 版。

元,限期一个月内交工"①。这样,东四牌楼非但没有拆除,反倒又被重修装饰一新。

此时,距东、西单牌楼拆除已有多年,当年电车公司与内务部所承诺的重新修建的计划并未兑现。早在牌楼拆卸之初,"一般市民及所谓前清遗老时恒敦促恢复,对内务当局颇多訾议"②。政府之所以迟迟不愿重建,根本原因还是缺乏经费。1926年,京都市政公所与电车公司签订了一份合同,其中规定:"电车经行各路线中之公共建筑物,如公司认为有拆改之必要时,得商请公所改造。其改造费用由公司担任半数,并于开工时拨付,其他半数亦由公司拨借,将来在公司应纳市政捐内按月扣还半数。"③这样,就以官商共同出资的方式,为修整电车所经过的城内公共建筑创造了经费来源。自东四牌楼修复完成后,人们看到牌楼完全可以与电车同时并存,于是舆论纷纷敦促电车公司与政府修复东、西单牌楼。

政府迫于舆论的压力,又将重建西单牌楼一事提上了日程。但当初电车公司存在中国银行的六千大洋的款项却出现了问题。1929年,市政公所撤销,其职能转由工务局担任。工务局此时有重修西单牌楼之议,发函向电车公司索要之前存于中国银行的六千元工程款。而电车公司则借口营业状况艰难,且所存"中国银行保函早已扣抵欠款"④,因而拒绝兑现承诺。重修西单牌楼又再次拖延下来。1931年,时任北平市长的周大文以"平市之东、西单牌楼具有历史上之关系,现在拆除已久,实于文化市容上不无遗憾。且东、西四牌楼尚巍然存在,独东、西单牌楼拆除,亦殊失观瞻之雅",因此,"特提议重建东、西单牌楼,以壮观瞻,以存古迹"。而重修牌楼之费用,则由政府从财政中支出,最终,"告别多年之东西单牌楼,又将重现于本市"⑤。不过,这次重建在很大程度上照顾了电车公司的利益,为了方便电车的通行,重建的牌楼将原

---

① 《修复东四牌楼昨动工》,《晨报》1927年6月16日第6版。
② 《东西两牌楼将恢复》,《北京日报》1925年4月29日第7版。
③ 《电车公司合同》,《市政月刊》1926年第2、3期合刊。
④ 《北平特别市工务局、公用局关于催缴改建西单牌楼所用工料费给电车公司的训令》(1929年2月2日),北京档案馆藏,资料号:J011-001-00102。
⑤ 《重修单牌楼》,《北平晨报》1931年8月2日第6版。

来的四柱改为两柱,以扩大柱间间隙,其他形制则一仍其旧。

电车公司与京城牌楼之间的拆、修纠纷就这样结束了,其结果,牌楼得以保存,业已拆除的则予以重建,而电车也得以通行,二者同时并存(见图2-9)。

图2-9　民国时期电车经过东四牌楼

图片来源:首都图书馆。

三　电车的开行与城市空间变迁

电车登陆中国的直接推力是城市人口的膨胀,传统的交通方式已经无法承载日益增长的都市人口。电车的开行,方便了城市人口的出行,使城市的交通发生了革命性的变化,推动中国的城市通向了现代化之路。电车的开行改变了城市的空间结构,使原有由城墙围合的封闭空间逐渐走向开放,同时,电车还加快了城市的人口流动,拓宽了市民的日常生活空间。在天津,"电车的出现促使城市的发展重心由旧城及河流沿岸向电车沿线转移,改变了传统城市的空间模式"[1]。而上海

---

[1]　刘海岩:《电车、公共交通与近代天津城市发展》,《史林》2006年第3期。

电车的发展,则使城市空间拓展到远离市区的闸北南市、杨树浦一带,使市民能根据自己的经济承受能力和环境等需要来选择居所的空间,由此进一步改变了市民的生活方式与社会观念。①

与天津、上海等城市相比,北京电车的开行格外艰难。究其原因,除了遭遇北京传统的商业模式与人力车夫赖以谋生的营生受电车威胁而产生的反抗,还遇到了北京既有传统城市空间的顽强阻拦,电车在架线、铺轨的过程中处处都受到牵制,特别是作为帝都象征的城墙、牌楼等,构成了电车工程的主要阻力。在中国的其他城市,当电车来临时,原有的城市空间很快就溃散了,如广州市为了兴建无轨电车,于1918年将城墙完全拆除。② 天津的城墙也早在1900年就被拆除了。而北京的城墙并没有因为电车拆除,只是利用既有的城墙门洞规划路线,在工程施工中也处处受限。北京街头的主要跨街牌楼也阻碍了电车的发展,使电车的通行多次推迟。简而言之,北京作为一个文化古城的空间布局限制了电车的发展,也延缓了城市的现代化进程。

电车作为城市现代化进程中的一个标志,无疑冲击了帝都北京的城市空间结构。当北京的皇家禁苑逐渐开辟为公园以后,电车的开行也为市民游览公园提供了交通上的便利,电车公司把一线、二线的终点站设在天桥,给天桥地区带来了大量的客流,促进了天桥平民娱乐的繁盛。电车的开行,加速了北京的城市交通,改变了原来的街道体系。尽管象征着皇家权力中心的紫禁城仍旧保持着完整,但内城的空间秩序已然发生了变化,历代"前朝后市"的空间局面也被电车的穿行所打破,内城原有稳固、封闭的空间被电车路线分割为几个不规则的片段,原来内城、外城相对隔绝的状况也因为电车的通行而加快了其流动性。但是,与天津、上海不同,北京固有的空间结构并没有因电车的开行就瞬间瓦解,而是在很长的一段时期内,旧城空间对以电车为代表的现代化的冲击保持着较强的免疫力,其结果,是现代与传统两种文化表征在北京的城市空间中实现了共存。在民国北京的城市空间中,"传统和

① 陈文彬:《近代城市公共交通与市民生活:1908—1937年的上海》,《江西社会科学》2008年第3期。
② 《广州拆城开关马路行驶无轨电车情形》,《道路月刊》1922年第3期。

现代性是盘根错节、相互交融的"①。城墙、牌楼等传统空间符号与现代化的电车同时并存,其实质就是,传统与现代两种文化表征在北京城市空间中的交融状态。

　　这个局面的形成,部分得益于来自民间力量对传统空间的保护,对政府的决策起到了一定的积极作用;更重要的原因则是由于政府(特别是市政公所)在面对现代化冲击时没有采取一刀切的偏激态度,而是处处努力实现传统与现代在北京城中的调和,这在政府对城墙与牌楼的保护中就可见一斑,北京电车公司与政府多个行政部门的反复交涉也可为佐证。如果说在北京城走向开放的初期,政府对传统城市空间的保护是为了北京的风水免遭破坏,还带有封建迷信色彩的话,那么自市政公所成立之后,政府对传统空间的保护很大程度上是出于一种文化自觉。在电车开通之后,政府也对电车多方限制,禁止其损坏古物,尤其是民国时期对东、西单牌楼的重建,一直传为佳话,有人称此举"洵民国后一盛举也"②。另外,政府还要求电车公司维持较高的票价,以保护人力车的日常经营,从而导致"北京电车公司未能垄断北京城的公共交通"③,很多低收入市民还是采取传统的交通方式出行。相比之下,天津的电车票价则十分低廉,成为平民百姓都能承受的交通方式,乘坐率要远高于北京。于是,古老的交通方式与现代化的电车并存就成了民国北京一道独特的风景,当时的文人形象地描绘了这种独特的景致:"北平有海一般的伟大,似乎没有空间与时间的划分。他能古今并容,新旧兼收,极冲突,极矛盾的现象,在他是受之泰然,半点不调和也没有。例如说交通工具吧。在同一个城门洞里,可以出入着极时兴的汽车,电车,极轻便的脚踏车;但是落伍的四轮马车,载重的粗笨骡车,或推或挽的人力车,也同时出入着。最奇怪的是,在这新旧车辆之中,还夹杂着红绿轿,驴驮子,甚而至于裹着三五辆臭气洋溢的粪车。

　　①　史明正:《清末民初北京城市空间演变之解读》,载天津社会科学院历史研究所、天津市城市科学研究会编《城市史研究》第21辑,天津社会科学院出版社2002年版,第441页。
　　②　余荣昌:《故都变迁记略》,北京燕山出版社2008年版,第35页。
　　③　David Strand, *Rickshaw Beijing: City People and Politics in the 1920s*, Berkeley: University of California Press, 1989, p. 137.

于是车夫们大声喊着'借光！靠里！怀儿来！'喇叭声，脚铃声，争路相骂声，和警察的短棒左指右挥，在同一时同一地存在着。妙在骂只管骂，嚷只管嚷，终于是风平浪静的各奔前程，谁也不会忌恨谁，谁也不想消灭谁。"①这种新与旧的并存、传统空间与现代化的交叠成了民国北京最独特的城市意象之一。

尽管如此，北京电车仍对北京既有的生活方式造成了影响，特别是给人力车夫的营生带来了较大的冲击，当电车开通之后，顾颉刚就体验了一次现代交通的便利，他在日记（1925 年 1 月 12 日）中记道："今日我第一次坐北京电车，自东四至东单。"②而在往常，他基本都是乘人力车出行。当时像顾颉刚这样由乘人力车而改乘电车出行的市民不在少数。《益世报》曾报道："自从电车开驶后，已将洋车之营业尽情夺去，各洋车厂每日赁出洋车二十辆者，现在只能出车五辆，应赁出洋车十辆者，将就出车一二辆，且赁出之洋车，均不能交足车费，各车厂之厂主因电车未通之先，曾与警厅议妥，所有北京洋车捐款，统由该公司担负，迄今并未履行，现经赁车厂主全体议决，呈请警察厅，免征车捐，尚不知能否批准。"③电车凭借其强大的运输能力与实惠的价格，与北京原有的交通方式形成了强有力的竞争，对北京人力车夫的生存造成了实质的威胁，以致在 1929 年甚至发生了人力车夫集中捣毁电车的极端事件。

然而，北京的人力车并未因来自电车的竞争而消失，相反，在电车开行之后，人力车仍然是北京市民出行的重要交通工具。这是因为，北京政府为照顾人力车的营业，强制要求电车公司维持较高的票价，"较津沪电车几高出一倍"④，这样就分流了一部分因经济能力有限而仍选择较廉价的人力车出行的人群。进入近代之后，大量的农村劳动力因战乱、饥荒而逃至北京谋生，他们大多数都像老舍笔下的骆驼祥子一

---

① 老向：《难认识的北平》，载陶亢德编《北平一顾》，宇宙风社 1936 年版，第 18—19 页。

② 《顾颉刚日记：1913—1926》，台北：联经出版事业股份有限公司 2007 年版，第 580 页。

③ 《电车夺尽洋车营业》，《益世报》1924 年 12 月 28 日第 7 版。

④ 《北京电车有减价消息》，《清华周刊》1925 年第 333 期。

样,只能凭自身的体力去租赁一辆人力车,以谋一家的生活,对这部分群体,政府不得不予以照顾。其次,北京特殊的街道结构也给人力车留下了生存的土壤,电车所经过的只是大道通衢,而北京内城、外城数千条胡同所构成的城市交通网则是电车所无法覆盖的,相比之下,人力车却因为它的灵活与收费低廉成为载客走街串巷的不二之选,还有许多人厌恶电车的拥挤而更愿意享受乘坐人力车的悠闲。通过查阅近代文人学者的日记也可发现,他们的出行方式主要仍是人力车,而很少乘坐电车、汽车、环城铁路等公共交通工具。

由于北京电车是由民间资本投资创办的,而资本总是趋利避害的,因此,北京电车虽是基础市政设施之一,在日常的运行中却以营利为主要目的,为缩减成本,电车车辆设备长期不更新维护,发车频率较低并导致乘车拥挤,且每逢雨雪等天气还停运,屡遭市民抱怨。① 此外,由于近代北京政局不稳,京城内多有驻军,而军人经常无序乘车,这又影响了北京市民乘坐电车的积极性。因此,与天津、上海相比,北京电车的普及程度要低很多。据一份民国时期的调查报告显示,在 1926 年至 1935 年期间,上海、北京、天津三市的电车乘坐习惯指数分别为 38%、16%、51%,而 1935 年这三地的总人口数分别为 352 万、156 万、134 万人。② 可见,北京电车的普及程度不但比"摩登"的上海低,甚至远低于邻近的天津。

总之,北京电车曲折的发展历程及其对民国北京城市空间的影响表明,城市的现代化发展与传统城市空间的保护是可以统一、并存的。在北京电车的开行这一事件上,以市政公所为代表的民国政府在如何对待传统与现代化的问题上虽然也曾出现过反复,但最终他们还是认识到了保护传统文化符号的意义与价值,在实践中也探索出了调和传统与现代的可行办法,如采取现代化的建筑手段对牌楼进行改建、在城墙上开辟门洞等,对保护古都面貌进行了有效的尝试。同时,来自民间的力量也不可忽视。当时的市民、团体或在报纸上发文,或联名向政府上书,呼吁保存古都的传统建筑,民间的舆论在相当大程度上影响了政

---

① 雁:《谈谈北平市的电车:贡献给平市当局》,《行健旬刊》1933 年第 17 期。
② 孔赐安:《上海天津北平三市电车之分析》,《电工》1937 年第 8 卷第 2 期。

府的决策。在民国时期财政极为紧张、政局极不稳定的情况下，当时的政府仍能设法保护传统建筑，这种努力值得深思。

遗憾的是，北京电车的发展经验及其与市民、政府的角力过程，特别是它与传统城市空间的共存，一直没有引起人们的重视。中华人民共和国成立之后，代表传统空间符号的城墙与牌楼大都没能逃脱被拆除的命运，现代化的力量摧枯拉朽，将传统空间尽数毁去，传统顿时被当成了城市现代化进程中的障碍——打倒。为了拓宽道路，加快现代化建设，民国时期经过重修的东西单牌楼、东西四牌楼于1954年被拆除；正阳门牌楼于1955年拆除，2007年又在原址复建，民国时期牌楼先拆后建的一幕在当代又重新上演，在对待传统的问题上走了弯路，耗费了许多资源，这不能不说是一件憾事。近些年来，许多历史名城在进行城市规划设计时，也出现了将传统建筑先拆后建的情况，"拆真的建假的"成为普遍现象，似乎传统与现代是不能相融的。实际上，早在民国时期，北京在这方面就已经进行过有效的实践，成功地将传统与现代交融于城市空间之中，使北京既不减古都特色，又不失现代活力，电车与城市中的古建和平共处即是一例。此外，当代民间保护传统的意见常常不被重视，甚至连专家的意见也不被采用，以致许多专家为保持城市古建多方奔走，最终亦告无效。回顾北京电车的开行历程及其与传统空间的交融状态，或许能为今天的城市规划、建设提供一些有益的启示。

小　结

从帝都到国都，城市身份的转变使改变国都形象、城市的空间结构成为北京政府与民间舆论的一致追求，在帝制倒台、共和新立的时代背景下，在全球工业化的国际形势中，改变国都形象必定只能从城市现代化建设着手，以期建设国都新面貌，展现国家新形象。

面对帝都北京封闭的城市空间结构，打破帝都原有的封闭状况成为北京现代市政建设的基础，于是，在以市政公所为代表的政府机构的主导下，开展了"国门"正阳门的改造、拆改城内的皇墙与城墙、修建环城铁路、兴办有轨电车等一系列现代市政工程,使北京原来封闭的空间结构部分解构,原来建基于帝制的空间等级秩序被打破,空间的平等意识成为国都时期的新追求。如果说帝都北京的空间结构体现了帝制皇权的权威与至高无上,象征着一种专制的旧文化,那么国都的改造则是要通过解构这种帝制空间,利用国都"首善之区"来代表国家的政治地位,以体现民国新政体所蕴含的民主、共和的新理念,同时给国民提供新的生活愿景。可以说,国都北京的空间改造计划与空间开放运动的努力,表明了民国政府欲通过对城市空间的改造来承载新的意识形态的目的,通过打破国都城市空间的封闭结构来宣传民国的新观念、新思想,质言之,就是宣传民主、共和的政治理念,这也是民国初年北京现代市政建设的主要动力。

然而,帝都北京的空间秩序在新的社会条件下又保存了较强的稳固性,帝都的空间符号所承载的传统文化观念在时代变迁、社会制度更易中并未彻底断绝,而是得到了相当程度的留存。其中,有的是根源于儒、道、释的哲学观念,有的是对于风水之学的迷信,统统弥漫于时代变迁的社会思想中,上至政治人物、政府官僚,下至普通市民,都不能完全摆脱传统文化观念的影响,最终对北京的现代化建设构成了顽强的阻力。我们在北京的城市空间开放运动中随处可见传统文化观念对于现代化的抵制,现代与传统的冲撞与最后形成的交融都在北京城市空间由封闭走向开放的历程中得到了空间上的呈现,以城门、城墙、牌楼等为代表的传统城市空间符号与为便利交通而引入的电车、火车等现代化符号的冲突,究其本质,是中国的传统文化思想与现代化的较量。北京城市空间开放过程中传统文化思想对于现代化的顽强抵抗,也显现了近代北京不同于其他沿海商埠的特殊的现代化进程,城市空间的变迁轨迹即其明证之一。

在北京由封闭逐渐走向开放的一系列历史事件中,现代市民意识也随之觉醒,并在一定程度上影响了北京的城市空间变迁路径。现代市民意识或通过报纸等媒体造成舆论压力,或通过商会等民间组织与政府博弈,代表了一种新生的社会力量,体现了由帝制向共和转变后社会结构的变化。

　　总之,从帝都到国都,北京通过城市空间开放运动改变了北京的城市面貌与形态,现代化的力量突破了帝都北京的封闭格局。然而,空间开放还只是北京现代化进程中的第一步,城市空间结构的深层调整才能在更大程度上改变城市的生活方式,下文将讨论国都北京在构建城市公共空间方面的努力。

第三章　国都政治与公共空间的拓展

有学者在谈到中国古代的城市时说："中国古代城市不仅是政治统治的中心，它本身就是统治者获取或维护权力的一种手段或工具；同时，城市还是一种文化权力，是用以标识统治者的正统或合法性，区分华夏与非华夏、王化之内与王化之外的象征符号。"[1]因此，历代统治者都对城市进行严格的管制，除了人为制定的城市管理法规，统治者还通过设计、规划特殊的城市空间对城市进行控制，如此一来，中国帝制时代的城市就基本没有公共空间存在。

北京的情况亦是如此。在帝制时代，帝都北京除了由四重城墙包裹形成的封闭空间外，历代统治者都对北京实行了严格的空间管制，特别是清代，满、汉分内城、外城而居，内城的旗人也都按旗籍划分了不同的居住区域，人们的居住空间受到限制。另外，内城遍布官衙、王府，门禁森严，尤其是皇宫周边更是监控严密，平民不得随意靠近。人们在内城的行为、活动范围受到限制，大多被限制在私人生活的范围内，缺少公共活动的空间。帝都北京的城市空间控制体现了帝制时代等级分明的阶层区分与统治方式。

民国初年，即有舆论感叹北京缺乏市民活动的公共场所："北京无公共集会之所，各省郡会馆公所大抵为各本处来京者之住所，如只系某一省郡开会，则尚可就各馆舍勉强从事，一遇公共团体之聚会，则竟无一所相当地址，是诚北京市一大憾事。"[2]帝制取消后，北京原有的社会等级秩序不复存在，北京原有的空间管制也失去了存在的制度依据，新的城市空间结构必将产生，以适应平等、自由、民主等新的时代精神，公共空间的拓展即是其中之一。然而，就国都北京来说，民国政府拓展公

---

① 鲁西奇、马剑：《空间与权力：中国古代城市形态与空间结构的政治文化内涵》，《江汉论坛》2009年第4期。

② 思一：《京铎》，《大自由报》1914年2月29日第7版。

共空间的根本目的并不是为广大市民开辟表达民意、实现平等交流的场所,而是通过新型公共空间体现民国政权的优越。为达此目的,最有效的办法就是对象征帝都北京皇权的紫禁城建筑群的空间结构进行解构,如果能让这些帝都时期为皇室贵族所享有的私人空间变成普罗大众可以出入的公共空间,无疑是体现民国政权优越性的最好方式。因此,国都北京所开辟的公共空间就负载了过多的政治意识形态与教化功能,未能产生真正的公共精神。

本章将考察民国初年城市开放运动中开辟的三种新型公共空间。第一节主要考察以天安门广场为代表的城市广场的形成,探讨现代广场对北京城市空间结构的影响。第二节探讨的是以中央公园为代表的公共空间的开放过程及其对社会、市民生活、文化观念的影响。本节将梳理民初北京公园的开放过程,着重考察政府在公园中创办的图书馆、学习场所与举办的各种展览活动,以及民众自发组织的娱乐活动,指出其中对传统文化的传承与维护。公园开放运动本身无疑是有现代化色彩的,但官方对公园的空间利用、举办的各种活动以及市民组织的活动,都带有一定的传统文化色彩,由皇家禁苑改造而成的现代公园在物理空间上是现代的,在文化层面上又是传统的。第三节将梳理以古物陈列所为代表的北京早期博物馆的创立过程,探讨政府对于提倡传统文化的态度以及民众的反应。民初北京政府为开办古物陈列所拨付了大量经费,大力提倡博物馆的教育作用,有着明显的民族主义倾向。古物陈列所的创立,体现出民国北京政府寄希望于通过发扬传统来对抗外来文明的态度。

第一节　天安门广场演变的空间政治

城市广场是城市公共空间的典型形式。在空间形态上,城市广场是一种由若干建筑围合而成的广阔、开放的户外空间,是人们聚集、活动、交往的公共场所。在不同的文化语境中,广场有着不同的内涵。西方学者祖克(Zucker)曾强调,提供公共生活与交通两项职能是广场的必备要素。[①]　这

---

　　①　王维洁:《南欧广场探索——由古希腊至文艺复兴》,台北:田园城市文化事业有限公司 1999 年版,第 13 页。

种观点恰好体现了西方广场的特点,即在强调广场对公众开放、提供公共交往场所的同时,还要求广场具备交通功能。西方自古希腊开始,经由古罗马、中世纪、文艺复兴直至 20 世纪的广场,虽然构造上有所演变,但大都延续了这两大基本功能。相比之下,尽管中国早在东汉张衡的《西京赋》中就有"临迴望之广场,程角抵之妙戏"①的记述,但中国的城市广场在"公共性"与交通职能两点上都有所欠缺,特别是在影响人们的公共生活方面,中国的城市广场显得有些保守。与西方广场的公共性、平民化相比,中国的广场更强调政治、文化、经济等实用功能。正是由于这个原因,才有学者将中国历史上的广场按其功能划分为坛庙广场、殿堂广场、寺庙广场、娱乐广场、市场性广场、阅武场广场等门类进行研究。②

　　有学者认为,中国传统城市中的路口、衙署等大型建筑周围的网格空间"承担了类似于西方城市中市场、教堂和市政厅前面的广场空间的作用"③,但这种由线组成的网格空间与城市广场在规模与功能等方面仍然存在本质区别。作为中国古代传统城市的典型之一,北京自元大都奠定了基本的空间布局后,经过明、清两代的营建,也没有为城市广场留下充分的发展空间,18 世纪的英国使团成员在到过北京后认为,"无论从商店、桥梁、广场和公共建筑的规模和国家财富的象征来比较,大不列颠的首都伦敦是超过北京的"④。北京由外城、内城、皇城、紫禁城四重城墙组成的封闭空间与棋盘式的街道限制了广场的发展,严格的空间管制与人口控制也限制了人们到公共空间中进行交往、活动的需要。总的来说,在帝制时代的北京城,唯一能进入我们视野的、地位最为重要的是殿堂广场的代表——天安门广场。不过,从古代北京直到近代北京,天安门都特指天安门城楼,城楼前面的空旷场地并没有"广场"的专称。"天安门广场"是一个当代概念。

―――――――――

① 《张衡诗文集校注》,张震泽校注,上海古籍出版社 1986 年版,第 77 页。
② 曹文明:《城市广场的人文研究》,博士学位论文,中国社会科学院,2005 年,第 67—109 页。
③ 朱剑飞:《中国空间策略:帝都北京(1420—1911)》,诸葛净译,生活·读书·新知三联书店 2017 年版,第 92 页。
④ [英]斯当东:《英使谒见乾隆纪实》,叶笃义译,商务印书馆 1963 年版,第 317 页。

目前能见到最早使用"天安门广场"一词的文献是刊登于 1949 年 7 月《人民日报》上的一篇报道:"北平市二十万余人热烈纪念'七七'抗日战争十二周年并庆祝新政治协商会议筹备会成立。大会在七日下午八时于天安门广场举行。"①8 月,《人民日报》又刊文:"建设局顷已按照各界代表会议的决议,拟定开辟天安门广场的工作计划。"②这是"天安门广场"最早的官方权威表述。因此,称近代北京天安门周边的空地为"天安门广场"是不严谨的,至少,在正统的话语表述中,天安门广场是在中华人民共和国成立前后才开始使用的术语。然而,为了表述的方便,我们仍在较宽泛的意义上使用"天安门广场"一词,指涉近代北京天安门城楼前的空旷空间。

天安门广场在中国的历代历史上为重要的政治活动提供了舞台,特别是近代以来,天安门一直与中国的政治命运、文化变迁紧密相连。朱剑飞分析了包括天安门在内的古代北京宫城的空间策略,③侯仁之考察了天安门广场自帝制时代到中华人民共和国时期的演变过程,对近代天安门广场有所涉及,但不细致、具体,④巫鸿对于中华人民共和国成立之后的天安门广场的扩建与中国的政治运动有过深入、系统的考察,⑤本书则关注清末至民国时期天安门广场的空间演变及其对政治、社会、文化观念的影响。

一 帝都天安门广场的空间控制

天安门始建于明永乐十五年(1417),最初名为"承天门",至清顺治年间改为天安门。帝制时代的北京城由外城、内城、皇城、紫禁城四重城墙围合而成一个封闭空间,城市的建筑群自北向南左右对称,形成

---

① 《平廿万人冒雨集会 纪念"七七"十二周年 并庆祝新政协筹备会成立 毛主席朱总司令亲临参加》,《人民日报》1949 年 7 月 9 日第 1 版。

② 《天安门前将辟广场 可容十六万人》,《人民日报》1949 年 8 月 31 日第 4 版。

③ 朱剑飞:《中国空间策略:帝都北京(1420—1911)》,诸葛净译,生活·读书·新知三联书店 2017 年版,第 92 页。

④ 侯仁之、吴良镛:《天安门广场礼赞——从宫廷广场到人民广场的演变和改造》,《文物》1977 年第 9 期。

⑤ Wu Hong, *Remaking Beijing: Tiananmen Square and the Creation of a Political Space*, Chicago: The University of Chicago Press, 2005.

了一条纵向的城市中轴线,天安门处于皇墙与中轴线的中部交汇点,地位比皇城上的东安门、地安门、西安门更为重要,被认为是皇城的第一门,天安门城楼前的开阔空间被称为"天街",在"天街"的东西两端,分别修建了"长安左门"与"长安右门",各自延伸,至"东、西三座门"。

天安门向南延伸至大清门,沿线东西两侧、皇墙的内侧又修建了千步廊。在东西千步廊与宫墙的外侧,又按左文右武的原则分别修建了中央的各大官署,以便国家事务的高效处理。在大清门至南面的正阳门之间,有一段商贾云集的"棋盘街",是一个小型的市场。从空间结构看,明清时期的天安门城楼至大清门与东、西三座门之间的区域形成了一个封闭的"T"字形空间,我们在宽泛的意义上称这一空间为广场。"T"字形的广场被北面的天安门城楼、"天街"两侧的长安左右门、千步廊与南面的大清门所包围,广场之内严禁平民百姓进入。

瑞典学者喜仁龙在描绘北京内城的城门时说:"夜幕一降,城门就变得模糊不清,难以辨认了。城门在居民沉睡的时候是关闭的(过去也常如此)。黎明,当第一个旅客赶着大车或小骡车踏上漫长的旅途时,厚重的木城门就被缓缓推开,犹如一位刚被唤醒的巨人呻吟着。渐渐地,进城的乡下人越来越多,有的推着小车,有的肩挑颤巍巍的扁担,两头摇曳着盛满农产品的筐子。日上三竿,城门处的交通和活动也纷忙、杂乱起来了。"[1]帝都北京定时启闭的城门起到了控制人口流动的作用。但作为皇城城门的天安门却不像内城城门那样可以任人出入,而是在皇权中心紫禁城与内城之间形成了一道空间屏障。

如果说帝都北京以四重城墙为代表的空间结构象征了帝制时代的权力体系,那么天安门则居于这一象征体系的核心位置。帝都北京的设计者通过建筑的设计与空间规划强化了这一象征体系,高大的城墙与威严的城门组成的整饬、封闭的空间格局使得那些获准进入这一空间区域的人被一种无形的空间秩序所控制、规训。清代来京的英国人记述了进入帝都天安门区域的情景:"南城墙当中间的门通往皇城。那是京城当中的一个区域,呈长方形,南北长 1 英里,东西宽四分之三

---

① 〔瑞典〕奥斯伍尔德·喜仁龙:《北京的城墙和城门》,许永全译,北京燕山出版社1985 年版,第 114 页。

英里。这个区域围着高墙，以巨大而光滑的红砖砌成，高20英尺，以黄色琉璃瓦盖顶。"①超越常规的巨型建筑群使天安门前的区域及其后面的紫禁城在封闭的空间格局下对人构成了无形的控制力量，让人认为天安门后面的紫禁城"总像那么一座巨大的坟冢。荒草疯长的护城河上方，绵长笔直的城墙，消失在模糊昏黄的地方。越靠近它，越发沉寂，静得像凝固住了，完全给那可怕的——沉寂和死亡之墙封住了"②。

从地理空间的角度看，在北京中轴线的纵轴上，天安门是象征国门"正阳门"与国家权力中心紫禁城的中介点，其自身又位于皇城南墙的居中位置，是进入紫禁城的重要路线节点。尽管大臣在上朝时实际走的是东安门一线，但在重要的正式场合（如天子出巡、外国使臣觐见等），天安门都是必经之地。

因此，帝都时期的天安门广场并没有"公共性"的意味，而是统治者专享的空间。实际上，这正是明清统治者有意为之的空间管制策略，天安门广场及其周边的建筑群强化了空间上的序列与层次，禁止平民百姓进入，其用意正在于强调帝王统治的等级秩序与凸显帝制皇权的绝对权威。空间与政治之间的微妙联系在天安门广场的设计上得到了明显的体现。

天安门的空间位置还参与了帝制时代社会阶层流动的控制。明清两代的统治者一方面将百姓排除在天安门广场之外，禁止平民活动的展开，另一方面又利用广场设计，举行了一系列的仪式来巩固皇权的威严。

旧时科举，最高级别的考试是在紫禁城保和殿里举行的，由皇帝亲自主考的"殿试"。殿试的前三甲赐"进士"出身，并将其姓名写在黄榜上，随后出天安门再出长安左门，张贴在临时搭建的"龙棚"里，寒窗多年的学子自此金榜题名。而黄榜所经过的长安左门也被人们称为"龙门"，所谓"一登龙门，声价百倍"，进入了"龙门"，也就意味着迈入了统

① ［英］约翰·巴罗：《我看乾隆盛世》，李国庆、欧阳少春译，北京图书馆出版社2007年版，第69页。
② ［法］皮埃尔·绿蒂：《在北京最后的日子》，马利红译，上海书店出版社2010年版，第115页。

治阶层的行列。

　　然而,最能体现明清两代统治的空间策略的,是在天安门举行的"金凤颁诏"。在帝制时代,最高统治者"凡宣布覃恩庆典诏书,于门楼上设金凤衔而下焉"[①],凡是皇帝登基或册立皇后或是颁布其他重大命令,都要在天安门上举行隆重的颁诏仪式,并经过一整套复杂的程序,从天安门上将诏书放下,再传送至全国各地。统治者通过这个仪式化活动强化了天安门在北京城市空间中的政治地位,正如侯仁之先生所言:"明清时代天安门前的宫廷广场,无论是在规划设计上、还是在实际利用上,都更加充分地体现了为封建统治服务的目的。"[②]显然,古代天安门广场的空间设计与利用都与当时的国家意识形态、政治制度紧密相关,以强化统治者的权威地位。天安门广场本质上是统治阶级巩固自身统治合法性的空间策略,是展现自身治理模式的舞台。因此,当时代变迁、社会变革时,当统治者的绝对权威、帝制皇权的威严面临威胁时,这个曾经供统治阶层展示其权力的舞台也必将面临改变。第二次鸦片战争之后,英、美、法、俄等国进入距天安门东南不远的王公府邸,建立东交民巷使馆区,预示着天安门区域的空间结构已经出现了动摇。

　　1900年8月,八国联军入侵北京,他们用现代化的武器撕破了北京城墙的防卫,内城、外城城墙都遭到不同程度的破坏,安定门、正阳门等城门损毁严重,但皇城在这次战斗中得到了保护。[③]尽管八国联军在逼迫清政府签订了不平等条约后退出了北京,但清政府的政权终究已摇摇欲坠,彰显帝制统治权威的北京城墙空间结构即将走到终点。

　　1911年7月,《申报》上报道了新任德国公使由天安门进入紫禁城觐见的新闻,[④]这是清政权最后一次在紫禁城接见外国政要,也是传统

---

　　①　于敏中等:《日下旧闻考》,北京古籍出版社2000年版,第128页。

　　②　侯仁之、吴良镛:《天安门广场礼赞——从宫廷广场到人民广场的演变和改造》,《文物》1977年第9期。

　　③　详见参战外国士兵的回忆,北京市政协文史资料研究委员会,天津市政协文史资料研究委员会编:《京津蒙难记——八国联军侵华纪实》,中国文史出版社1990年版,第247—255页。

　　④　《德使觐见纪详》,《申报》1911年7月23日第5版。

的帝王外交行将就木的尾声。1911年12月25日，天安门城楼上举行了最后一次"金凤颁诏"仪式，隆裕太后颁布诏书向天下宣告溥仪退位，这也意味着中国在北京延续了近千年的封建统治将成为历史，而由新的政权代替。帝都天安门广场的空间控制功能及其象征体系也随着旧的社会制度被新的政治体系所取代。

二 国都广场的开放与新兴政治的登台

史学家史景迁在谈到近代天安门的变迁时曾说："天安门守卫着故宫的南通道。1912年中国最后一个王朝垮台以前，皇帝的神圣权威一向是通过这道大门播扬的。深居皇宫的帝王南端坐，威仪越过重重庭院和护殿小河，再穿过天安门而颁行四海，达于万民。可是，在随后的一二十年里，天安门的防卫功能和象征功能都不复存在。它静静地矗立在那里，成为矛盾重重的近代中国的见证人。"[1]中华民国的建立终结了中国数千年的帝制政权，也结束了北京数百年的帝都地位，同时，社会的变迁与政权的更迭在北京的城市空间上也得到了体现。从帝制时代的帝都到民国的国都，"首善之区"与"观瞻所系"成为民国初年北京所承载的民众期待，象征着新兴政治制度下民众舆论对国都的形象要求，城市身份的变化使作为北京空间核心的天安门区域的空间秩序面临更新，天安门原有的空间结构与象征体系在新兴的政治语境中必然面临新的命运。

最先受到冲击的是帝都北京建筑的命名体系。民国甫一成立，北京政府就决定更换象征清王朝政权的大清门门匾，决定将天安门广场最南端的大清门改名为中华门。报载："九号早七点钟，步军统领衙门派游运队多名，会同巡警，将大清门匾额摘了下来，随即抬往总统府。闻系因国庆日大典，将该门改名中华门，门前高抬花彩牌楼，并于牌楼正面悬列清太后宣布共和谕旨，以作大纪念。"[2]（见图3-1）中华门建于明朝永乐年间，当时叫大明门，由于大明门是皇城的正南门，而古代

---

① ［美］史景迁：《天安门：知识分子与中国革命》，尹庆军等译，中央编译出版社1998年版，第3页。

② 《中华门出现》，《正宗爱国报》1912年10月10日第3版。

图 3-1　1912 年的中华门

图片来源：闫树军：《天安门旧影 1417—1949》，解放军出版社 2009 年版，第 136 页。

中国又以南面为尊，因而大明门又享有"国门"的地位，因此，当清朝统治者进入北京城后，迅速将大明门的匾额拆下，并在匾额的背面书上大清门再挂到门上，以此显示政权的更替。民国政府将清代的大清门改为中华门自然也是遵循了同样的逻辑，民间也理解政府更换门名的意图，"民国总统，代表外交，且共和新建，交际尤繁，清之不存，门于何有，万国观瞻所系，改名诚不可缓"，"自中华民国组织成立，而后中华为一国家，民权有托，国格自尊，表示在门，关系大矣"。① 当时传颂的竹枝词也形象地记录了"国门"的更换：

> 棋盘方式久名街，忽改圆盘莫浪猜，不信试将门上望，中华两字换招牌。
> 都城一洗帝王尊，出入居然任脚跟，为问大家前二载，几人走过正阳门。
> 中华门对正阳门，大小官衙倭指论，胜国人才多似鲫，花翎红

---

① 陶在东：《闲话中华门》，《宇宙风》1936 年第 21 期。

顶了无存。①

改变"国门"的名称，成为彰显国体变更、时代变迁的必然之举。天安门区域作为帝制皇权的象征，必然不能被民国政府所接受，改变建筑名称表明民国政府将一种新的象征意义加于天安门广场上。1913年，袁世凯在就任民国大总统后，在太和殿行就任礼后即赴天安门阅兵，②无疑也在宣示天安门将承载新的象征功能。

然而，天安门区域在民国伊始仍保持帝制时代的封闭空间格局，广大的平民仍然无法进入广场内部，这显然与民国政府宣扬的共和精神不符。民国政府很快意识到了开放天安门广场的重要性，于是决定对广场进行改造。以朱启钤为主导的京都市政公所在民国初年进行了拆改城门、修建道路等一系列市政工程，对帝都北京的空间结构进行了现代化改造，将原先封闭的城市空间渐次开放，天安门广场的空间变革亦从此开始。

首先，北京市政府将中华门南端的棋盘街翻修为石路，并将棋盘街周围的栅栏拆除，从此棋盘街被打通，车马可以通行。棋盘街修整工程完成后，主管城门防务的"步军统领因该处栅栏开放已久，于交通甚为称便，若行关闭，殊多障碍，故于昨日已请示大总统，可否将该处永远开放，以利交通"③。这个建议正好符合袁世凯政府开放天安门广场的初衷，随即被应允。值得注意的是，民国初年天安门广场南端正阳门的成功改造也为天安门广场南部空间的开拓创造了条件。

随后，负责北京城市管理的内务部在开放棋盘街的基础上，将"棋盘街东西偏厅即一律拆去以利交通，其东西长安门外之三座门皇墙亦拟拆去，所有地基为建筑市场之用"④。这样一来，天安门广场封闭的局面就被打破了。同时，又对广场两侧的千步廊进行改造，"袁氏帝制，于民国四年，拆千步廊。按廊在中华门内，为东西向朝房，

---

① 《京都新竹枝词》，老羞校印，1913 年，第 13 页。
② 《要电》，《申报》1913 年 10 月 10 日第 2 版。
③ 《请放交通》，《顺天时报》1912 年 9 月 27 日第 5 版。
④ 《棋盘街便利交通》，《大自由报》1912 年 11 月 7 日第 7 版。

各百有十楹,又折而北向,各三十四楹,皆联檐通脊,直至左右长安门。袁氏称帝,为广阔崇闳计,皆命拆除,并修砌中华门至天安门石道,以壮观瞻"①。千步廊的拆除进一步拓宽了天安门前广场中部的空间。(见图3-2)

图3-2　1912年改造后的千步廊
图片来源:首都博物馆。

天安门前的封闭空间也在这一时期开放。民国初年,内务部计划"将中华门以内天安门以外及东西长安自民国二年一月一号一律开放,以利交通。前日该部曾函达前清内务府及步军统领衙门等处,略云现因便利交通起见,请即转饬该管员,将中华门及东西长安门管理权先行移交该部,以便由厅接管,并闻该三门以内之朝房有招商建设市场之议"②。在广场开放之初,内城巡警总厅鉴于维持广场安全的考虑,规定"东西长安门只准汽车、马车、人力车通行,重载车辆及轿车不得行走。中华门只准行人出入,车马不得通过"③。这样一来,封闭了数百

①　朱偰:《昔日京华》,百花文艺出版社2005年版,第70页。
②　《中华门之交通》,《大自由报》1912年12月29日第7版。
③　《内务部指令第一百二十二号》,《中华警察协会杂志》1913年第2期。

年的天安门广场终于向百姓开放了。

北京的市政建设也加快了天安门广场的开放。北京电车开行以后，天安门是一个重要的站点，进一步提高了天安门区域的空间开放程度，也加快了这一区域的人口流动。京都市政公所还在天安门广场内修建了花园，①使这一区域初步呈现了现代城市广场的空间形态。

天安门广场的开放受到了社会的欢迎，报载："紫禁城南部前门与天安门之间初一日后将许车马通行，京人对此甚为满意。"②天安门广场的开放运动与民国政府所宣传的新兴政治是相适应的，开放、共和等时代理念与封闭的帝都天安门广场所象征的皇权格格不入，故而需要国都开放、现代化的新兴广场来承载。

天安门广场的开放过程十分顺利，基本没有遇到任何阻拦，这表明民国政府与民间都对开辟一个公共广场有着较高的期待，特别是西方的现代市政思想此时也已传入中国，引发仿效，遂有人指出："繁盛都市之中间，应辟有'广场'。西哲云，广场者，都市之肺脏也，所以调节都市家屋之稠密，而澄清其秽浊之空气，裨益匪浅。"③就北京而言，人们也都急切地期望着能有一个供公众活动的公共空间。天安门广场的开放，在开辟公共空间的同时也消解了帝制时代天安门这个国家政权符号的权威，广场逐渐实现了公共化、平民化。不过，北京市民对于公共广场的开辟在观念上一时还难以接受，广场开辟不久，北京的《顺天时报》刊发了一条北京琐闻："前清时代于前门棋盘街一带，凡有死亡棺木皆禁止在该处通行，例禁甚严，迄于今日人民尚拘旧禁，故该处仍不见有丧殡通行，然亦尊重都门之事。乃于近来东交民巷医院内凡有死亡者，辄从中华门前经过，然当国门之前时有死尸经过，于观瞻上殊不雅云。"④在当时的国人看来，尽管天安门广场的开辟颠覆了帝制的权威，但中华门的"国门"地位在新的时代并没有被取代，诸如中华门前通过的殡葬也被认为触犯了"国门"的庄严，有碍国家形象。

---

① 《京都市政公所第二处为天安门至中华门一带改修公园事宜与第三处和电车公司等的来往函》（1925年5月4日），北京市档案馆藏，资料号：J017-001-00217。

② 《译电》，《时报》1912年12月28日第3版。

③ 《都市的住居问题》，《市政通告》1921年第3期。

④ 《有碍观瞻》，《顺天时报》1913年1月14日第5版。

从帝都时期象征的帝制皇权到国都时期象征的共和、民主,天安门及其区域又承担了新的政治符号功能,变为新兴政治的纪念性空间。张恨水在回忆民国初年天安门广场为双十节举行的纪念活动时写道:"今天多了一样东西。在华表下面,一列扎了三架五彩绸布牌坊。那时,北京电车还没有铺轨,天安门外的公园,也没有修筑柏油路。横贯东西城的石板大御道,在彩牌坊下悄悄儿的躺着。御道在树林子外头,上面是广大的天空,游人虽成群儿的溜达着,对了那高可十丈的城楼,都觉得渺小极了。广场四周,还是红木柱、红绳、红灯笼,在大石板地上围了新式的栏杆。好在这全东方色彩的玩意,也不见得对这古都建筑,有什么不调和。"①

可见,天安门广场的公共性在广场开放之初并没有得到充分的发展。因此,尽管此时天安门广场已经向公众开放,但客观上只是为了方便市民的出行,即便在正阳门工程改造完成之后,也只是改善了天安门至正阳门一带的交通状况,还没有使天安门广场成为平民百姓的交往场所。

在帝制时代,天安门因其在紫禁城所象征的权力体系中所占的核心作用,象征了清王朝与皇权的权威,至民国初年,共和政权的登台仍与天安门紧密地联系在一起,新兴的国家政权与历史人物再次选择天安门作为彰显其新兴政治制度的物质空间。莫里逊曾指出,清代"皇帝的上谕在天安门宣读,但是作为检阅观礼台,直到 1911 年辛亥革命以后才成为事实"②,天安门见证了清末民初北京的政治变革与军阀混战,不同时代的政治权力与空间策略在天安门广场完成了结合与转换。

三 作为公共空间的天安门广场

天安门广场的空间开放改善了北京核心城区的交通状态,实现了物理空间的变革,完成了政治象征功能的转换。同时,开放的广场还为

---

① 张恨水:《天安门》,载《张恨水散文》第 2 卷,安徽文艺出版社 1995 年版,第 237—238 页。

② [澳]赫达·莫里逊:《洋镜头里的老北京》,董建中译,北京出版社 2001 年版,第 12 页。

北京的民众提供了一个亘古未有的大型公共活动场所,让民国时期兴起的新思想、新观念以及民间的公众心理有了表达的公共空间。

民国时期,国内外政治形势风起云涌,英、德、日、俄等列强为各自的在华利益相互明争暗斗。当民国的执政者还在为国家的国体、制度设计相互钩心斗角时,北京民间的思想文化已然发生了翻天覆地的变化,新思想、新文化不断在中国传播,特别是陈独秀主编的《新青年》发行以后,民主与科学的思想逐渐吸引了大量的学生,北京民间的爱国主义、民族主义达到了历史上前所未有的高度,并在五四运动中爆发。在此期间,天安门广场这个昔日作为皇室展示皇权的封闭空间逐渐变成了民众表达政治诉求的公共空间。

天安门广场最早举行的民间活动是在1918年,当时适值第一次世界大战结束,中国作为参战的协约国取得了近代以来在国际争端中的第一次胜利。为了庆祝这次国家的胜利,民国政府决定举行庆祝,北京政府还在紫禁城太和殿前举行了盛大的阅兵式。中国这次在国际上的扬眉吐气也激发了民间的爱国主义情绪,民间人士纷纷走上街头以示庆祝。1918年11月中旬,时任北京大学校长的蔡元培向北京政府借用天安门的露天讲台,发表了《黑暗与光明的消长》与《劳工神圣》两篇演说。① 鉴于蔡元培北大校长的身份,他在天安门的演说还带有半官方半民间的性质,但从目前发现的文献来看,蔡元培是近代以来第一个以非政府官员的身份在天安门公开发表演说的人,这也为天安门广场上的群众活动拉开了序幕。

北京自发的群众集会尤其是学生集会最早始于1918年。1918年5月21日,北京大学、北京高等师范等学校的两千多名学生为了反对段祺瑞政府与日本签订的《中日共同防敌军事协定》,到总统府前进行游行、请愿。② 这是近代以来学生群体的第一次集体请愿运动,表明自由、民主等新思想已经逐渐深入人心。

1919年初,第一次世界大战的协约国代表在巴黎召开和平会议,中国亦以战胜国的名义参加。然而,和会拒绝讨论取消列强在华特权

---

① 闫树军:《天安门旧影 1417—1949》,解放军出版社 2009 年版,第 175—177 页。
② 北京大学历史系《北京史》编写组:《北京史》,北京出版社 1999 年版,第 407 页。

与"二十一条"的议案,并在 4 月 30 日议定的《凡尔赛和约》中将德国在山东的权益全部让给日本。消息传至国内,举国激愤。5 月 4 日下午 1 时左右,北京十余所学校的 3000 多名学生聚集在天安门前,手持标语,向政府表达抗议,拉开了五四运动的序幕。

　　学生群体之所以将集会地点选在天安门前,有一定的客观原因。陈平原指出,天安门与民初开放的中央公园相邻,而后者又是民国成立后最先开辟的公共空间,在此处集会有利于扩大影响力,另外,天安门广场经过改造后空间宽敞,便于大量人群的聚集,更重要的是,改造后的天安门广场仍然延续着明清时代的政治符号功能,象征着国家的最高政治权力,因而,集会、演讲、示威于天安门前,必能产生巨大的社会影响。① 学生选择天安门进行游行还有另一层考虑,游行、示威的根本目的是要向民国政府与外国列强施加压力,天安门是民国政府的权力象征,而外国列强在中国的使馆又集中在东交民巷的使馆区,使馆区在空间上又位于紧邻天安门广场的东南角,因此,学生选择从天安门出发再到东交民巷的游行线路就有着天然的便利。

　　五四运动在社会史、思想史、文化史上的重要意义当然不言而喻,就本书的主旨而言,五四运动的意义还在于使天安门广场从此成为民间表达政治诉求、意愿的公共空间。前文已经提及,天安门广场开放后并没有立即从传统的殿堂广场转变成现代的公共广场,广场的公共性没有得到充分的发展,也没有成为人们公共交往的场所。而经过五四运动的洗礼之后,天安门广场的社会功能得到了更新。美国学者大卫·斯特朗认为,尽管在整个 20 世纪 20 年代天安门"广场"都不是建筑学意义上的正式广场,而只是一个空旷的室外空间,但这个时期发生的一系列社会运动,诸如女权运动、民族主义、共和主义,使天安门广场这样的公共空间产生了新的政治意义。② 在北京生活多年的美国学者甘博曾指出,近代北京兴起的民主思想"造就了一代宁可赤手空拳面对军队和警察也绝不

---

① 陈平原:《触摸历史与进入五四》,北京大学出版社 2010 年版,第 23—24 页。

② David Strand, *Rickshaw Beijing: City People and Politics in the 1920s*, Berkeley: University of California Press, 1989, p. 172.

放弃爱国理想的青年学子"①，这种民主思想后来扩展到工人、商人等广大市民群体中。自五四运动之后，天安门广场已由象征帝制皇权的封闭空间转变为供民众表达政治诉求的舞台，国人日渐觉醒的民主精神与被长期压抑的民族主义情绪在天安门广场上得到了释放，天安门广场终于向真正意义上的公共广场迈出了关键的一步。

五四运动后，天安门广场一带就成了学生、市民代表与政府警察之间对峙的场所，成为民间表达政治意愿与官方进行秩序管控的拉锯空间。1919 年 12 月 7 日，数万人到天安门前集会，抗议日本水兵在福州枪杀中国人的暴行；1925 年 6 月 14 日，"上午京汉工人示威游行，下午京中各界团体继之"②。6 月 25 日，全国大示威，"出发八点，集合地点，地安门，出发地点，东长安门，路线东长安街，王府井大街"③；1925 年 10 月 26 日，李大钊、赵世炎等带领北京工人、学生在天安门召开大会，举行"关税自由民主示威大运动"；11 月 29 日，北京各界 5 万人在天安门前召开国民大会，反对段祺瑞政权；1926 年元旦前夕，北京学生总会、广东外交代表等 20 余团体，人数共千余人，"在天安门开国民反日出兵示威大会，用石阶为演台，旁树各种旗帜，上书惩办卖国贼张作霖，打倒帝国主义等……继而排队出发游行，由天安门出发，经东长安街、崇内大街、崇外大街、三里河、前外大街，折至天安门，遂散会"④；3 月 18 日，李大钊带领北京群众 5000 余人在天安门前举行反对八国通牒大会，遭北洋政府镇压；6 月 25 日，北京各界共 3 万多人到天安门前举行追悼大会，纪念五卅惨案的遇难同胞，并举行示威游行……

从五四运动开创了群众运动的先例后，直到 1928 年国都南迁之前，天安门广场一直是北京乃至全国人民表达政治意见的集中地。正如阿灵顿所观察的那样："中华民国建立以来，天安门前的广场已举行了多次政治集会，与其说是'天安'，不如说是政治波动。游行中激烈、

---

① [美]西德尼·D. 甘博：《北京的社会调查》，陈愉秉等译，中国书店 2010 年版，第 77 页。

② 《昨日天安门两露天会》，《顺天时报》1925 年 6 月 15 日第 7 版。

③ 《端节日北京总示威游行》，《顺天时报》1925 年 6 月 22 日第 7 版。

④ 《天安门开反日出兵会》，《顺天时报》1926 年 1 月 1 日第 7 版。

民主的演讲,在过去大明朝和大清朝的皇帝听来一定非常惊异!"①密集的政治集会以及强烈的民主精神、民族主义的喷发迫使民国政府对天安门广场一带采取了严格的控制措施,同时颁布法令严控群众游行活动。周作人有一次经过天安门时,恰好赶上学生游行示威,他本人也因受到骑马警察的呵斥,觉得"吃了这一大惊吓",得到了许多"教训与觉悟"。② 天安门广场从帝制时代的殿堂广场转变成了共和时代表达民族主义、爱国主义的公共广场,成了民主精神与国家机器暴力控制相互角逐、斗争的场所。许多爱国文人用文学叙述的方式记录了天安门广场的这种转变,如饶孟侃的《天安门》以一个寡妇的口吻纪念三·一八惨案,闻一多也曾在《晨报副刊》发表了题为《天安门》的诗歌,以一个人力车夫的口吻描绘天安门广场的学生运动。两位诗人笔下的天安门广场以及发生在广场的事件都充满了悲伤、激愤的情绪,天安门在这里成为诗人抒发爱国主义的符号背景。

可以看到,无论是在新闻的日常报道中,还是在文学书写中,国都时期的天安门广场都与"爱国""民主""民族"等主题相关联,始终带有强烈的政治色彩。

下面这首古体诗也表达了同样的爱国主义情绪:

> 阛阓巍巍俨至尊,禁城箫鼓沸黄昏。
> 三重阿阁凌云气,十里华灯澹月痕。
> 天子无愁犹守府,中原多难遍兵屯。
> 可怜八载经丧乱,回首兴亡欲断魂。③

在国都时期,天安门广场逐渐向现代广场转型,在新兴政治诉求与现代性思潮的影响下,天安门前的封闭空间渐次开放,帝制时代的空间秩序与城市象征体系被打破,开放的城市空间与广场初级形态使天安

---

①　[美]刘易斯·查尔斯·阿灵顿:《古都旧景:65 年前外国人眼中的老北京》,赵晓阳译,经济科学出版社 1999 年版,第 21 页。

②　周作人:《前门遇马队记》,载姜德明编《北京乎——现代作家笔下的北京》,生活·读书·新知三联书店 2005 年版,第 8 页。

③　苏梅:《双十节夜游天安门》,《真美善》1929 年女作家号。

门一带迅速被新兴国家的政治象征体系所取代,并成为新兴政权与社会民众展开公共活动的新型城市公共空间。但天安门广场因其独特的政治地位,并没有朝公共交往、娱乐等方面深入发展,而是保持着高度的政治色彩与意识形态功能。在这个意义上说,民初天安门广场的改造,只是在物理空间上实现了开放,在社会、心理与文化层面,天安门广场仍是一个联系着国家、民族的高度政治化的空间。

第二节　中央公园的开放与北京公共领域的开拓

现代公园作为一种城市公共空间,是随着工业城市的发展出现的。19世纪西方工业技术的发展与资本主义生产方式的普及,使大量的农村人口聚集到城市中来,人口的激增导致了城市空间的紧张与拥挤,人们的日常生活空间受到挤压。在此背景下,公园作为供广大市民休闲、娱乐的公共场所就产生了。

西方公园的设立有着明确的社会目的:"公园为人们提供了锻炼的场所,可增强他们的体质;公园让人们能与自然亲密接触,可取代酒馆成为供人们消遣娱乐聚会的场所;公园面向所有的社会成员开放,不同阶层间有机会相互接触并学习,因而社会张力也会有所消解。"[1]作为公共空间,西方的公园注重于弥补工业城市日益恶化的高密度、快节奏的生活方式所带来的负面效应,公园中建设的自然田园风光是为了在拥挤的城市空间之外提供一个相对宁静的环境,公园中的游乐馆、体育场与其他体育设施则是为方便市民休闲、娱乐而设的。

在中国,"公园"一词最早见于《魏书·任城王传》之"表减公园之地,以给无业贫口"[2]。不过,中国古代的公园实指皇家或官家的园林,特别是明清以降,中国的古典园林达到了建筑艺术上的顶峰。然而,不管是江南一带的私家园林,还是北方一些城市的皇家园林等,均属私人所有,与西方近代的开放性公园有着本质的区别。

就北京来说,经过元、明、清三代统治者的营建,帝都北京内外城拥

---

① 张天洁、李泽:《西方近代公园史研究刍议》,《建筑学报》2006年第6期。
② 转引自王炜、闫虹《老北京公园开放记》,学苑出版社2008年版,第1页。

有北海、中海、南海、景山、天坛、地坛、日坛、月坛、社稷坛、太庙、先农坛等皇家园林,在西北郊有圆明园、颐和园等大型皇家园林,此外,北京还有大量的皇亲贵族的私家庭院如王府、官邸等,里面遍置假山池沼,都具备转变为现代公园的条件,但在帝制时代,这些园林只是特权阶层的私有财产,为少数人所享用,不向公众开放,特别是那些管制森严的皇家园林,普通人更是不得随意出入。

　　19世纪末20世纪初,随着到国外留学、游历人员的增多,现代公园的理念逐渐传入国内。对西方公园大加赞赏的首推梁启超。1903年,梁启超应邀到美国游历,在到达纽约之后,即被当地的中央公园所吸引:"纽约之中央公园,从第七十一街起至第一百二十三街止,其面积与上海英、法租界略相埒。而每当休暇之日,犹复车毂击,人肩摩。其地在全市之中央,若改为市场,所售地价可三四倍于中国政府之岁入。以中国人之眼观之,必曰弃金钱于无用之地,可惜,可惜!"①使梁启超感到惊奇的不仅仅是纽约公园面积的庞大,还在于当地政府对于开辟城市公共休闲空间的重视。生活在现代化的工业城市,梁启超也感觉到公园的意义重大:"论市政者,皆言太繁盛之市,若无相当之公园,则于卫生上、于道德上皆有大害。吾至纽约而信,一日不到公园,则精神昏浊,理想污下。"②在他看来,公园之于城市的意义,在于可以为城市居民提供公共的休闲场所,改善人们的生存环境,进而起到陶冶性情、涤荡精神、维持道德的作用。

　　梁启超对于公园的理解代表了当时知识分子的普遍心态。1904年,康有为抵英游历,同样对伦敦的公园大加赞赏:

　　　　伦敦有二大围,一曰海围,一曰贤真围。大皆十余里,林木森蔚,绿草芊绵,夕阳渐下,人影散乱,打球散步,以行乐卫生。贤真围在英之正宫贤真睦斯宫前,敞地甚大,道路广阔,有喷池杂花,夹

━━━━━━━━━━━━━━━━

　　①　梁启超:《新大陆游记节录》,载《梁启超全集》第2卷,北京出版社1999年版,第1144页。
　　②　梁启超:《新大陆游记节录》,载《梁启超全集》第2卷,北京出版社1999年版,第1144页。

道植树,颇似吾北京煤山后大道风景。海圈尤佳,凭太吾士河两岸为之,而长桥枕流,水滨沙际,芳草红花,疏林老树,小舟无数,泛泛烟波。城市得此,差足逍遥。吾于日夕无事辄来一游,驱马倚阑,不知几十次矣。伦敦城狭而人民太多,故处处皆有小公园,方广数十丈者,围以铁阑。茂林小亭,以俾居人游憩,近邻之人家,皆有匙以入园游息也。①

　　康有为之所以"无事辄来一游",显然是因为公园可供地狭人多的伦敦居民到此"游憩",在拥挤的城市生活中享受"逍遥",对康有为来说,公园最大的功能在于其提供了休闲、放松的场所,缓解城市紧张生活的喧嚣与紧张。可以说,康、梁对于西方公园的切身体验与认识基本符合当地政府开设公园的初衷。有论者指出:"人类愈文明,则性质愈高尚。即就娱乐一事言之,亦日有进步,先为个人娱乐,次则移而为公共娱乐,先为室内娱乐,次则扩而为社交娱乐。文明各国竞设公园,盖本此旨。"②因而,西方诸国设立公园的本质目的在于拓展城市公共娱乐空间,开辟公共交往的场所。

　　然而,当西方公园的理念向中国输入时却出现了微妙的变化。国内媒体较早介绍公园的见于 1905 年《大公报》上的《中国京城宜创造公园说》一文,文章指出:"人之终日,劳其筋骨,役其心志,以人事于谋衣谋食之途,必有一休息游衍之时,亦必有一休息游衍之所,此西人礼拜之举所以不能废,而公园之制所以不可无也。"文章虽也重视公园的"游衍"功能,但其倡导的创建公园却另有所图,作者认为:"公园者,可以骋怀、娱目,联合社会之同群,呼吸新鲜之空气。入其中者即油然生爱国之心,显然获卫生之益。"③虽然作者也认为公园具有"骋怀、娱目"之功效,但其落脚点却是公园的社会"同群"功能,甚至认为公园可以构建市民的"爱国之心",还流露出一定的民族主义情绪,这并不是

　　①　康有为:《英国游记》,载《康有为全集》第 8 册,中国人民大学出版社 2007 年版,第 13 页。

　　②　《各国公园》,《教育世界》1907 年第 150 期。

　　③　《中国京城宜创造公园说》,《大公报》1905 年 7 月 21 日第 2 版,转引自王炜、闫虹《老北京公园开放记》,学苑出版社 2008 年版,第 6 页。

西方创建公园的主要目的。可见,与西人相比,国人更重视公园对于国人的精神培育作用,更有人认为:"公园能灌输一般国民新理想,又能发明一般国民新学问,且能敦促一般国民新事业。农业有这公园,农业就不难发达,工业有这公园,工业就不难振兴,商业有这公园,商业就不难茂盛。这公园和农工商业,有密切的关系。"①这样一来,公园就不仅仅是一个单纯的休闲场所,而是关系到启蒙民智、振兴民族事业的大计,基于这种理念,国人对公园的设想也与西方有别。

在西方文明逐渐向传统中国渗透的世纪之交,在经过清末维新运动的洗礼后,作为休闲娱乐的公园在引进中国时加入了额外的社会功能,在公园中"领略乡间的风味,换换空气,提提精神"②,只是最基本的要求,最终的落脚点还在于公园有益于民智,有益于民德,"与民的体育、智育、德育,皆有帮助"③。因此,国人对公园的要求除了修建游艺场供人娱乐,有楼台亭阁、多栽树木、引小河池沼等自然景致以供消遣外,还要求在公园内设立陈列馆,"将本国的珍品古物与诸般制度制造陈列其中,使观览的人得师法乐成的益处"④;设立音乐所,"叫音乐界的人,按部就班入所习练,既可以增人的技艺,又可以助人的精神"⑤。于是,教化功能、道德功能就这样被植入了公园的作用之中,从而使公园承载了许多大于西方公园的功能。我们不妨对比一下康有为对外国公园的描述:

> 欧人于公园,皆穷宏极丽,亦斗清胜。故湖溪、岛屿、泉石、丘陵、池馆、桥亭,莫不具备,欧美略同。虽小邦如丹、荷、比、匈,不遗余力,各擅胜场。苟非藉天然之湖山如瑞士者,乃能独出冠时。此外邦无大小,皆并驾齐驱,几难甲乙。至此邦既觉其秀美,游彼邦又觉其清胜。虽因地制宜,不能并论,然吾概而论之,皆得园林丘

---

① 酒臣:《论公园》,《南洋商务报》1909年第61期。
② 转引自王炜、闫虹《老北京公园开放记》,学苑出版社2008年版,第7页。
③ 转引自王炜、闫虹《老北京公园开放记》,学苑出版社2008年版,第8页。
④ 转引自王炜、闫虹《老北京公园开放记》,学苑出版社2008年版,第9页。
⑤ 转引自王炜、闫虹《老北京公园开放记》,学苑出版社2008年版,第9页。

壑之美者矣。①

从康有为对欧美诸国公园的描述来看,建造自然景致、营造自然美感是公园的主要特色,所谓"都会之花,公园也"②。欧美诸国之所以不惜花重金在闹市中创建公园,正是要在拥挤的工业城市中保留一片自然之地,诸如博物馆、音乐厅等公共空间则另辟有专门的场所,而国人将这些公共空间植入公园之中,足见清末舆论对于通过公共空间来开启民智的努力与急于提升国家文明的迫切心态,这种思想在某种程度上也决定了后来中国城市公园,尤其是北京公园的空间构成与经营模式。

倡建公园虽易,创建公园实难。上海是中国近代最早开辟公园的城市之一。1868 年,上海即在公共租界开办了第一家公园——外滩公园,随后又在公共租界与法租界增设华人公园(1890)、昆山公园(1898)、虹口公园(1906)、顾家公园(1909)、汇山公园(1911)、凡尔登公园(1917)等公共公园。③ 但早期的上海公园多为国外资本所持有,又因地处租界,一度曾有拒绝华人入园的规定,因而早期的上海公园对中国市民的生活影响极为有限。在上海的带动下,国内的其他城市如天津、奉天(沈阳)、常州、雅安等地亦先后开辟公共公园,供民众休闲、娱乐。

然而,北京开辟公园的进程却不那么顺利。1906 年,由北京地方士绅商人组成的内城市政公议会以北京还没有公共公园为由,提议利用什刹海的天然地势修建一个公园。尽管他们列举欧美诸国与国内主要城市都已修建公园的事实,一再向政府力陈在京城修建公园的必要性,但由于什刹海与皇宫内的三海仅一墙之隔,因而清政府以有碍宫苑内的水源为由不予批准。④ 可见,在帝制时代的北京还没有创建公共空间的条件,城市的市政建设、空间规划完全围绕至高无上的皇权进

---

① 康有为:《法兰西游记》,载《康有为全集》第 8 册,中国人民大学出版社 2007 年版,第 154 页。

② 黄以仁:《公园考》,《东方杂志》1912 年第 9 卷第 2 期。

③ 熊月之:《近代上海公园与社会生活》,《社会科学》2013 年第 5 期。

④ 史明正:《从御花园到公园——20 世纪初北京城市空间的变迁》,《城市史研究》第 23 辑,天津社会科学院出版社 2005 年版,第 166—167 页。

行,像公园这样可供普通市民出入的公共场所不可能在秩序森严的京城获得合法的位置。但清政府也不能罔顾其他城市已修建公园的事实,最终迫于舆论的压力,将西直门外西北面的乐善园旧址交由商部创办农事试验场,任人游览。农业试验场于 1908 年正式对外售票开放,试验场由万牲园(今北京动物园)、植物园与农产品试验区组成,其中万牲园从全球各地购来动物展览,吸引了大量的游人,清末的竹枝词曾描绘道:"全球生产萃来繁,动物精神植物蕃。饮食舟车无不备,游人争看万牲园。"① 不过,由于万牲园要收取一定的门票,因此,到此游览的多是具有一定经济能力的市民。吴宓曾在日记中记载:"(1911 年 5 月 28 日)晨,及叶、二王三君往游万牲园,计每人入览费铜元五十六枚。"② 清末农事试验场的创办在开辟城市公共空间方面迈出了尝试性的第一步,将前皇家园林改为现代公园也具有一定的进步意义,也为后来北京的公园发展提供了先例。但由于偏居外城一隅,再加上清末还没有便利的公共交通,因而农事试验场的辐射能力极为有限,没有对北京的城市空间秩序构成实质影响。

民国成立后,帝制时代的皇家私人空间失去了合法性,空间开放成为时代的主旋律,清末北京市民创设公园的建议又被提上议程。人们已不再把观赏皇家园林看成是少数人的特权,而要求公众的平等参与。有人在报纸上发文表示,京城的"西山北阙,皆望中假景,其地蓬蒿没人,芦苇刺天,庙宇湫溢,水木两啬,第谓之聊胜于无则可,且非士夫文酒雅集,都人士女,足迹殆罕至焉。新者惟一万牲园,结构颇杰,风景致佳,盖为二百年来所未曾有,然距城过远,限暮回车,游者又觉不便矣。此外若颐和园,中南北三海,则往日上林,今日公府,不能以公园论"。由于京城缺乏必要的公共休闲场所,进而导致市民们"一味颠倒淋漓酣嬉于'吃''喝''乐'三字,除酒食冶游外,无精神之快,除笙歌粉黛外,无耳目之娱,虽举国若狂,嗜之若命,吾方窃悲具民德之偷,民智之塞,而民格之下也"。③ 而在作者看来,公园恰好能起到开启民智、培养

---

① 杨米人:《清代北京竹枝词:十三种》,北京古籍出版社 1982 年版,第 122 页。
② 《吴宓日记:1910—1915》,生活·读书·新知三联书店 1998 年版,第 77 页。
③ 我见:《论北京宜多建公园》,《群强报》1914 年 4 月 5 日第 1 版。

民德、涤荡精神的功效,因此大力提倡在京城的核心地区建立公园。

其实民国甫一成立,北京政府鉴于夏季的"什刹海荷花塘游人繁盛,秩序杂乱",因而将该处开辟为临时公园,并招徕商贩进行营业。[1]外城的天坛、先农坛也偶尔开放,因开放时间过短,都算不上是正式的公园。直到1914年市政公所成立,北京创设公园的提议才进入实质的实施阶段。

由于前期已有一定的舆论准备,市政公所创建公园的举措就没有遇到思想观念上的阻力。即便如此,市政公所还不忘在其发行的《市政通告》上译介日本井上博士所著的《都市行政之法制》,宣传公园之于北京市民生活的重要性:"盖都市人口稠密,房屋栉比,空气极为污浊,设置游园可使市民呼吸新鲜之空气,兼之运动体力,其裨益公众卫生,洵非浅显。"[2]尽管舆论上已没有阻碍,但创办公园仍面临许多现实困难,一是公园的选址,二是创办的经费。

和改造城门、兴办电车等与民生密切相关的重大市政工程相比,开辟公园对于财政紧张的民国政府而言无疑是一项"奢侈"的工程,不可能拨付充足的经费,因此,市政公所就不可能在京城圈地造园,甚至都无力将什刹海改建为公园,又不能仿效万牲园将公园建在偏僻的郊外而少人光顾。但兴办公园又是时势所趋,不能缓办,鉴于以上几个客观原因,市政公所的首任督办朱启钤最终决定将前清的皇家园林改造为现代公园,首个被选的园林是社稷坛。朱启钤选择社稷坛进行改造有多方面的原因。社稷坛内有参天古柏,假山池沼,亭台楼阁,具备创办公园的基本设施,可省去大量工程费用,因而市政公所称:"这么好的地方、这么好的景致,真是北京城里第一幽雅的地方,而且坐落的地方又适中,真可称是天造地设的一座公园用地。"[3]更重要的是,社稷坛紧邻天安门,处于内外城的中央位置,交通极为便利,具有辐射全京城的区位优势,"因地当九衢之中,名曰中央公园"[4]。将象征帝制皇权的社

① 《临时公园开办》,《大自由报》1913年5月30日第7版。
② 《市政要论》,《市政通告》1914年8月6日第16号。
③ 《社稷坛公园预备之过去与未来》,《市政通告》1914年第2期。
④ 朱启钤:《中央公园记》,载《蠖公纪事》,中国文史出版社1991年版,第9页。

稷坛改造为中央公园,在享有建造成本低廉、交通便利两项优势的同时,也适应了社会文化发展的要求。因其打破帝制时代私人对空间的垄断而受到百姓的欢迎,社稷坛是"数千年来特重土地人民之表征。今于坛址,务为保存,俾考古者有所征信焉"①。将清朝的祭天场所改造为平民可以出入的公园,将皇家的私有空间改造为公共空间,是民国政府急于向人民展示民国政权优越性的体现,联系国内舆论对于公园有益开启民智、道德的宣传,北京的公园开放运动显然带有明显的国家意志与教化意识。

缺乏经费是开办公园的另一现实困难。创设公园虽不像改造城门那样耗资巨大,但也需要一定的投资,在当时的情况下,"既不能向政府要钱,又不肯向民间要钱,想来想去想了一个捐募的法子,先内务部总长次长认捐起,然后募到别的机关,内而各部院,外而将军巡按使,有多有少,集腋成裘,现在已集到两万余元之谱"②。及至半年,共募款4万余元,其中以徐世昌、张勋、黎元洪与朱启钤等人捐款最多,均在1000元至1500元之间。③ 公园由董事会进行经营管理,个人捐款50元以上者即为董事,当时选定了43位常任董事,朱启钤任首届董事会会长,主持公园一切事务。④ 在经过多方努力下,中央公园于1914年10月10日对外开放,这天正好是民国的国庆纪念日。

史明正经过研究指出,中央公园开辟了在市政公所的监督之下由非官方的市民和商人联合体直接管理的经营模式。⑤ 而实际上,以朱启钤为首的公园董事会仍以政府官员与社会高层人士为主,普通商民并不能参与到公园的管理中来,因此,公园的运营与管理仍体现的是民国政府的官方意志。

公园的本质在于吸引游人,供人休闲、娱乐,北京的中央公园亦不例外。中央公园开放后,立即吸引了北京的各界人士前来光顾,"中外

---

① 朱启钤:《中央公园记》,载《蠖公纪事》,中国文史出版社1991年版,第9页。

② 《社稷坛公园预备之过去与未来》,《市政通告》1914年第2期。

③ 中央公园事务所:《中央公园二十五周年纪念册》,1939年,第3—4页。

④ 王炜、闫虹:《老北京公园开放记》,学苑出版社2008年版,第1页。

⑤ [美]史明正:《从御花园到公园——20世纪初北京城市空间的变迁》,《城市史研究》第23辑,天津社会科学院出版社2005年版,第174页。

人士驱车乘马,携朋曳杖,赴该园以资游眺者陆续不断,蝶裙凤髻,许多豪门妇女徘徊于群芳烂漫之间,白帢革靴,无数俊伟青年纳凉于绿阴森沉之下,至午后一钟,园中春明馆忽有某某等巨卿名公约二三十人,或纨绔锦衣,或洋冠燕服,均纷集于座间,茶香烟影,谈笑喧然,盘桓至夕阳在山之顷,始联袂出园,一时自动车乌乌激鸣,大马车锵锵铃动,遂握手鞠躬,各乘之散去"①。以中央公园为代表的北京公园在开辟了新的交往空间的同时,也引导北京市民养成了新的交往方式。特别是中央公园中的茶座,率先在北京的公共空间中实现男女同座,推动了社会交往方式的进步。而在有些人的观念里,"茶棚的第一特色,自然是男女分座了。礼义之邦的首善之区,有了这种大防,真是恰当好处。我第一次到京,入国问禁,就知道有这醇美之俗,惊喜不能自休。无奈其他游玩场所——如中央公园城南游艺园等等——陆续都被那些狗男女给弄坏了"②。中央公园所带来的新式交往方式,无疑冲击了旧京的生活方式,也挑战了传统的文化观念。

中央公园的董事会为了吸引游客,对园内的设施建设也着实下了一番功夫,公园开放当年,就从热河行宫运来 44 匹鹿,建成鹿苑;1915年,新建唐花坞,是当时罕见的新式赏花温室,冬季亦可陈列四季鲜花;新建春明楼、绘影楼,可供游人餐饮、照相,又建新式茶座"来今雨轩",并由徐世昌题匾;1928 年国都南迁,游人顿减,又建儿童体育场、溜冰场、高尔夫球场等招徕游客。朱启钤对社稷坛的改造基本保留了原有古物建筑的风格,又恰到好处地引入了西方的娱乐项目,有人评价道:"朱氏办市政,在民国三四年,他的功绩,是禁地之开放,古物之集中,与警察之训练。在他的手里,没有盖过不中不西的建筑物,没有毁坏过古迹,这是走遍全国所最难找到的。他最善于利用固有的美点。试看中央公园的布置,没有一点牵强的地方。坛庙尊严依然不失,而游人便利却又不受影响,确是一番苦心。"③

① 《中央公园已成交际机关矣》,《顺天时报》1915 年 5 月 31 日第 2 版。
② 俞平伯:《风化的伤痕等于零》,载《俞平伯全集》第 2 卷,花山文艺出版社 1997 年版,第 76 页。
③ 瞿兑之:《北游录话》,载《铢庵文存》,辽宁教育出版社 2001 年版,第 213 页。

然而,中央公园内的娱乐设施显然是经过管理者筛选、过滤过的娱乐项目,它们大多是从欧美引进的"文明"娱乐方式,而北京传统的民间娱乐项目(如盛行于天桥一带的杂耍、各种撂地表演等)则被挡在中央公园的门外,这正印证了国外公园理念传入中国后出现的由休闲娱乐功能向政治教化功能的转变,也体现了中央公园倡导者的初衷:"以共谋公众卫生,提倡高尚娱乐,维持善良风俗为宗旨。"①公园的最高管理朱启钤则明确表示了中央公园的管理、经营原则:"园规取则于清严偕乐,不谬于风雅。"②因此,中央公园内的娱乐设施与休闲项目并不是单纯地为了娱乐本身而设,而是要做到通过娱乐来培养民众高尚的精神和道德,最终达到寓教于乐的目的。

非但公园的管理者有此提倡,公园作为培养民智、民德的场所这一理念也成为上层社会、知识阶层的共识,他们不主张将公园经营成单纯的娱乐空间,甚至反对在公园中建造过于平民化的娱乐设施。中央公园开放不久,曾有人提议在园内建造戏院,以吸引京城内的大量戏迷入园游览,但此议迅速遭到"文明人"的反对,他们认为:"与其消耗巨款以筑戏院,何如多购动物,添置图书,扩充体育场,添设展览所,鹿园作为动物园,北池改为游泳所,改良食店以重卫生,整理厕所以除秽气……况春明馆一带一入夏令,游人如鲫,已成为菜市酒馆,若再加一戏院,是直欲将公园改为商场,则与天桥、新世界何以异?"③在他们看来,中央公园应是"文明"的消遣场所,而不是底层人民的娱乐园地。由于舆论的反对,在中央公园内兴建戏院的计划被迫终止。然而,京城市民又有娱乐的需求,一些京戏的爱好者自发组织到园内活动,"以春明馆前有票友演唱也,因此之故,纳凉者皆避喧而不前,戏迷家则趋之如蚁",以致"文明人"认为此举是"胜地中大煞风景之一事"。④ 更有人认为,天然幽美的公园是仅供"高人雅士"休闲的场所,"公园性质原

---

① 《中央公园开放章程》,《市政通告》1915 年第 18 期。
② 朱启钤:《中央公园记》,载《蟫公纪事》,中国文史出版社 1991 年版,第 9 页。
③ 彭抖擞:《中央公园将建戏院之骇闻》,《晨报》1919 年 2 月 27 日第 6 版。
④ 《中央公园之怪状》,《晨报》1919 年 7 月 11 日第 6 版。天桥与新世界是民国初年兴起于南城的娱乐区,娱乐与消费极为发达,游人如织。特别是天桥地区,是北京下层市民娱乐的聚集区。

与商场不同,一切设备不能因流俗所趋,而投以所好。如欲为招徕游人起见,则方法亦甚多,如演露天电影,不另取资,设音乐队,随时演奏,皆可养成国民高尚之精神,岂不较乱弹皮黄为佳哉!"①1921年,当真光电影院第一分院落户中央公园,时人则谓此举为"求高尚之娱乐,谋雅趣之怡情"②。同样是娱乐活动,传统的京戏被当成"流俗",而从国外引进的电影、音乐表演则是可以培养国民高尚精神的文明娱乐方式,二者有高下等级之分。何以至此? 这就要分析当时进入中央公园的游客身份了。

中央公园实行售票入园,开放之初出售四种游览证:普通游览证,一人一次,小洋一角;定期游览证,一人用四个月,大洋六元;定期游览证,一人用一年,大洋十二元;家庭用游览证,每次十人为限,可用一年,大洋二十四元。《中央公园售票简章》中也明确表示票价的制定是为方便"士绅"游园而设。③实际上,也正是所谓的"士绅"阶层构成了中央公园的游客主体。周作人于1917年来到北京,在北京大学国史编纂处谋到一份工作后,就时常与友人到中央公园游览,他在日记中记载:"上午往访霞乡,不值,独至中央公园一游,下午一时返。遇霞乡于巷口,交予公园游览券。"④当时周作人在北大的薪水为每月120元,⑤此外还有各种稿费收入。当时其他北京的高校教授收入更高,如王国维、梁启超、陈寅恪、吴宓等的月薪在400元以上。⑥ 因此,中央公园的门票对于这些"士绅"们来说几乎不会带来经济上的压力。

但北京的平民群体就不同了。据孟天培与甘博对1900年至1925年间北京普通工人家庭的收入调查,一名普通手艺大工的日工资不到4角,而小工则不到3角,每户家庭的平均年收入在90—109元之间,但其中87%都被用于食物、房租等生活资料的支出,仅有5%杂费用于

① 《惜哉中央公园》,《晨报》1919年7月18日第6版。

② 《中央公园真光电影开幕宣言》,《公论周报》1921年第1卷第2期。

③ 《中央公园售票简章》,见中央公园委员会编《中央公园二十五周年纪念刊》,1939年,第54—55页。

④ 《周作人日记》(影印本上),大象出版社1996年版,第703页。

⑤ 《周作人回忆录》,湖南人民出版社1982年版,第298页。

⑥ 陈明远:《文化人的经济生活》,文汇出版社2005年版,第180页。

交通、医疗、教育、娱乐等的支出。[1] 陶孟和对 20 世纪 20 年代北京 48 户家庭的生活费用调查也得出了相似的结论,被调查的家庭仅有 3.1% 的支出花费在社交、教育、娱乐等项上。[2] 因此,很少有平民舍得花 1 角钱去公园中游玩,更少有家庭能承担得起 6 元以上的定期游览证,就连中央公园的管理者认为"所定之游览券价收银一角,未免较多",曾一度减少门票价格,[3] 但仍改变不了高票价将大多数京城平民挡在公园门外的现实。当时在北京的陈独秀也感叹,"分明说是公园,却要买门票才能进去"[4],认为公园的收费制度有损公园的公共性质。郑振铎也说,中央公园"是北平很特殊的一个中心。有过一个时期,当北海还不曾开放的时候,她是北平惟一的社交的集中点。在那里,你可以见到社会上各种各样的人物。——当然无产者是不在内,他们是被几分大洋的门票摈在园外的"[5]。尽管如此,公园的收费制度还是被延续了下来,国都南迁之后,又有人指出北京的公园"皆偏于中产阶级以上住民独享之处,贫苦小民逼于经济,不得享受",并建议北京"宜广设平民公园,如天安门内东西长安街树木地界,日、月坛、什刹海、陶然亭、永定门大街两旁空地,及市内各沟渠两旁,及其他公有旷地,均可整理为平民公园,设置座位,不取分文,以为平民工后散步歇息之处"。[6]

因此,公园收取高额的门票实际上是对市民进行了有效的分流,能进入中央公园的大多是士绅阶层、前朝的遗老遗少、知识分子等,此外,"最多数是保姆领着小孩子,老爷拥着太太及眷属等,情侣,学生,妓女……"[7]而无力购买门票的平民则聚集到不收门票的什刹海公园游乐,"当每年夏天荷花开时,就充满了北平下级社会嗜好的玩艺,如唱

---

① 参见孟天培、[美]甘博《二十五年来北京之物价工资及生活程度》,李景汉译,国立北京大学出版部 1926 年版,第 56、87 页。

② 参见陶孟和《北平生活费之分析》,商务印书馆 2011 年版,第 33—37 页。

③ 《公园亦拟减价》,《顺天时报》1915 年 2 月 10 日第 7 版。

④ 陈独秀:《北京十大特色》,载姜德明编《北京乎——现代作家笔下的北京》,生活·读书·新知三联书店 2005 年版,第 4 页。

⑤ 郑振铎:《北平》,载姜德明编《北京乎——现代作家笔下的北京》,生活·读书·新知三联书店 2005 年版,第 230—231 页。

⑥ 《建设北平意见书(续)》,载《北京档案史料》1989 年第 4 期。

⑦ 魏兆铭:《北平的公园》,载陶亢德编《北平一顾》,宇宙风社 1936 年版,第 114 页。

大鼓词的,蹬跷的,变戏法,卖膏药以及拉西洋景的洋片等等,这时比
'天桥'都热闹多了"①。这种下层人民的娱乐方式正是中央公园所排
斥的,被纳入"流俗"一类,而高雅的茶座则在中央公园中受到游人的
欢迎与追捧,其中以柏斯馨、长美轩、春明馆三处最为有名,分别吸引了
"摩登少年""知识阶级"与"老太爷"前往休闲,特别是长美轩,每逢节
假日"总是满座,只见万头攒动",他们到茶座中或"看人",或"会
人",②茶座俨然成了上层社会人士的公共交往空间。正因如此,才有
人这样评价北京的公园:"北海公园、中山公园、中南海公园等到底不
能算是平民消夏地,因为那二十枚的门票限制,许多俭食省用的住户小
家,是隔在外面了。以上不过只就故都的平民住户而言,假使家属中
上,稍微有些'子儿',也就去什刹海或积水潭,他们的去处是城内中南
海游泳池,城外香山西山。"③公园门票的经济功能起到了区隔人群的
作用,因此,"逛公园"也就成了上层市民专有的休闲方式,就连经常到
北海公园游览的朱光潜也感叹:"到北海要买门票,花二十枚铜子是小
事,免不着那一层手续,究竟是一种麻烦;走后门大街可以长驱直入,没
有站岗的向你伸手索票,打断你的幻想。这是第一个分别。在北海逛
的是时髦人物,个个是衣裳楚楚,油头滑面的。你头发没有梳,胡子没
有光,鞋子也没有换一双干净的,'囚首垢面而谈诗书',已经是大不
韪,何况逛公园?"④可见,北京现代公园的开辟只是为具有经济能力的
中上阶层提供了新的休闲、生活方式,而没有成为平民百姓的交往
空间。

　　通过分析中央公园的娱乐功能与游客身份,我们大致可以得出公
园游客仅限于上层社会人士的结论,这也体现出中央公园在构建公共

---

　　① 魏兆铭:《北平的公园》,载陶亢德编《北平一顾》,宇宙风社1936年版,第115—116页。

　　② 谢兴尧:《中山公园的茶座》,载姜德明编《如梦令:名人笔下的旧京》,北京出版社1997年版,第325—325页。

　　③ 张向天:《故都消夏闲记》,载姜德明编《如梦令:名人笔下的旧京》,北京出版社1997年版,第414—415页。

　　④ 朱光潜:《后门大街》,载姜德明编《如梦令:名人笔下的旧京》,北京出版社1997年版,第347页。

图 3-3　民国年间中央公园茶座

图片来源：王炜、闫虹：《老北京公园开放记》，学苑出版社 2008 年版。

交往空间上的局限性。由于经济条件的限制，广大的京城平民因高昂
的门票无法入园，底层社会的娱乐方式很难在园内落脚；由于管理者培
养"民智、民道"的倡导，园内的娱乐项目也倾向于上流社会的娱乐旨
趣，呈现出高雅化、西方化、现代化的特点。其结果，导致中央公园内娱
乐空间的发展受到抑制，相应地，也为园内其他社会功能的培育留下了
发展的空间。

　　最为中央公园管理者所重视的是公园的社会教育功能，这也与前
文所提及的西方公园概念在引入中国过程中所嵌入的教化功能有关。
为了强化公园的教化作用，除了引入有益于民的娱乐项目外，管理者还
于 1916 年在园内创办图书阅览所、陈列所等文化场所，以开启民智。
当时京师图书馆馆址在什刹海边上的广化寺内，位置较偏，不便公众入
览，而时人已认识到图书馆有利于"国利民福之增进"，关系到"民智之
进步，国运之发达"①，于是教育部与中央公园董事会联系在园内开办

----

　　①　《闻北京图书馆拟迁入中央公园志感》，《顺天时报》1915 年 12 月 3 日第 2 版。

图书阅览所,并免费向公众开放,任人入馆阅览。① 图书阅览所还专门购入大量儿童书籍,并另编儿童阅览书目,以期引起儿童读书之兴趣。② 此外,中央公园内不定期举办图书展览会,"以研究学术、表彰文化之目的"③,举行书画展览会,以"提倡继起直追古代之意"④。此外,公园内还开设卫生陈列所,传播科学卫生知识,设立监狱出品陈列部,宣扬民国监狱改造、拯救罪犯的特殊功能。

北京其他由禁苑所改的公园也基本延续了公园的社会教化功能。城南公园(先农坛,1915)新辟书画社、书报社、古物保存所;北海公园(1925)注重"祛无益之嬉游,谋高尚之娱乐,既可消除尘俗,兼以陶淑性灵,易俗移风,深裨公众"⑤,遂引入新式望远镜、添电影院、开溜冰场;京兆公园(地坛,1925)除建图书馆、体育场外,还利用园内平地将世界地图放大制成世界园,"内中对于中国旧时被列强侵夺之领土,注释甚详,游人前往者,均感受一种补助学校教育之意味"⑥,园内还建成格言亭,这些箴言有的是"青年处世要语",有的是"青年失意指南",带有明显的教育意味⑦(见表3-1)。

表3-1　　　　　　　　近代北京公园开放一览表

公园名称	开放时间	原址名称	主管机关
农事试验场 (万牲园)	1907年7月19日	乐善园、继园、广善寺、惠安寺	农工商部
中央公园 (中山公园)	1914年10月10日	社稷坛	中央公园董事会
城南公园	1915年6月17日	先农坛	京都市政公所
天坛公园	1918年1月1日	天坛	民国政府内务部下设天坛办事处

---

① 《中央公园图书阅览所免费》,《顺天时报》1925年2月27日第7版。
② 《公园图书馆阅览增购儿童用书》,《顺天时报》1926年10月3日第7版。
③ 《图书展览会明日在公园开幕》,《顺天时报》1925年5月29日第7版。
④ 《中央公园之书画展览会》,《顺天时报》1924年9月28日第7版。
⑤ 《通行开放北海公园日由》,《市政季刊》1925年第1期。
⑥ 《京兆公园开放之盛况》,《顺天时报》1925年10月4日第7版。
⑦ 京兆公园管理委员会:《京兆公园纪实》,1925年,第6—7页。

公园名称	开放时间	原址名称	主管机关
海王村公园	1918 年元旦	厂甸	京都市政公所
和平公园	1924 年	太庙	清室善后委员会
北海公园	1925 年 8 月 1 日	北海	京都市政公所
京兆公园	1925 年 8 月 2 日	地坛	北平特别市工务局
颐和园	1928 年 7 月 1 日	颐和园	北平特别市政府
景山公园	1928 年 9 月 18 日	景山	故宫博物院
中南海公园	1929 年 5 月	中南海	北平特别市政府组织的董事会及委员会

资料来源:王炜、闫虹:《老北京公园开放记》,学苑出版社 2008 年版。

与北京的其他公园不同,中央公园除了重视其教化空间的营造,还常常是北京政治活动的场所。中央公园的前身社稷坛在明、清两代作为皇家的祭祀场所,是封建国家权力的象征,又由于其空间位置紧邻天安门,处于京城的中心位置,因此,改造后的中央公园与经过扩建的天安门广场一样,在进入民国后仍与民族、国家的想象相联系。这样,中央公园就顺理成章地成为市民表达政治意愿、举行政治集会的场所。据甘博记载,中央公园"在节日或有特殊的集会时,就免费开放,这时来公园的人数常常超过万人。1915 年这里举行抗议日本'二十一条'的集会,当天到会人数超过 30 万人"[1];1918 年 11 月底,为庆祝协约国战胜,李大钊在园内进行《庶民的胜利》的演说;1919 年初,将位于东单牌楼北边、象征着民族屈辱的"克林德牌坊"[2]改建为"公理战胜"牌坊,移至中央公园内,"以为协约各国征服德国武力之表彰"[3];同年 6月,北京各界人士两千余人在园内召开国民大会,并就外交内政作出六项决议;1924 年 7 月,北京 50 余高校团体与在京国会议员等 230 余人

---

① [美]西德尼·D. 甘博:《北京的社会调查》,陈愉秉等译,中国书店 2010 年版,第247 页。

② 克林德是一名清末驻华公使,于义和团事件中被清军杀死。后来在清廷与列强签订的《辛丑条约》中,要求在克林德被杀地点东单北大街修建一座牌坊,牌坊于 1901 年建成。

③ 《建纪念碑》,《群强报》1918 年 11 月 18 日第 3 版。

在园内举行反帝国主义运动大联盟成立大会;1931 年 9 月,北京市民
众学校联合会在园内召开反日大会……

群众频繁自发举行的政治集会使中央公园成为滋养民族主义的温
床,每当国家、民族遇到危难之际,中央公园内都会有政治集会出现,与
天安门广场上的群众游行相呼应,二者在一定程度上构成了民国时期
中国政治局势的晴雨表。这样,中央公园就不仅是供市民休闲的娱乐
空间、培育民智民德的教化空间,还是承载民众表达政治意愿、爱国热
情的政治空间。1925 年,孙中山先生在北京病逝后灵柩暂厝中央公园
拜殿内,并举行隆重的公祭。1928 年,将拜殿改为中山堂,并将中央公
园改名为中山公园,这表明民国政府已在国家政策的层面承认了北京
中央公园的政治功能,将"中山"这个"国父"符号冠于公园的大门之
上,使公园这个公共空间置于国家意识形态的笼罩之下,而出入公园的
市民都在无意识的情况下接受这种意识形态的熏染。民国时期,北京
的中山公园与国内其他城市的 200 处中山公园一样,"俨然成为承载意
识霸权的异质空间"①。

从帝制时代祭天的社稷坛到共和时期的中央公园再到纪念"国
父"的中山公园,民国的中央公园经历了由皇室私人空间向现代公共
空间的角色转变,现代公园理念的传入与国人对于公园理念的理解加
快了这一转变过程,也影响了北京公园的空间构建与日常经营,这个转
变过程体现了民国政府、社会上层士绅与广大市民对现代城市生活方
式的追求。以中央公园为代表的北京公园从创建伊始就没有把休闲、
娱乐作为创设公园的根本目的,而是把启蒙民智、培养民德作为公园的
主要功能,公园内娱乐项目的选择、空间布局的营造、公共活动的举行,
都遵循了教化公众的目的。陈平原曾指出,清末民初的北京文化欠缺
娱乐精神,偏重政教关怀,与启蒙知识分子的趣味不谋而合,致使对于
公园的关注从一开始就集中在对于民众的启蒙、教化功能上。② 实际

① 陈蕴茜:《空间重组与孙中山崇拜——以民国时期中山公园为中心的考察》,《史林》
2006 年第 1 期。
② 参见陈平原《左图右史与西学东渐——晚清画报研究》,生活·读书·新知三联书
店 2008 年版,第 264—265 页。

上,并非北京文化缺乏娱乐精神,北京文化中的娱乐精神见于天桥的底层娱乐方式,唯独平民娱乐不受上层社会人士的待见。清末民初国人对于启蒙、教化的重视非止于公园的营建上,举凡这一时期的市政建设莫不与此意相关联。反过来推论,对于公园教化功能的重视以及在此基础上所构建出来的公园空间恰恰反映了清末民初政府与国人的文化心态。

在发挥教化功能的同时,中央公园也为民国政治功能的展开提供了场所。一方面,民国政府利用社稷坛特殊的能指功能,顺势将中央公园塑造为共和时代的政治活动空间;另一方面,鉴于中央公园的空间与政治符号地位,在民国国势屡弱、屡遭列强欺辱的历史背景下,民众频繁地自发到中央公园内举行集会,表达爱国主义与民族主义情绪。于是,皇家祭天的社稷坛在转变为现代公园之后,尽管已由封闭空间变为开放空间,但其政治功能、权力象征却得到了延存。

就中央公园构建公共空间的有效性而言,其公共性有所限制。因为高昂的门票使大多数北京平民无法入园,所以中央公园只是少数上层人士的游乐之地,而不是广大平民的乐园。前清的遗老遗少、贵族士绅是园内茶座的常客,园内的体育场、游乐园则挤满了新潮女性与富家儿童的身影,文人墨客常至中央公园内雅集、聚会。林峥的《从禁苑到公园——民初北京公共空间的开辟》一文详细地描述了北京文人云集中央公园的情景,使民国北京公园发展为"文学公共领域"。[1] 从这个意义上说,中央公园作为一个被生产的现代公共空间实际上起到了区分社会阶层的作用。

总体来说,以中央公园为代表的北京公园并不是严格意义上的娱乐空间,而是集娱乐、教化、启蒙、政治等多种功能于一身的综合公共空间,显示了国都北京的官方、民间、不同社会阶层对公园理解的错位,也表征着北京公园作为公共空间的局限性。尽管以中央公园为代表的北京公园开放运动未能形成真正意义上的公共空间,未能成为全民共同参与的空间实践,但鉴于北京公园所承载的意识形态功能,民国政府主

---

[1] 林峥:《从禁苑到公园——民初北京公共空间的开辟》,《文化研究》第 15 辑,社会科学文献出版社 2013 年版,第 128—132 页。

导的公园开放运动又具有一定的进步意义；在国家利益层面，它为民间政治活动提供了场所，有助于爱国主义与民族主义发挥作用，在实际生活层面，它在一定的范围内（至少中产阶层以上市民）改变了人们的休闲娱乐、学习、交往等生活方式。北京公园的开放与经营，表征着民国北京市民生活方式、文化观念的新变。

第三节　展示与教育：古物陈列所的建立

1934 年，末代皇帝溥仪的英文教师庄士敦在回到英国后回忆他在紫禁城的生活时写道："从前被包括在紫禁城内的一部分重要宫宇，如今也已丧失了它颇富于传奇色彩的权力。南面用围墙围起来的很大一部分（虽然没有东西大门的守护），在皇帝退位后，即被民国当局占据。两个最大的宫殿建筑（武英殿和文华殿）变成了博物馆，收藏了部分以前用来装饰热河和沈阳行宫的精美艺术品。这些艺术品现在是被'借'来而尚待民国政府购买的皇室藏品。"①庄士敦所指的博物馆，正是下文所要论及的民国成立后建立的中国第一个官办博物馆——古物陈列所。

一　现代博物馆的引入

中国近代的博物馆与公园一样，都是从西洋引进的舶来品，中国本土并无这种概念。尽管博物馆的源头可以追溯至公元前 290 年左右的埃及亚历山大缪斯神庙与公元前 478 年中国曲阜的孔子庙堂，但现代意义上的博物馆直到 17 世纪末才在英国出现。1682 年，英国阿什莫林艺术和考古博物馆向公众开放，此为近代博物馆的先河，随后，欧洲出现了一批重要的博物馆，如爱尔兰国家博物馆（1731）、维也纳自然历史博物馆（1748）、伦敦不列颠博物馆（1753）、威尼斯艺术学院美术馆（1755）、哥本哈根国立美术馆（1760）等。②

19 世纪末，随着中国与世界交流的日益频繁，许多出国的留学生、

---

① ［英］庄士敦：《紫禁城的黄昏》，陈时伟等译，求实出版社 1989 年版，第 123 页。
② 王宏钧：《中国博物馆学基础》，上海古籍出版社 2001 年版，第 63—64 页。

游历士绅将现代博物馆带进了国人的视野。早在 1848 年,徐继畲就在他辑著的《瀛寰志略》中介绍了欧洲的"军工厂""古物库"等博物馆。之后,博物馆频繁见于徐建寅《欧游杂录》、薛福成《出使英法义比四国日记》、斌椿《乘槎笔记》、张德彝《航海述奇》、李圭《环游地球新录》、王韬《漫游随录》、郭嵩焘《伦敦与巴黎日记》、黎庶昌《西洋杂志》等出游国人的游记中。其中,以王韬对欧洲的近代博物馆描述最为详细,他在参观了巴黎"鲁哇"(即卢浮宫)博物馆后写道:"其中无物不备,分门区种,各以类从,汇置一屋,不相看杂,广搜博采,务求其全,精粗毕贯,巨细靡遗。凡所胪陈,均非凡近耳目所逮,洵可谓天下之大观矣。"①对于馆内之陈列,王韬全都不厌其烦地做了细致的描绘。尽管这一时期国人对于博物馆的认识还只停留在印象层面,但亦有少数人士开始注意博物馆的社会功能。在参观英国的伦敦博物馆后,王韬就对英国不惜重金兴办博物馆进行了思考:"英之为此,非徒令人炫奇好异、悦目恰情也。盖人限于方域,阻于时代,足迹不能遍五洲,见闻不能追及千古;虽读书知有是物,究未得一睹形象,故有遇之于目而仍不知为何名者。今博采旁搜,综括万汇,悉备一庐,于礼拜一、三、五日启门,纵令士庶往观,所以佐读书之不逮而广其识也,用意不亦深哉!"②显然,博物馆所特有的展示作用与教育功能已逐渐受到国人的注意。

　现代博物馆的理念引入中国之后,其社会教化功能日益受到国人的重视,特别是在清末国力式微与晚清新政的背景下,创办博物馆成为维新人士重振国力的主张之一。1895 年创立的强学会明确在其《章程》中提出"开博物馆"的主张:"凡古今中外,兵农工商各种新器,如新式铁舰、轮车、水雷、火器,及各种电学、化学、光学、重学、天学、地学、物学、医学诸图器,各种矿质及动植类,皆为备购,博览兼收,以为益智集思之助。"③创办博物馆的目的则是"合万国之器物以启心思",可见,国人对于现代博物馆的理解与对现代公园的理解一样,都将之视为开启民智、强民强国的捷径。

---

① 王韬:《漫游随录》,岳麓书社 1985 年版,第 89—90 页。
② 王韬:《漫游随录》,岳麓书社 1985 年版,第 103 页。
③ 《上海强学会章程》,《强学报》1895 年第 1 期。

　　实际上,强学会《章程》的主要起草者正是清末积极鼓吹新政的康有为。当其他出游国人对于博物馆的理解还停留在普通印象的情况下,康有为已开始对博物馆的功能进行冷静思考。他在外国游历期间,对日本、法国、英国、意大利等国家博物馆都收藏古物颇为赞许,认为"古物虽无用也,而令人发思古之幽情,兴不朽之大志,观感鼓动,有莫知其然而然者"①。对于博物馆收藏博物的作用,康有为也将之放到民族、国家的角度来认识:"古物存,可令国增文明。古物存,可知民敬贤英。古物存,能令民心感兴。"②其实,早在康有为出国游历之前,博物馆因其联系着国家荣辱与民族兴亡的想象,便使维新人士发出了在中国创办博物馆的呼吁,而且,以康、梁为首的维新人士关于建立博物馆的主张在"百日维新"期间也顺利地得到了光绪帝的支持,并谕令总理衙门制定具体章程,还规定了奖励民间创办博物馆的办法。③ 但由于维新运动的失败,革新措施大都未能落地,康、梁逃往海外,光绪帝被禁瀛台,兴办博物馆的主张亦未能实现。

　　清末新政虽以失败告终,但民间兴办博物馆的呼声却并未休止。1905 年,近代著名的实业家、教育家张謇(1853—1926)向清政府主管教育事业的学部上书,呈明外国"东西各邦,其开化后于我国,而近今以来,政举事理,且骎骎为文明之先导",得出因为外国"有图书馆、博物院,以为学校之后盾,使承学之彦,有所参考,有所实验"的结论。因此他向学部建议:"今为我国计,不如采用博物图书二馆之制,合为博览馆。饬下各行省一律筹建。更请于北京先行奏请建设帝室博览馆一区,以为行省之模范。"④张謇主张创建博览馆仍是着眼于发挥博物馆的教育功能,服务于提升国家形象的目的。同年,张謇又向当时的朝廷重臣张之洞上书,进一步阐明在北京创办帝国博览馆的必要性:"若此

---

　　① 康有为:《意大利游记》,载《康有为全集》第 7 集,中国人民大学出版社 2007 年版,第 372 页。

　　② 康有为:《意大利游记》,载《康有为全集》第 7 集,中国人民大学出版社 2007 年版,第 386 页。

　　③ 王宏钧:《中国博物馆学基础》,上海古籍出版社 2001 年版,第 75 页。

　　④ 张謇:《上学部请设博览馆议》,载《张謇全集》第 1 卷,上海辞书出版社 2012 年版,第 113 页。

馆成立后,特许外人亦得参观,则赋上都之壮丽,纪帝京之景物,更有以知我国唐虞三代以至于今,文物典章,粲然具备,斯将播为美谈,诧为希觏矣。"①另外,京城的博览馆创立后还"可渐推行于各行省,而府而州而县必相继起,庶使莘莘学子,得有所观摩研究以辅益于学校"②,起到全国模范的作用。

然而,张謇创建帝室博览馆与帝国博览馆的建议都没有得到清政府的批准,转而在他的故乡南通以个人的力量创办了中国近代第一个公共博物馆——南通博物苑。以国家力量创办公共博物馆的建议之所以未能实施,有着复杂的原因。一是,博物馆所需的大量古物在清末多深藏于皇宫大内,属皇室的私有物品,而皇室成员正是通过对这些稀有物品的专有来显示其至高无上的统治权威,因此张謇建议清政府效仿外国"尽出其历代内府所藏,以公于国人"③的意见不可能被采纳。实际上,光绪帝在维新期间也仅是鼓励通过民间的捐款创办博物馆,对于皇宫内可用于展出的大量古物只字未提。二是,现代博物馆本质上属于公共空间,而北京的城市规划则取法封闭,城墙层层包裹,上至皇宫下至官衙,无不门禁森严,建立博物馆并对外开放,意味着北京城原有秩序森严的封闭空间结构将被打破,因此,清朝的统治者为了维护城市空间秩序的稳固,不可能允许博物馆在京城内选址建立。三是,以博物馆为代表的公共空间向平民开放也就意味着社会阶层等级的消弭,即便博物馆有益于开启民智的舆论已经广泛传播,但京城的最高统治者并不希望出现人人平等的局面。博物馆在北京所受的冷遇,体现了现代城市生活方式、文化观念在传统城市所遇到的阻力。

二 民初北京现代博物馆的筹办

民国成立后,清皇室失去了对紫禁城的管制权,但根据民国政府制

① 张謇:《上南皮相国请京师建设帝国博览馆议》,载《张謇全集》第1卷,上海辞书出版社2012年版,第115页。
② 张謇:《上南皮相国请京师建设帝国博览馆议》,载《张謇全集》第1卷,上海辞书出版社2012年版,第115—116页。
③ 张謇:《上南皮相国请京师建设帝国博览馆议》,载《张謇全集》第1卷,上海辞书出版社2012年版,第114页。

定的"清室优待条件",清皇室仍可"暂居宫禁",虽没有规定居住的具体期限,却"划定了宫禁范围,在乾清门以北到神武门为止这个区域"。尽管末代皇帝溥仪在宫禁内"仍然过着原封未动的帝王生活,呼吸着十九世纪遗下的灰尘"①,但溥仪被允许的活动范围实际仅是紫禁城的"生活区",而紫禁城宫禁之外的区域如三大殿等核心地带已归民国政府管辖,这些区域正是昔日皇权的象征。对于如何处置这块象征皇权的宫殿空间,民国政府业已有了新的计划。早在1912年1月,曾协助袁世凯胁迫清皇室退位的梁士诒就曾致电给孙中山与黄兴,其电文就如何处理紫禁城用途做出了安排:"腐旧宫殿,毋论公署、私宅皆不适用,将来以午门外公园、交通马车、三和殿为国粹陈列馆,与民同乐,则乾清门内听其暂居,亦奚不可。"②可见,将昔日的帝王宫殿辟为图书馆、博物馆等现代公共空间在推翻帝制之前就已有预案,这个预案的用意,正是着眼于开放原来的宫禁,与平民共享帝王空间,以体现新型国体的优越性。

无独有偶,当年曾力主创办博物馆的张謇此时也看到了紫禁城的区位优势,又提出了利用紫禁城的空间优势创立国家博物馆、图书馆的必要性:"自金元都燕,迄于明清,所谓三海三殿三所者,或沿旧制,或扩新规,宫苑森严,私于皇室。今国体变更,势须开放。然而用之无法,即存之无名。苟无其名,徒事修葺,齐囷将嫌其大,王乐安在庶几。如其废之,则是禾黍遗周道之悲,花草致吴宫之恨,亦非文明国之所宜有也。则所以为地兴事者,非改为博物苑、图书馆不可。"③至于博物馆、图书馆的选址,则"以为博物院宜北海。至图书馆,则昔之内阁国史馆、文华殿、太和殿、武英殿、方略馆,甍宇相望,地位横通足设,以兹清切之区,为图书之府"④。从官方到民间,将民国所管辖的皇宫地区开放并加以利用已成为共识。

---

① 爱新觉罗·溥仪:《我的前半生(全本)》,群众出版社2007年版,第32页。

② 转引自吴十洲《紫禁城的黎明》,文物出版社1998年版,第27页。

③ 张謇:《国家博物院图书馆规画条议》,载《张謇全集》第4卷,上海辞书出版社2012年版,第279页。

④ 张謇:《国家博物院图书馆规画条议》,载《张謇全集》第4卷,上海辞书出版社2012年版,第279页。

实际上,此时民国政府也确实开始了筹建博物馆的实践,教育部、内务部都着手建立现代博物馆。

民国成立伊始,蔡元培受袁世凯之邀出任教育总长。蔡元培早年曾在德国学习,又游历法国、意大利、瑞士等国,对当地的美术馆、博物馆尤为注意,并认为博物馆与美术馆、动植物园、影戏院一样,都是发展社会美育应专设的机关,并认为博物馆是科学研究、学校教育的有益补充。① 蔡元培出任教育总长后,聘请鲁迅担任社会教育司第二科科长,主管博物馆、图书馆等事宜。很快,在蔡元培与鲁迅等人的努力下,以“搜集历史文物,增进社会教育”为宗旨的国立历史博物馆筹备处在北京国子监成立,收集太学的礼器为基本陈列品。② 教育部选择国子监为创建博物馆之所有着实际的考虑。文庙与国子监在民国后由教育部接管,教育部认为:“国子监旧署,毗连孔庙,内有辟雍、彝伦堂等处建筑,皆于典制学问有关,又藏有鼎、石鼓及前朝典学所用器具等,亦均足为稽古之资,实于历史博物馆性质相近,故教育部即就其中设立历史博物馆,设历史博物馆筹备处。”③1914 年,教育部又以“历史博物一项,能令愚者智开,嚣者气静,既为文明各国所重,尤为社会教育所资”④为由,申请将文庙由筹备处兼管。可以看出,教育部筹建历史博物馆的意图,是利用古物的文化功能对社会实施教化,将原来的帝王庙堂转变为新型的教化空间,这一意图在日后创办古物陈列所时得到了延续。

然而,国立历史博物馆的筹备工作始终没有实质的进展,一是因为力主创建博物馆的蔡元培上任半年后就辞去了教育总长之职,其继任者又多频繁调动,走马观花,兴办博物馆的主张难以贯彻;二是缺乏创办经费,“历史博物品之搜集,欧式博物馆房舍之增建,陈列器具之制造,种种扩张计划则皆以绌于经费,未能大举兴办”,国子监原有的古

---

① 参见陈志科《蔡元培与中国博物馆事业》,《中国博物馆》1988 年第 4 期。

② 秦素银:《蔡元培的博物馆理论与实践》,《中国博物馆》2007 年第 4 期。

③ 《教育部筹设历史博物馆简况》(1915 年 8 月),载《中华民国史档案资料汇编》(第三辑·文化),江苏古籍出版社 1991 年版,第 275 页。

④ 《教育总长请拨国子监筹设历史博物馆呈并大总统批》,载《中华民国史档案资料汇编》(第三辑·文化),江苏古籍出版社 1991 年版,第 274 页。

物与其他所搜集的古物,亦限于经费"仅敷保存之用"。① 曾参与过历史博物馆筹建的鲁迅先生后来回忆说:"其时孔庙里设了一个历史博物馆筹备处,处长是胡玉缙先生。'筹备处'云者,即里面并无'历史博物(馆)'的意思。"②尽管历史博物馆未能在短期内正式对外开放,但博物馆筹备工作的展开表明北京创办博物馆的社会、文化条件已经成熟,同时也开启了利用古物筹建博物馆的先例。

另一个尝试筹建博物馆并在短期内取得成功的是内务部。如果说教育部筹办博物馆的出发点在于补助教育、开启民智,那么内务部所创立的博物馆(即后来的古物陈列所)则首先意在保存古物。民国甫一成立,内务部就以保存古物事宜向袁世凯上书:"查古物应归博物馆保存,以符名实。但博物馆尚未成立以先,所有古物,任其堆置,不免有散失之虞。拟请照司所拟,于京师设立古物保存所一处,另拟详章,派员经理。至各省设立分所之处,应从缓议。"③设立古物保存所的动议很快得到了落实,内务部礼俗司经过紧张的筹备,只用了短短三个月的时间便完成了古物保存所的开放工作,于1913年1月1日正式对外开放。虽然我们从现有的文献中没有见到官方开办古物保存所的公文档案,但由古物保存所发布在《正宗爱国报》上的开放公告记录了它的开放历程:

本所以保存古物为主,专征取我国往古物品,举凡金石、陶冶、武装、文具、礼乐器皿、服饰锦绣以及城郭陵墓、关塞壁垒、各种建设遗迹,暨一切古制作物之类,或搜求其遗物,或采取其模型,或旧有之拓本,或现今之摄影,务为博雅之观,藉存国粹之宝,爰就永定门街西先农坛屋宇,为开办地点。惟是规划伊始,征取各省古物,一时骤难运致,仅就京师原有旧物,择要陈列,以资观览。此外尚

① 《教育部筹设历史博物馆简况》(1915年8月),载《中华民国史档案资料汇编》(第三辑·文化),江苏古籍出版社1991年版,第275页。
② 鲁迅:《谈所谓"大内档案"》,《语丝》1928年第4卷第7期,转引自吴十洲《紫禁城的黎明》,文物出版社1998年版,第118页。
③ 《内务部为筹设古物保存所致大总统呈》(1912年10月1日),载《中华民国史档案资料汇编》(第三辑·文化),江苏古籍出版社1991年版,第268页。

有评古社、古艺游习社、古物保质处、古学研究会、琴剑俱乐部、古物杂志社、古物萃卖场，以及秋千圃、蹴鞠场、说礼堂等处，种种设备，以期逐渐推广，务使数千年声明文物之遗，于此得资考证，藉以发思古之幽情，动爱国之观念。兹订于民国二年一月一号共和大纪念之日起，至十号止，为本所开幕之期。是日各处一律开放，不售入场券。……凡我国男女各界，以及外邦人士，届时均可随意入内观览。①

古物保存所的开放吸引了众多游人，鲁迅当天也前来游览，并在日记中记道："午后同季市游先农坛，但人多耳。"②当时的民众对古物保存所持什么态度呢？有人有报上表文认为，开办古物保存所"这件事看起来好像不要紧，其实存国粹，巩固国基，辅助共和，裨益教育，关系实非浅显，不可视为等闲哕。中国未变法之先，坏在好古而不考古，简直的是食古不化，才弄得国是日衰，自变法而后，又坏在弃古而不法古，把古人一笔抹倒，所以仍是杂乱无章，过犹不及"，"前人手泽所存，都要陈列起来，任人观览，还要从旁加上注解，说明此物之由来，为的是发起人民爱国之心，作后人前车之鉴，也颇有很大的关系呢"，"现在陈列古物，任人游览，正是一个近切的要图，要不然偌大的中华民国，将要忘却本来面目了"。③ 保存古物的目的归根结底还是在新的时代背景下利用中国古代的物质资源，培育民众的民族认同、爱国热情，这也正是博物馆所具备的功能之一。

在先农坛设立古物保存所，既是解古物失散之虞，也是为将来创办博物馆做前期准备。后来成立的"保存古物协进会章程"也明确规定："本会为筹办博物院之预备，暂时附属于古物陈列所，专事征求中国历史上应行保存之古物，以协赞陈列所之进行。"④可见，尽管"古物保存所"与"古物陈列所"的称谓有别，功能有异，前者重在收藏、保存，后者

① 《先农坛游览十天》，《正宗爱国报》1912 年 12 月 27 日第 4 版。
② 鲁迅：《鲁迅全集》第 15 卷，人民文学出版社 2005 年版，第 43 页。
③ 《存古》，《正宗爱国报》1913 年 1 月 6 日第 1 版。
④ 《内务部公布古物陈列所章程、保存古物协进会章程令》（1913 年 12 月 24 日），载《中华民国史档案资料汇编》（第三辑·文化），江苏古籍出版社 1991 年版，第 270 页。

重在陈列、展览，但保存古物只是手段，展览古物才是目的。杭春晓经过考证也得出了 1913 年 9 月之前的"古物保存所"是"古物陈列所"的前身的结论。① 由此可以认为，民国初年筹设的古物保存所正是中国第一座官办博物馆——古物陈列所的原始形态。

尽管古物保存所还不是严格意义上的博物馆，但内务部选择在前清的祭神场所先农坛开办古物保存所，对皇家的帝王空间进行改造、开放，实质上也是为后来的博物馆空间的选址进行了探索。无论是教育部在孔庙设历史博物馆，还是内务部在先农坛创设古物保存所，这些新型公共空间的创建实践都宣告了帝都北京空间秩序的解构，同时也预示了一种新型空间秩序的到来。

三 古物陈列所的成立

1913 年 12 月，内务部发布《古物陈列所章程》，标志着古物陈列所的建设迈入实质阶段，内务部以"我国地大物博，文化最先，经传图志之所载，山泽陵谷之所蕴，天府旧家之所宝，名流墨客之所藏，珍赍并陈，何可胜纪。顾以时代谢，历劫既多，或委弃于兵戈，或消沉于水火，剥蚀湮没，存者益鲜"，又"默查国民崇古之心理，搜集累世尊秘之宝藏，于都市之中辟古物陈列所一区，以为博物院之先导"。② 内务部创建博物馆保存古物的努力也得到了民间舆论的赞同，在陈列所开放之前，有市民在《顺天时报》上发文表示："保存古物一事，欧美文明列邦异常郑重，良以古代遗物非属历史名人所遗，即系昔时美术之特产，诚能加意保守，并公诸社会，任人观览，不独可助科学之进步，致美术之发达，促工艺制造之改良，且可使一般人民目睹本国特别发达之文明及数千年来先民所遗之手泽，其爱国思想自当油然而生。今世谈教育者，莫不首重社会教育，而古物陈列所实社会教育上一最重要之机关也。"③ 可见，当时的舆论环境对于保存古物多持肯定态度，保存古物不仅有益

---

① 杭春晓：《绘画资源：由"秘藏"走向"开放"——古物陈列所的成立与民国初期中国画》，《文艺研究》2005 年第 12 期。

② 《内务部公布古物陈列所章程、保存古物协进会章程令》（1913 年 12 月 24 日），载《中华民国史档案资料汇编》（第三辑·文化），江苏古籍出版社 1991 年版，第 268—269 页。

③ 《保存古物》，《顺天时报》1914 年 10 月 3 日第 2 版。

于发扬中华文明,进而还可起到教育国人的作用。

另外,古物陈列所的创办也符合了当时的社会政治潮流,后期的管理者在回忆陈列所创办伊始时的形势时说:"我国为数千年文明古国,历代文物之所萃,品类最宏,举凡金石、书画、陶瓷、珠玉之属,罔不至珍且奇,极美且备。虽一时代有一时代之艺术特征,而宇宙神秘磅礴之气,固悉于斯而孕育包涵,此东亚天府之雄,所以早为世所惊羡也。惟数千年来囿于帝制,所有宝器,大都私于一姓,匿不示人。"①而陈列所将前朝深藏宫内、私于皇室的古物开放展览,恰好顺应了由帝制向共和时代变革的大势,响应了共和与平等的新观念。

除了有利的舆论、文化环境,这一时期发生的"热河行宫古物盗案"也促成了古物陈列所的正式对外开放。

热河即今天的河北承德,在清代,热河一直是清朝皇帝夏季避暑的行宫,收藏了大量的书画、瓷器等古物。1860 年,咸丰皇帝为躲八国联军之祸,由北京逃至热河避难,次年即死于行宫。此后,热河行宫被划归热河都统管辖,而每一任都统到任后都以行宫古物贿赂北京官方。民国成立后,热河行宫管理更加松散,行宫内的古物经常被盗,更有管理人员监守自盗的情况出现,结果古物大量流失,以致北京的古玩市场也有大量的行宫古物出现。1912 年 12 月,熊希龄出任热河都统,他看到行宫古物盗卖严重,便向袁世凯上书,建议将行宫古物装箱运往北京,作价卖给民国博物馆收藏,以保存国宝。袁世凯接受了熊希龄的建议,1913 年 5 月,开始对行宫中的古物进行整理,所得共 200 余箱,陆续运往北京。②

热河行宫古物盗案使民国政府认识到了保存古物的迫切,并决定将清朝存放于热河与沈阳清宫的古物都运至北京加以保存。1913 年 10 月,内务部派员十余人,会同内务府③文绮诸人,赴热河清理行宫及各园林陈设古物。至次年 10 月,共经 7 次搬运,从热河向北京搬运了

---

① 北平古物陈列所编:《古物陈列所二十周年纪念专刊·绪言》,1934 年,第 1 页。

② 参见肖建生《熊希龄与热河行宫盗宝案》,《文史精华》1995 年第 1 期。

③ 内务府是清朝的宫廷事务管理机构,民国后因溥仪仍居紫禁城宫禁而得以保留,直到 1924 年溥仪被逐出宫而废。

1949 箱，约 110700 余件，另有 1877 件附件。1914 年 1 月，内务部派治格等十余人，会同内务府所派福子昆等，前往辽宁沈阳清宫起运古物。至次年 3 月底，共经 6 次运回古物 1201 箱计约 114600 余件。①

这些从热河行宫与沈阳清宫运回的古物，其所有权原本是属于清皇室的。据庄士敦证实，他曾向民国政府索取过一些未曾公开的文件，这些文件表明，皇室与民国政府曾就这些古物的归属问题达成过协议，所有从热河、沈阳运回的古物，包括大量的字画、瓷器、青铜器、书籍、珠宝、玉器等，均由民国政府估价购买，总估价约为 4066047 元，外界的估价则超过 1000 万英镑。但由于财力紧张，民国政府无力支付，转而将这些古物作为民国向皇室的借款。② 然而，庄士敦又"以宫廷当局的权威声明，这些金额没有支付过一块钱"③。换句话说，民国政府虽然从口头上承认皇室仍拥有这些古物的所有权，但这个承诺并没有兑现，民国政府虽然也顾虑《清室优待条件》中关于"清帝私产由民国政府特别保护"的规定，在最初从热河、沈阳搬运古物的过程中也都有为皇室服务的内政部人员参加，但实际上，这些原本属于皇室的古物与紫禁城一样，最后都被民国政府没收了。

数量如此庞大的古物运至北京，如何存放旋即成为亟待解决的问题，原来的古物保存所由于偏居城南的先农坛，位置偏远，影响力不足以辐射全京师，且原有的陈列空间有限，面对如此数量的古物显然已不敷使用。这时，"由内务总长朱启钤呈明大总统，先后将辽宁、热河行宫所藏各种宝器，陆续辇而致之北京，派护军都统治格兼筹备古物陈列所事。指定就紫禁城外廷武英殿一部，先行修理，辟为陈列室及办公处"④。随着古物的陆续抵京，武英殿亦无法完全容纳，遂将陈列所扩至与武英殿相对的文华殿。朱启钤将古物陈列所的地点选在紫禁城内的武英殿与文华殿显然有着多方面的考虑。就地理位置而言，这两处宫殿位于故宫内南部，与同期开放的中央公园相邻，都处在京城的核心

① 参见北平古物陈列所编《古物陈列所二十周年纪念专刊·绪言》，1934 年，第 4—5 页。
② ［英］庄士敦：《紫禁城的黄昏》，陈时伟等译，求实出版社 1989 年版，第 241、242 页。
③ ［英］庄士敦：《紫禁城的黄昏》，陈时伟等译，求实出版社 1989 年版，第 242 页。
④ 北平古物陈列所编：《古物陈列所二十周年纪念专刊·绪言》，1934 年，第 3 页。

位置,交通便利,将陈列所设立于此,有利于全城市民前来观览。就文化象征意义而言,武英殿与文华殿在明清两代或作为皇帝召见臣子之处,或作为祭祀之所,都象征着皇权的威严与帝制社会的等级秩序,将这两处作为陈列古物之处并对公众开放,开启了民国开放故宫的序幕,其意义远大于创办博物馆本身。

与中央公园开放时经费紧张相比,古物陈列所在筹办的过程并没有遇到经费短缺的问题,原因是经朱启钤与外交部协调,从美国退还的庚子赔款中拨出 20 万元作为陈列所的筹办费用。当时的报纸报道了陈列所的创办进度:"工程由德国公司承办,费银六万元,其各殿墙壁梁栋一切照旧,惟窗门改换新式,分成内外两层,外层为菱花式,以绿色铁纱护罩,内层镶嵌玻璃,可以自由开闭;于武英、敬思两殿间加筑过廊一道,顶上□双层玻璃,光线可以从上方射下,非常明亮。"①经费充足是古物陈列所能在短期内顺利开放的客观原因之一,由此也可看出民国政府对于开放陈列所的重视程度远高于创办现代公园。

更重要的是,经过前期的舆论宣传,博物馆的保存古物与补助教育两大功能效果非凡,因此,古物陈列所还在筹办的过程中即受到市民的欢迎,有人在报上发文表示:"古物陈列所,由本年国庆日开放(即十月十日),听一般人民随意入览,数千年来秘密之宝藏一朝发泄,国民于精神上、实质上所得之利益,定非浅显。故吾人闻此不禁欣忭异常,并望朝野人士皆以国家公益为念,倘有家存古物者,从速取出,寄设于陈列所中,则一般人民均受其赐,固不仅发扬国光已也。"②在政权更替、国运不稳的时代背景下,古物陈列所以保存古物为出发点,以开启民智为宗旨,借此以达到培育国人的国家意识,在国势弱小、列强威胁的形势下形成思想文化层面上的民族主义情绪。也正是出于这层考虑,民国政府才将古物陈列所的开幕日期定为 10 月 10 日国庆日。

1914 年 10 月 10 日,经过整修布置妥当的武英殿对外开放,标志着古物陈列所的正式成立,"于是我民族数千年文化生活之结晶,数千

---

① 《古物陈列所订期开幕及其内容》,《大自由报》1914 年 9 月 30 日第 6 版。
② 《保存古物》,《顺天时报》1914 年 10 月 3 日第 2 版。

年精神所系之史料,如得荟萃保存,以公诸国人"①,也有人称古物陈列所的开放"为我国数千年来开一公共览古之新纪元"②。《申报》报道了开幕当天的情形:"昨(十一号),古物陈列所开始售入览票,下午二钟,览者纷集,所有车马俱停于内东西华门外,中外人男女老幼联袂来观,各军人之给票验票,一如车站规则,并有寄存物品处。于武英门内由左门入,循定路线自东而北而西。毕由右门出,东行瞻览太和殿,迄由中左门入瞻览中和保和二殿。出中右门复各循东西华门故道出。所列古物之多,美不胜述。然此尚为五分之一余,有每星期一易之说。布置及军人照料均秩序井然。至三殿则芜草侵阶,殊形暗敝。计昨售票已达二千有余。"③古物陈列所开放后,吸引了大量的学者文人到此参观,历史学家顾颉刚常常到此赏玩,据他回忆:"陈列所分两部分,文华殿里是书画,武英殿里是古代的彝器和宋以来的各种工艺品。我们进文华殿时,顿使我受一大刺戟。这里边真有许多好东西,尤其是宋代的院体画和明代的文人画,精妍秀逸之气扑人眉宇。"④鲁迅与周作人兄弟二人也常到陈列所观摩,查阅周作人的日记,古物陈列所出现的频繁颇高,如:"(1917 年 10 月 7 日)上午同大哥往王府井大街吃点心,入东华门观文华殿书画,又游承运、体元二殿,出西华门,在公园饮茶,下午四时返。"⑤同年 10 月 30 日,"霞乡亦来,同至东华门观文华、武英两殿陈列,出西华门返寓"⑥。一月之内,周作人就两至陈列所,可见,对于文人学者来说,古物陈列所的开放,为他们研习古董、赏玩古物提供了新的去处,新辟了一种交往、娱乐空间。

从古物保存所到古物陈列所,回顾民初北京创办公共博物馆的历程可以看出,推动北京近代博物馆创立的力量,除了保存、利用北京既

① 原北平市政府秘书处编:《旧都文物略》,北京古籍出版社 2000 年影印版,第 32 页。
② 北平古物陈列所编:《古物陈列所二十周年纪念专刊·绪言》,1934 年,第 4 页。
③ 《陈列所与社稷坛游览纪》,《申报》1914 年 10 月 16 日第 6 版,转引自宋兆霖《中国宫廷博物院之权舆——古物陈列所》,台北:"故宫博物院"2010 年版,第 38 页。
④ 顾颉刚:《古物陈列所书画忆录》,载《宝树园文存》卷五,中华书局 2011 年版,第 179 页。
⑤ 周作人:《周作人日记》(影印本上),大象出版社 1996 年版,第 699 页。
⑥ 周作人:《周作人日记》(影印本上),大象出版社 1996 年版,第 704 页。

有的历史文物的现实因素,更重要的动力还是北京官方对寄希望于博物馆来教化市民、开启民智的推动。民国初立,政府的一个重要任务就是要建立起新的国家认同,培育新的市民阶层与民众精神。这种异于帝制时代等级秩序的新型社会理念,在开放式的公共空间中可以得到有效的培养,特别是经过改造后的北京帝王封闭空间被开辟为现代公共空间后,在教化市民方面起到了巨大的推进作用。

四　作为一种新型公共空间的意义与局限

开辟古物陈列所的意义是巨大的,它与天安门广场改造、开放皇家禁苑一样,在民国初年的北京实践着开辟现代公共空间的努力。天安门广场的改造打破了旧时皇家殿堂广场的封闭模式,变成了群众集会的公共广场。中央公园将清王朝的社稷坛开辟为市民公园,亦是构建公共空间的动力,使原来皇家的祭祀场所转变为市民的公共交往空间,丰富了北京市民的娱乐、生活空间。相比之下,因为紫禁城地位的特殊性,古物陈列所的开放因而具有更加厚重的政治文化意义。学者宋兆霖亦指出:"民国肇兴,清室退位,北洋政府随之将紫禁城前朝开放,使帝王宫禁、私府琳琅终得公诸于世,不仅深具反对封建帝制复辟势力之政治作用,尤富以逊清离宫所藏希代之珍为全民所共有共享之文化意涵。"①古物陈列所作为一种新型的社会空间,像其他博物馆一样,"从早期私人的、受控制的、排外的社会空间中分离出来,经过重新设计,进而成为具有培养人们文明行为功能的组合空间"②。古物陈列所之于北京的意义,不在于保存了多少历史遗产,而在于打破了昔日由皇家所专享的紫禁城的封闭空间,在政治层面消除了因空间管制而形成的社会阶层差异,使共和制度在北京城市空间中有了物质层面的体现,使广大市民在现实生活中感受到了阶层的平等。

然而,古物陈列所开辟的现代公共空间又有着历史的局限性。一

---

① 宋兆霖:《中国宫廷博物院之权舆——古物陈列所》,台北:"故宫博物院"2010 年版,第 71 页。

② Tony Bennett, *The Birth of the Museum: History, Theory, Politics*, London: Routledge, 1995, p. 24.

方面,民国政府在当时还不能完全无视清皇室的影响,而且当时的北京社会仍涌动着一股复辟的风潮,北洋政府为避免刺激仍居宫禁的逊清皇室,在处理古物陈列所开放事宜时比较低调,没有大肆宣传。① 另一方面,作为对清室的妥协,北洋政府任命了一位满人担任古物陈列所的首任所长,而这位所长的名字也出现在 1917 年张勋复辟时公布的《引见大臣签》中,并被封为"厢红旗蒙古都统",因而有学者认为:"古物陈列所的形成并不是革命的直接结果,而是辛亥革命的妥协产物——《清室优待条件》的一个变种。"② 作为一种新型的公共空间,古物陈列所从诞生之初就成为多种政治力量交织的场所,使其承载了多重的社会价值。在这种背景下,古物陈列所的运营不得不采取低调的策略进行,无形中限制了陈列所的社会影响力。

与此相关,古物陈列所对外收取高昂的门票费用,"每张售价大洋一元"③,文华殿开放后,"武英文华两殿游览券各售大洋一元"④。顾颉刚也批评:"在这生计枯窘的时候,定出这样贵的票价,简直是拒绝人家的进去。"⑤而同期开放的中央公园的门票则为每张 1 角。我们在前文已经分析了北京市民的收入情况,并指出了中央公园门票将广大贫民挡在公园门外的事实,大多数的市民连 1 角的公园门票都无法承担,更何况大洋 1 元的陈列所门票? 当然,从实际生活来看,尽管人们逛公园的频率要远远高于参观陈列所的次数,但即便如此,高昂的票价还是严重影响了人们进入紫禁城参观陈列所的意愿。《顺天时报》中的一篇报道证明了这一事实:"救国储金团上次在中央公园开会时,莅会者甚众,故有由该园西北地方新建之桥,径至古物陈列所前,嗣因观览券甚昂,致多扫兴而回,故经陈列所定于今日将展览券减收半价,俾免望洋兴叹之感云。"⑥但门票减价并没有成为常态,即便陈列所的门票按半价收取,普通收入的民众仍不能承受。

---

① 参见段勇《古物陈列所的兴衰及其历史地位述评》,《故宫博物院院刊》2004 年第 5 期。

② 吴十洲:《紫禁城的黎明》,文物出版社 1998 年版,第 124 页。

③ 《陈列售票》,《群强报》1914 年 9 月 12 日第 4 版。

④ 古物陈列所编:《古物陈列所游览指南》,1932 年印行。

⑤ 顾颉刚:《古物陈列所书画忆录》,载《宝树园文存》卷五,中华书局 2011 年版,第 182 页。

⑥ 《陈列所之减价》,《顺天时报》1915 年 5 月 23 日第 7 版。

因此,除了开放之初几天的热闹,古物陈列所在开放后相当长的时间内门庭冷清。尽管陈列所也制定了优惠政策,但也只面向"制服完整之国内军人、国内各学校团体与由外交部专函介绍或经内政部准予优待之外国人士或团体"等特殊人群。① 而庄士敦也证实:"1916年以后,宫廷博物馆里的贵重物品就一直使成千上万的从世界各地来的参观者感到惊奇和兴奋。"②因此,古物陈列所对于中国民众的影响程度要小于对吸引外国游客前来猎奇的效果。

自1919年起,除业已开放的武英殿、文华殿外,太和殿、中和殿、保和殿开始偶尔接待外宾,有时也举办赈灾会等特殊活动,为三大殿的正式开放做了前期铺垫。1924年,冯玉祥授意其部下鹿钟麟将溥仪逐出紫禁城宫禁,整个紫禁城均归民国政府所有。1925年8月,古物陈列所向内务部申请正式开放三大殿:"查本所存储各项物品,向在文华、武英两殿选择陈列,供人瞻览,酌收券价,藉以补助经费。近因整顿所务,月支日增,开支不敷甚巨,自非另筹办法扩充售券地点殊不足以增收入而资挹注。拟将向来不能陈列之重大物品分别在太和、中和、保和各殿布置陈列。"③自此,古物陈列所的范围将三大殿囊括在内并对外正式开放。

1925年10月10日,民国政府在溥仪原来居住的宫禁成立了故宫博物院,即从乾清门往北至神武门一带区域,开放御花园、后三宫、西六宫、养心殿、寿安宫、文渊阁、乐寿堂等处,增辟古物、图书、文献等陈列室任人参观。④ 这样一来,紫禁城内就有了两个博物馆,南部是由东部的文华殿、西部的武英殿与中部的三大殿组成的古物陈列所,北部是由原先的皇宫区域构成的故宫博物院(如图3-4所示)。自此,整个紫禁城基本全部开放。

---

① 《修正内政部北平古物陈列所规则》(1929年9月),载北平古物陈列所编《古物陈列所二十周年纪念专刊》,1934年,第108页。

② [英]庄士敦:《紫禁城的黄昏》,陈时伟等译,求实出版社1989年版,第240页。

③ 《古物陈列所1914—1927年大事记》,载故宫博物院藏《古物陈列所档案·行政类》第39卷,转引自段勇《古物陈列所的兴衰及其历史地位述评》,《故宫博物院院刊》2004年第5期。

④ 傅连仲:《古物陈列所与故宫博物院》,《中国文化遗产》2005年第4期。

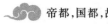

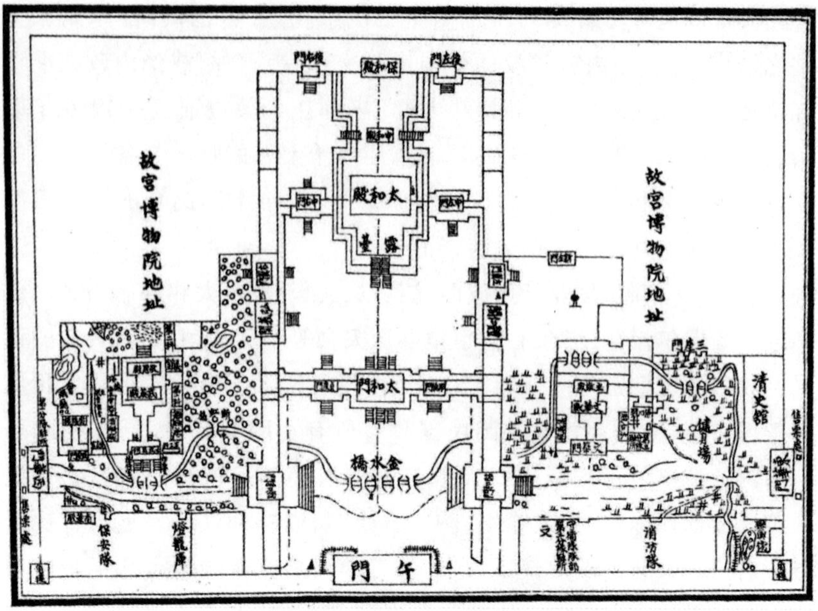

图 3-4　古物陈列所全图

图片来源:北平古物陈列所编:《古物陈列所二十周年纪念专刊》,1934 年。

　　回顾古物陈列所的开放历程,可以看出现代中国博物馆的创办与保存国粹、启蒙民智的密切联系,博物馆的倡导者与创办者都寄希望于通过展示中国的历史遗产来达到培育国民爱国精神的目的,这显然比西方博物馆提升"市民的心理与道德健康"①的目标更为实际,同时也体现了一定的民族主义色彩。因此,中国的第一所官办博物馆以古物陈列所命名也就顺理成章了。然而,仅收藏古物也有悖"博物"的实质,鲁迅在古物陈列所开放后即前去参观,也认为不过是"殆如骨董店耳"②。更有人明确指出,古物陈列所中的物品"无一属于国民之壮史,表尚武之精神者",而外国博物馆中的陈列品,"有关于工商实业者,亦

---

　　①　Tony Bennett, *The Birth of the Museum*: *History*, *Theory*, *Politics*, London: Routledge, 1995, p. 18.

　　②　《鲁迅全集》第 15 卷,人民文学出版社 2005 年版,第 137 页。

有关于军事范围者,如爱国男儿之手迹,敌人炮弹之零星"①,都未能收藏,这可能是因为,近代中国工商业落后与屡遭列强欺辱的现实使博物馆的主办者不得不从中国古代历史遗产中寻找民族文化心理上的慰藉,并以此作为激发市民爱国精神的手段,而这在客观上削弱了公共博物馆"博物"的性质。

无论是古物陈列所还是故宫博物院,这两个从空间上平分了紫禁城的现代公共机构,在开放后都收取高昂的门票费用,将广大收入低下的平民挡在紫禁城门外,因而,紫禁城的开放"徒有开放之名,而无开放之实"②。如此一来,紫禁城在经过了民国政府的努力之后,实际上只是向那些具有相当经济实力的上层人民与外籍人士开放,"实违共和原则"③。因此,当英国人菲茨杰拉德回忆其1924年进入紫禁城时就感到了巨大的落差:"我从长安街步行到天安门,然后参观了那些宏伟的宫殿。如果现在参观故宫,你会淹没在中外游客巨大的人流里。可是那一天,我只付了微不足道的入场费(大约6个便士),便圆了游览这座心仪已久、金碧辉煌的宫殿的美梦。我发现,参观者几乎只有我自己。故宫里既没有导游,也没有用外文写的说明,告诉参观者,你是在什么地方,或者看到的是什么。觐见皇帝的宫殿依然悬挂着小小的牌匾。那些牌匾始终是宫殿的装饰。事实上,一切都没变,变化的只是皇帝不再在这些宫殿里临朝理政了。故宫的这一部分在任何意义上都不是一座博物馆。"④

因此,民国政府将紫禁城开辟为现代公共空间之后并未形成真正的公共领域,古物陈列所的创办者对这一新型公共空间寄予了特殊的政治目的,同时,他们又通过经济手段将多数平民阻拦在紫禁城的门外。结合民初北京政府开放紫禁城的实践来看,民国政府在紫禁城内开办现代公共博物馆的根本目的并不是开辟现代公共空间,而是借开

---

① 《最古之陈列所》,《群强报》1916年1月4日第1版。

② 《故宫参观须改善限制》,《顺天时报》1926年2月3日第7版。

③ 《故宫博物院索钱》,《顺天时报》1926年2月10日第7版。

④ [澳]C. P. 菲茨杰拉尔德:《为什么去中国——1923—1950年在中国的回忆》,郇忠、李尧译,山东画报出版社2004年版,第34—35页。

启民智、培育国民爱国精神之名来打破紫禁城的封闭状况,从城市空间结构上改变帝都北京的等级格局,以体现民国政权的优越,这才是开放紫禁城的目的所在。

尽管如此,我们并不能抹去创办古物陈列所的历史文化价值,在社会变革、观念更新之际,古物陈列所的创立与运行,虽然承载了特定的国家意志与教化功能,但客观上也改变了北京的城市空间结构,彰显了一种新的社会秩序与国家观念。古物陈列所开辟现代公共空间的努力及其构建公共领域的局限,也折射出近代北京由帝制走向共和的艰难与曲折。

小　结

在本章中,我们分析了天安门广场、中央公园与中国近代第一个官办博物馆古物陈列所在民国年间由封闭空间逐渐向公共空间演变的历程,这三处空间共同组成了明清时期帝都北京的核心权力圈,在进入民国以后都遭到了解构——由封闭走向开放。(见表3-2)如果说,改造城门、修建道路、发展交通,使北京城从宏观空间上走向开放,那么,新型公共空间的开辟又进一步拓宽了北京公共空间的结构,使北京旧有的封闭空间所象征的皇权、等级制度的瓦解继续深化,使民主、共和的时代观念深入人心。从此以后,那些经济条件较好的市民,就可以自由进出曾经贵为帝王专属的私人空间,把这些皇家禁地作为日常休闲的公共场所。我们可以从近代文人、学者的回忆录或日记中见到,参观古物陈列所与到中央公园休闲,是他们日常生活中不可缺少的休闲活动。

表3-2　　　　　　　　民国北京公共场所地址及门票

名称	地址	门票价格
天文陈列馆	观象台	门票二角
中山公园	天安门西	门票五分
北海公园	北海	门票五分

续表

名称	地址	门票价格
三海公园	新华门	门票五分
城南公园	先农坛	门票五分
市民公园	安外	门票六枚
万牲园（农事试验场）	西外	门票一角
天坛	永内	门票三角
故宫博物院（三路）	神武门内	每路五角
历史博物馆	午门楼上	门票一角
古物陈列所	东华门内	门票二元五角
国货陈列馆	前门箭楼	门票十枚
城南游艺园 （内有戏剧、电影、杂耍）	香厂	门票二角
大高殿	北长街北头	门票五分
孔庙	成贤街	门票四角
三大殿	东西华门内	门票五角
颐和园	西郊万寿山	门票一元二角
雍和宫	北新桥北	门票五角
景山	后内北上门	门票五分
明耻楼	鼓楼	门票五厘

资料来源:北平民社编:《北平指南》第八编,1929 年。

　　国都北京公共空间的拓展也寄予了民国政府与社会舆论构建现代都市公共交往场所的迫切需求以及对现代公民社会的向往,体现了帝制取消后国都北京欲通过构建公共空间来区别于帝都北京空间秩序的努力,从而体现民国国家制度的优越与进步。然而,国都北京公共空间的拓展并不是要构建市民公共领域,而是有着极为现实的目的,亦即,在建设现代城市的过程中,"中国的城市改革者还热切地通过提供公共空间促进新市民的形成,于是城市里出现了图书馆、博物馆、展览厅,教育人们并引导他们培养新的公共精神和国家意识"①。也有学者指出:"在民族国家建立后,国民教育成为建立国家认同的重要基础,国家往往利用空间对民众进行身体与心灵的塑造。"②进入近代以来,新型公共空间如博物馆、图书馆、公园、城市广场、公共运动场等,常常被国家当成引导大众行为的场所。国都北京的城市规划者亦是如此。这样一来,包括天安门广场、中央公园与古物陈列所在内的新型公共空间,又都被赋予了特定的意识形态功能,成为民国政府宣传国家意志、培育符合政府要求的市民的公共场所。因此,中央公园里的娱乐设施、图书馆的布置就有了特定的教化用意,古物陈列所里的展览也以培育市民的国家主义精神、民族心理认同为目的。

　　相比之下,王笛在研究近代成都的茶馆时就认为,成都的"茶馆扮演了与欧洲咖啡馆和美国酒吧类似的角色",是"与国家权力对抗的一种社会和政治空间"。③ 而在 20 世纪 20 年代,"北京的茶馆酒楼和公园中都贴着'莫谈国事'的红纸贴"④,可见国都政府对北京公共空间的严格控制。另外,国都时期新辟的公园与博物馆都收取较昂贵的门票,利用经济手段变相地区隔了社会阶层,大大削弱了这几处空间的开放程度。至于天安门广场,从帝都的殿堂广场转变为现代城市广场后,又成为学生运动、群众集会的政治舞台,成为国家意志与民间意愿交锋的场所,充满着政见的表达与权力斗争。在这样的公共空间里,不可能发展出哈贝马斯意义上的市民社会,也生长不出真正的公共精神。而这种公共精神,却能在北京的平民市场中找到,我们下一章就来分析国都北京的消费娱乐空间。

---

　　① 〔美〕周锡瑞:《华北城市的近代化——对近年来国外研究的思考》,载《城市史研究》第 21 辑,天津社会科学院出版社 2002 年版,第 3 页。

　　② 陈蕴茜:《空间维度下的中国城市史研究》,《学术月刊》2009 年第 10 期。

　　③ 王笛:《茶馆:成都的公共生活和微观世界》,社会科学文献出版社 2010 年版,第 5 页。

　　④ 叶灵凤:《北游漫笔》,载姜德明编《北京乎——现代作家笔下的北京》,生活·读书·新知三联书店 2005 年版,第 170 页。

第四章　国都消费与商业娱乐空间的转型

　　一般认为,一个城市的经济系统包括生产与消费两个环节,这两个环节又是通过交换来实现运转、流通的。马克思主义政治经济学认为:没有生产就没有消费,同样,没有消费也就没有生产,生产与消费互为条件。但北京似乎没有遵守这一经济学的规律。长久以来,北京都缺乏成熟的生产经济,而是一个纯粹的消费城市,这种局面的形成首先要归因于北京作为历朝帝都的政治地位,特别是有清一代,大量的朝廷官员与旗人都不事生产,专靠朝廷的拨款为生,形成了北京庞大的消费市场与特殊的消费空间布局,同时也造就了北京市民独特的消费方式。

　　民国以后,国体变更,北京社会发生了根本变化,再加上北京的现代化改造,城市的空间结构也随之调整,相应地,北京的消费空间、娱乐空间也应随之转型。然而,北京的经济模式与消费市场空间似乎有着内在、自足的逻辑,传统的消费娱乐空间一直保持着顽强的生命力。正像彼得·桑德斯指出的那样:"尽管政治与意识形态的关系派生出了经济组织的模式,然而这些经济组织模式又在它们作为一个整体系统的内部,在一定程度上独立地发展出了经济关系并产生了自己的影响。"[1]在考察北京的消费娱乐空间的变迁时,我们可以清晰地看出这个特点:帝都北京的消费娱乐模式进入国都时期之后,在现代商业模式的影响下,仍然维持着它自身的运行规律,传统的商业娱乐空间没有消亡,甚至像天桥这样的平民市场还在国都时期走向了繁荣。这背后的政治、社会、经济、人口、文化等因素正是本章要讨论的问题。

　　消费娱乐空间就其社会属性而言也是公共空间的一种,本书第三章讨论的三种公共空间着重分析的是它们与政治、教育、意识形态之间的关系,考察它们对于国都时期北京市民文化心理与生活方式的影响。本

---

① Peter Saunders, *Social Theory and the Urban Question*, London and New York: Routledge, 2005, p. 128.

章所要分析的消费娱乐空间虽然是生活化的日常空间，但也间接与政治、社会、文化等因素相关联。本章主要考察北京传统的庙会、新兴的市场与商场在民国时期的变迁，分析电影院在北京的兴起及其对市民娱乐生活的影响，同时以香厂模范区、天桥为个案，讨论现代城市规划在国都北京的可行性与天桥平民文化市场繁盛的社会文化条件。

第一节考察的是近代北京商业空间的变迁。本节将北京传统的商业空间（庙会、集市、大栅栏、前门商业区等）与新兴的现代商业空间（东安市场、劝业场等）进行比较分析，考察二者在近代的兴衰历程、运营状态。本节将指出，传统的商业空间在国都北京时期仍有强大的生命力，是市民购物、消费的主要场所，而新出现的现代商场则经营困难，北京的政治地位、经济模式与人口结构以及在此基础上形成的消费习惯，使现代商场未能取得长足的发展。

第二节以电影院为代表的娱乐空间为考察对象，探讨电影院在近代北京艰难的兴起与曲折的发展历程。本节将指出，由于国都北京延续了帝都深厚的传统文化基础，戏园、茶馆等传统娱乐空间仍是国都北京的主要休闲场地，而电影院的出现并未成为北京市民的主要娱乐空间。本节还将分析现代娱乐未能在北京兴盛的原因。

第三节与第四节将分别选取香厂新市区与天桥两个具有代表性的娱乐空间进行分析。香厂新市区是民国初年由京都市政公所完全按照西方的都市规划建设的一个新商业娱乐区，第三节将考察香厂的兴起历程及其建成后的经营状况，重点考察西式娱乐园——新世界商场与城南游艺园的兴建与衰败，指出这个现代化的新市区对城市空间与市民生活的影响及其迅速衰败的原因。我们认为，香厂新市区未能持久繁荣的原因与西式商场一样，除了国都南迁造成的人口结构变化导致的消费能力减弱，主要是因为北京本土不具有滋养、吸收西式娱乐、消费的文化土壤，在物质与文化的层面上还没有形成发展现代娱乐的成熟基础。

第四节将考察与香厂新区形成鲜明对照的天桥地区。天桥娱乐区的兴盛大致与香厂新区同时，但天桥的繁荣之路却完全不同。天桥市场在形成之初缺乏官方的正式规划，是由民间自发形成的市场，集娱乐、购物等多功能于一体。本节将考察天桥娱乐区的形成、繁盛历程,指出政府监管的缺位、人口、经济因素以及平民文化、传统文化对于天桥繁荣的综合作用,同时探讨天桥在民国北京的城市空间中所占的特殊地位。

第一节　传统与“摩登”:庙会、商场与市场的消长

明清时期的北京城是按照汉民族的传统宫城理念进行设计的,严格遵守“左宗右社,面朝后市”的布局原则,这就导致北京的消费空间始终处在严密的管控之下,不能随意发展。有清一代,北京实行严格的分城制度,内城被划为八旗营地,“凡汉官及商民人等尽徙南城”①,同时规定内城不准设戏园、妓院等娱乐场所,也严禁商业活动的进行,于是北京城的商业场所随之移往外城,主要集中在前门地区,而内城的商业贸易则主要“依靠庙会与集市,以及摊商、小贩进行”②。因此,北京内外城在物理空间上形成的分隔不仅区隔了不同身份的住民,还相应地形成了不同的消费、娱乐方式。

一　庙会的衰落

北京地区的庙会有着悠久的历史,最早可以追溯至辽金时期。后来随着道教、佛教等寺庙建筑的逐渐增多,北京内外城的庙会也随之兴盛起来。到了清代,由于清廷满汉分城而居的民族政策,使内城的庙会盛极一时。

庙会原本是一种宗教活动,在长期的发展中逐渐衍生出集市与娱乐等附属功能,因此,庙会是集宗教、商业与娱乐等多功能于一身的社会活动,且不同区域、种类的庙会又各有不同。直到 20 世纪 30 年代,北京地区仍活跃着不同形式的庙会。第一种,每逢祭日,庙宇住持开庙,让那些信仰佛道的信徒,进香火敬神。这种庙会,以宗教仪式为全会中心,而娱乐商业活动只是附属行为。第二种,在阳春佳日,士女大

---

① 《世祖章皇帝实录》卷四十,转引自袁熹《北京城市发展史》(近代卷),北京燕山出版社 2008 年版,第 13 页。
② 侯仁之主编:《北京城市历史地理》,北京燕山出版社 2000 年版,第 236 页。

会于城内空地或郊外，借佛游春。这种庙会，以士女游乐为中心，宗教与商业不过是附属的活动。第三种，在庙宇中设定期市集，进行交易百物。市场大多设在庙宇中的空地上，并延展至庙旁的空地，以至于庙外的街道。商业行为，是这种庙会的中心，而宗教活动本身，或者只存遗迹，或者完全没有。因而又称为"庙市"。民国时期隆福寺、护国寺、白塔寺、土地庙的四大庙市即其代表。第四种，是虽沿用庙会之名称，而实际上已脱离庙宇范围的市集。这种庙会，完全以商品市易为中心，宗教活动完全停止。①

清代以降，特别是进入近代以后，随着北京城市空间结构的变化，与宗教活动相关的庙会逐步衰落，而以物品交易为主的庙会则日益繁盛。

以市场交易为主要功能的庙会自清朝雍正时期即开始兴起，隆福寺、护国寺、土地庙、花儿市四大庙会此时已初具规模。隆福寺在东城，"每月之九、十两日，有庙市，百货骈阗，为诸市冠"②。护国寺在西城，每月逢七、八两日有庙会。这两处庙会是北京规模最大的交易市场，"开庙之日，百货云集，凡珠玉、绫罗、衣服、饮食、古玩、字画、花鸟、虫鱼以及寻常日用之物，星卜、杂技之流，无所不有"③。这两处庙会因分处东西两城，又俗称东西庙，时人有竹枝词描绘这两处庙会的繁盛情景："东西两庙最繁华，不数琳琅翡翠家。惟爱人工卖春色，生香不断四时花。"④又有："东西两庙货真全，一日能消百万钱。多少贵人闲至此，衣香犹带御炉烟。"⑤土地庙位于外城宣武门外，规模比东西庙稍逊，"市无长物，惟花厂鸽市差为可观"⑥。花儿市在崇文门外以东，"市皆日用之物"⑦。总之，以四大庙会为代表的庙会市场构成了清代

---

① 北平民国学院：《北平庙会调查》，1937 年印行，载王彬、崔国政辑《燕京风土录》（上卷），光明日报出版社 2000 年版，第 209—210 页。

② 吴长元：《宸垣识略》，北京古籍出版社 1982 年版，第 103 页。

③ （清）富察敦崇：《燕京岁时记》，北京古籍出版社 1981 年版，第 52 页。

④ 杨静亭：《都门杂咏》，载雷梦水等《中华竹枝词》，北京古籍出版社 1996 年版，第 188 页。

⑤ 杨静亭：《都门纪略》，转引自侯仁之主编《北京城市历史地理》，北京燕山出版社 2000 年版，第 239 页。

⑥ （清）富察敦崇：《燕京岁时记》，北京古籍出版社 1981 年版，第 55 页。

⑦ （清）富察敦崇：《燕京岁时记》，北京古籍出版社 1981 年版，第 55 页。

北京城尤其是内城的主要消费、交易场所,到了清末,内城禁止商业、娱乐的规定有所松动,前门商业区、东西四牌楼市场、东西单牌楼市场、地安门外市场等固定商业区随之兴起,而庙会仍继续存在,与固定的商业市场互为补充。

　　民国以后,帝都北京的城市空间秩序开始瓦解,清代帝制皇权的崩溃与皇室相关祭祀活动的停止使得北京的宗教寺庙渐形式微。原来的社稷坛、先农坛、地坛、清太庙、帝王庙等皇家祭祀坛庙先后被辟为现代公园、学校,而其他散落于内外城庙观的香火也逐渐冷清,与之相关的庙会也就随之衰落,有的甚至完全消失。据 20 世纪 30 年代的调查:"民国以来,则北平庙会中,郊外春场,渐趋冷落。南顶跑马,中顶排会,早已停止。即妙峰山进香,如顾颉刚妙峰山一书所记,亦较前冷落,而城内庙会,亦多衰歇者。文昌庙会已废。……西直门内曹老观,(正月)亦开庙十五日。昔甚繁盛,儿童玩物,各种杂技,皆集于此,内城居民,率以此为娱乐之所。今即其址建陆军大学,庙会已无。"[1]总体来看,民国时期北京的庙会已远不如前清时期繁盛。

　　尽管庙会在进入民国后总体呈现出衰落的趋势,除上面提及的庙会外,其他诸如城隍庙、卧佛寺、土地庙等庙会也都不如从前繁盛,但随着北京人口结构的变动与城市现代化的发展,部分庙会则较之前更加兴盛。"如昔时隆福寺开庙会二日,而今增为四日,此即商业日盛之表示。盖西城昔为满族及旗人聚居之地,日用所需多取给于庙会,故清代护国寺庙会甚盛。今则满族及旗人经济情况日下,护国寺因之遂衰。而东城则以外人侨居,商业日盛,隆福寺遂因之发达。"[2]同时,城南地区的商业也逐渐兴起,特别是厂甸海王村公园的新年庙会更是南城的一道景点:"新年拜罢去游春,厂甸街头万斗尘。女绿男红车似水,此来彼往人看人。"[3]在此基础上形成的琉璃厂一带的旧书市更是吸引了

　　① 北平民国学院:《北平庙会调查》,载王彬、崔国政辑《燕京风土录》(上卷),光明日报出版社 2000 年版,第 230 页。
　　② 北平民国学院:《北平庙会调查》,载王彬、崔国政辑《燕京风土录》(上卷),光明日报出版社 2000 年版,第 231 页。
　　③ 田树藩:《厂甸竹枝词》,载雷梦水等《中华竹枝词》,北京古籍出版社 1996 年版,第 391 页。

京城的知识分子前往闲逛。据钱穆回忆:"余自民国十九年秋去北平,至二十六年终离平南下,先后住北平凡八年。先三年生活稍定,后五年乃一意购藏书籍,琉璃厂、隆福寺为余常至地,各种书肆老闆(板)几无不相识。"①鲁迅日记中也屡见游逛琉璃厂的记录:"下午往青云阁理发,次游琉璃厂,复至宣武门外,由大街步归,见地摊有'崇宁折五'钱一枚,乃以铜圆五枚易之。"②琉璃厂、厂甸也是周作人常游之地,如:"下午同大哥往厂甸,又至中央公园饮茶,五时后返。"③吴宓到北京后也经常到琉璃厂游逛,他在 1914 年的日记中记道:"至琉璃厂,出入书肆中十余家,代同级诸君购书。余性冷落而峻洁,衣冠裘马热闹之事,避之若不及,顾每入城一次,必来琉璃厂一转,恨厄于资,不能率意取购,然亦觉其甚有兴味也。"④

这表明,在民国年间,庙会尽管已不如前清时兴盛,但在北京市民的日常消费生活中仍有巨大的市场需求,前清时的土地庙、花市集、护国寺、隆福寺四大庙会也由于白塔寺庙会的逐渐兴盛,在民国时已成为北京的五大庙会,且这五大庙会为了适应时代的发展将旧历会期改为"国历"日期。⑤ 这几大庙会不仅是平民百姓的消费娱乐空间,也吸引了知识分子前来游逛,周作人初至北京时也为北京庙会的繁盛所惊叹,他在回忆护国寺庙会时说:"护国寺庙会,这里每逢七八有庙会,里边什么统有,日常用品以及玩具等类,茶点小吃,演唱曲艺,都是平民所需要的,无不具备,来玩的人真是人山人海,终年如此。"⑥

到 1931 年,北京内外城(不含远郊)的庙会共计 20 个,其中内城 9 个,外城 11 个,按庙会召开的频率,可将之分类如下。

① 钱穆:《八十忆双亲师友杂忆合刊》,载《钱宾四先生全集》第 51 卷,台北:联经出版事业公司 1998 年版,第 192 页。
② 《鲁迅全集》第 15 卷,人民文学出版社 2005 年版,第 76 页。
③ 《周作人日记》(影印本上),大象出版社 1996 年版,第 743 页。
④ 《吴宓日记:1910—1915》,生活·读书·新知三联书店 1998 年版,第 285 页。
⑤ 北平民国学院:《北平庙会调查》,载王彬、崔国政辑《燕京风土录》(上卷),光明日报出版社 2000 年版,第 232 页。
⑥ 周作人:《周作人回忆录》,湖南人民出版社 1982 年版,第 499 页。

（一）每月开三次的庙会

名称	地址	城区	会期	建庙时代
土地庙	宣外下斜街	外四区	国历每月逢三日	金
花市集	崇外花市大街	外三区	国历每月逢四日	明
白塔寺	阜内大街	内四区	国历每月逢五六日	辽
护国寺	西四护国寺街	内四区	国历每月逢七八日	元
隆福寺	东四隆福寺街	内三区	国历每月逢九十一二日	明

（二）每月开两次的庙会

名称	地址	城区	会期	建庙时代
吕祖观	西四大拐棒胡同	内四区	旧历每月初一十五日	明
吕祖阁	和内西夹道	内一区	旧历每月初一十五日	明
吕祖祠	宣外厂甸	外二区	旧历每月初一十五日	明
南药王庙	崇外东晓市	外五区	旧历每月初一十五日	明
东药王庙	东直门内大街	内三区	旧历每月初一十五日	明
北药王庙	德内西绦胡同	内五区	旧历每月初一十五日	明

（三）每年开三次的庙会

名称	地址	城区	会期	建庙时代
江南城隍庙	和外江南城隍庙街	外五区	旧历清明、七月十五、十月初一	明

（四）每年开两次的庙会

名称	地址	城区	会期	建庙时代
海王村公园	琉璃厂街	外二区	旧历正月一至十五日、民国历一月至十	民国
雍和宫	安内雍和宫大片	内三区	旧历正月三十及二月初一日、五月十三日	清

（五）每年开一次的庙会

名称	地址	城区	会期	建庙时代
太阳宫	左安门内	外三区	旧历二月初一日	清
蟠桃宫	东便门内	外三区	旧历三月初一至初五日	明
卧佛寺	东便门内	外三区	旧历五月初一对初五日	明
都城隍庙	西单成方街	内二区	旧历五月十一日	元
善果寺	西便门内	外四区	旧历六月初六日	明
灶君庙	崇外花市大街	外三区	旧历八月初一至初三日	明

资料来源：北平民国学院：《北平庙会调查》，载王彬、崔国政辑《燕京风土录》（上册），光明日报出版社 2000 年版，第 233—234 页。

从上表可见，民国时期北京的庙会在内外城分布均匀，而每月开三次的土地庙、花市集、护国寺、隆福寺、白塔寺等五大庙会正好处在内外城的一隅，它们与清末民初兴起的王府井（以东安市场为主）、前门、天桥、西单（以西单市场为主）等固定商业中心共同组成了北京城的消费空间格局。

从庙会的空间分布来看，由于皇城之内多为国家政府机关，居民稀少，因而没有庙会存在，而几个固定的商业中心如东安市场、西单商场、前门以及天桥市场周边，由于商业发达，商品繁多，也没有庙会存在的必要。而在此之外的其他区域，则是大量的北京中下等生活水平百姓的聚居区，庙会也就有了存在的现实土壤。据甘博的统计，1917 年北京内外城人口总数为 811556 人，其中，内左二区、内左四区和内右四区的人口都在 6 万人以上，而人口密度最大的区域是前门外一带，外右一区、外左二区、外左一区、外右二区、外左五区的人口密度分别是每平方华里 9201 人、9633 人、10078 人、10673 人、10693 人，远高于全市平均人口密度每平方华里 4289 人。①

根据以上统计我们可以发现，北京庙会的空间分布与城市人口密

① ［美］西德尼·D. 甘博：《北京的社会调查》，陈愉秉等译，中国书店 2010 年版，第 464、467 页。

度大致是相对应的,人口密度较高的区域,由于有巨大的日常生活消费的需求,基本就有庙会存在,反之则没有。另外,庙会上所销售的商品也适应了北京低收入居民的实际需要,庙会所售商品之中,以国货及手工业品为主,其中最多的是百姓日常生活的必需品:"东西两庙按日开,男女老幼去又来。所售都是日用物,更有鲜花厂内栽"①。而前来逛庙会的又以家庭妇女居多,时人描绘药王庙庙会时写道:"每逢朔正此庙开,滥贱绫罗满地堆。游者多半乡婆女,为美才买估衣回。"②这主要是因为:"一以家用什物,最宜由妇女选择,二则北平中下家庭妇女,出外游乐时少,赴庙会购物,便用为出外游赏时期。以此原因,如白塔寺附近居民,便有称庙会为'堂客们赶的会'者('堂客'即妻或家主婆之意)。若以庙会和东安市场,西单商场比较,则后者所售商品,虽亦多日常用品,但多新式货物,其购买者亦为中上等人家之老爷、太太、少爷、小姐等人物,与前者迥然有别。"③因此,北京的人口结构、消费水平间接地影响了庙会的发展。

此外,北京政府出于繁荣市面与稳定地方市民生活的考虑,也对庙会市场采取支持的态度,每有庙会召开,京师警察厅还派员维持秩序。④ 庙会中的摊位费,在庙内的,由寺庙管理者向摊主收取一定的"香钱",以补寺庙日常开销,而庙外的商摊,则由警察厅收捐,但后来则予以豁免。⑤ 这是庙会在民国时期得以延存的又一客观原因。

北京庙会上的民间娱乐活动也是吸引广大市民的一个重要因素。庙会中的娱乐活动主要有剧场与杂耍场两大类,剧场一类主要有清唱、京戏、评戏、大评戏、大鼓、日光映放之活动电影等种,杂耍场中则有相

---

① 子鸿:《燕京竹枝词》,载雷梦水等《中华竹枝词》,北京古籍出版社 1996 年版,第 397 页。

② 子鸿:《燕京竹枝词》,载雷梦水等《中华竹枝词》,北京古籍出版社 1996 年版,第 397 页。

③ 《北平庙会调查》,载王彬、崔国政辑《燕京风土录》(上卷),光明日报出版社 2000 年版,第 249 页。

④ 《厂甸仍有庙会》,《顺天时报》1916 年 1 月 31 日第 3 版。

⑤ 《北平庙会调查》,载王彬、崔国政辑《燕京风土录》(上卷),光明日报出版社 2000 年版,第 250—251 页。

声、西洋景、留声机、幻盘、戏法、武术、摔跤等。① 到 20 世纪 30 年代中期,仅隆福寺、护国寺、白塔寺三处开辟的简易剧场就有 20 余所,而土地庙、海王村、护国寺三处开辟的杂耍场也有 30 余处。许多民间艺人平日多在天桥一带卖艺,每逢有庙会召开之际,他们都纷纷前往献艺。② 因此,庙会实际上是展示北京民间文化艺术的活动舞台。与收取高昂门票的公园相比,庙会上可以免费观览的各种娱乐活动对于中下层的百姓而言更具有吸引力,实际上,庙会也确实吸引了远远高于进入现代公园游乐的普通市民。庙会自由、开放式的消费娱乐空间对于北京独特的平民文化形成也起到了重要的作用。对北京人来说,逛庙会不仅仅是一种经济活动,更是一种文化休闲的生活方式。

然而,随着北京现代化进程的持续,北京的庙会终究未能避免衰落的趋势,只有在那些人口密度较高地区的庙会才能得以维持。另外,新兴的商业市场也对传统的庙会构成了威胁,有的庙会为了生活,也逐渐演变成了固定的商业街市了。

二 现代市场、商场的兴衰

在庙会逐渐由繁盛走向衰落的同时,北京城内的固定市场也在慢慢兴起。民国成立后,随着政治制度的变革、城市空间结构的变化与交通的发展,内、外城的空间封闭被打破,东、西长安街被打通,再加上电车通行带来的人口流动的加快,逐渐形成了以王府井、西单、前门、天桥等为中心的商业市场格局。

天桥商业区兴起于民国初年,是南城最大的平民商业娱乐区,我们在后文专门加以考察。西单商业中心是在原来的西单市场基础上发展起来的,1931 年,广东华侨黄树滉集资十万元建造西单商场,使西单大街市面日见繁华,后因地址不敷应用,又在商场北部新辟市场,共有铺商 157 家,经营品种以洋货商店、书店、布店、鞋店为多,亦有糕点、纸店、茶庄、首饰店。"其一切布置,较之东安市场稍有逊色",但"较诸前

① 《北平庙会调查》,载王彬、崔国政辑《燕京风土录》(上卷),光明日报出版社 2000 年版,第 251 页。
② 参见习五一《近代北京庙会文化演变的轨迹》,《近代史研究》1998 年第 1 期。

外大街、大栅栏、观音寺,渐有起色"①,是西城最大的市场。

前门商业区在民国后的发展显著。前门在清代即是外城的商贸集散地,清朝严禁内城发展娱乐、商业的政策使前门一带成为北京的商业中心,"凡天下各国,中华各省,金银珠宝、古玩玉器、绸缎估衣、钟表玩物、饭庄饭馆、烟馆戏园,无不毕集其中。京师之精华,尽在于此;热闹繁华,亦莫过于此"②。1901 年后,京奉、京汉两条铁路先后延至前门外,并分别建立了车站,使前门一带成为北京连接中国南北的枢纽。1916 年,北京环城铁路通车,前门为其终点,1924 年,北京电车正式开行,前门是其起点。交通的改善为前门地区的商业发展提供了有利条件。

前门商业区的繁盛不仅在于这里聚集了大量的商铺和老字号,还得益于这里先后兴建了几座现代化的商场,其中较有名的有"劝业场,如第一楼,如青云阁,高可连云,十步一阁,五步一楼,固我中华极锦绣庄严之商场也"③。劝业场在正阳门廊房头条胡同,在清末的京师劝工陈列所的基础上改建而成,"楼凡三层,上有屋顶花园,每层复分南北中三部,因屡次失火,故最新建筑除窗棂略用木料外,全部悉用水泥铁心,俨然一洋式大楼也。场中商业如古玩玉器、景泰珐琅、铜器骨角、雕漆刺绣、书画笔墨、南货南纸,以及儿童玩物、茶楼饭馆,莫不有之。……洵商场之冠者也"④。当时有竹枝词描述道:"万户千门百尺楼,搜罗货物萃神州。唯将劝业为宗旨,男女随心任意游。"⑤青云阁在正阳门外观音寺街,"壮伟瑰丽,足以雄视一切。屋三层,下一层门洞内之店为估衣首饰皮货扇画,而鲜果店亦在焉,进内院则南北东为洋货荷包及各种商店,西为球房,可于地上手抛大球。……此楼居外城繁华

①　马芷庠:《老北京旅行指南》,吉林出版集团有限责任公司 2008 年版,第 312 页。
②　仲芳氏:《庚子记事》,载中国社会科学院近代史研究所近代史资料编辑室编《庚子记事》,中华书局 1978 年版,第 14 页。
③　静观:《洋货店主人之归去来辞》,《群强报》1915 年 7 月 18 日第 1 版。
④　徐珂:《增订实用北京指南》第 8 编,商务印书馆 1923 年版,第 22 页。
⑤　忧患生:《京华百二竹枝词》,载雷梦水等《中华竹枝词》,北京古籍出版社 1996 年版,第 281 页。

之中心"①。第一楼也在正阳门外廊房头条胡同,又称"首善第一楼","楼分三层,屋宇颇广,计之不下百间,其第一层内商肆杂处,以古玩洋货为多,书籍玩物等次之。二层有茶座及镶牙铺等。最上一层正南为玉芳照相馆"②。这几处商场"货物搜罗遍五洲,纷纷男女往来稠。大观游罢青云去,乘兴还登第一楼"。以致当时的"游观士女,络绎其间"。③

较之西单商场发展的迟晚,较之前门商业中心的西式商场的兴盛,位于王府井商业区的东安市场则是另一番风景:"东安市场为京师市场之冠,开辟最先,在王府井大街路东。地址宽广,街衢纵横,商肆栉比,百货杂陈。"④

东安市场初建于1903年,京师警察厅在王府井大街以东划出一片空地,供商贩摆摊经营,当时所划的场地建设极为简陋,"只靠东墙一面安插棚摊,而外都是露天支棚,并无房屋可蔽风雨。其以西空地尤广,遂有拳击、艺人及要狗熊、弄猴狲、唱大鼓、变戏法、看相、算命种种东西"⑤。此后这里就慢慢形成了一露天市场,由于地处皇城东安门外,遂名之为"东安市场"。

与远处南城的天桥市场的自发发展相比,东安市场一直处在官方的严格管理之下,这或许是因为后者紧临皇城的原因所致。在清末,由内城巡警厅负责东安市场的日常管理与经营,他们还出资在市场内修建了一批一丈见方的铺面房,公开租赁给商贩,"一些卖布头、鞋、帽、估衣等怕淋怕晒的货物摊,就多租这些铺面来经营,外来赁屋开铺子的也一天一天多起来。这样,东安市场就由原来的摆地摊发展成摊、铺俱有的经营局面"⑥。民国以后,东安市场由京师警察厅负责管理,此时

① 徐珂:《增订实用北京指南》第8编,商务印书馆1923年版,第22页。
② 《北京游览指南》,新华书局1926年版,第43—44页。
③ 忧患生:《京华百二竹枝词》,载雷梦水《中华竹枝词》,北京古籍出版社1996年版,第288页。
④ 徐珂:《增订实用北京指南》第8编,商务印书馆1923年版,第22页。
⑤ 朱启钤:《王府井大街之今昔(附东安市场)》,载《文史资料选编》第12辑,北京出版社1982年版,第213页。
⑥ 钟泉超:《历史上的东安市场》,载《纪念北京市社会科学院建立十周年历史研究所研究成果论文集》,北京燕山出版社1988年版,第275页。

的东安市场已发展成北京内城最大的商业娱乐场所了,正是:"新开各处市场宽,买物随心不费难。若论繁华首一指,请君城内赴东安。""东安市场货物纷错,市面繁华,尤为一时之盛。"①

东安市场除了销售日用百货,餐饮娱乐业也得到了发展,有竹枝词为证:"纷陈百货说东安,士女肩摩锦作团。选胜搜奇犹未毕,商量今夜进西餐。"②东安市场与使馆区相隔不远,开设西餐厅也极寻常。此外,活跃于庙会的民间艺人纷纷到此租场表演,一时间东安市场"士女杂沓,咸认为本市娱乐不可缺少之东安市场了"③。

民国时期的东安市场曾遭受过两次较大的劫难,于1912年、1920年先后发生两次大火灾,整个市场都几乎焚烧殆尽。1912年的火灾之后,市场内原有的商贩成立了商民联合会,经警察厅批准后集资重建店铺。1917年,京师警察厅又发布了《东安市场暂行章程》以加强对市场的管理,其中规定:"本场建筑一律遵照呈报建筑规则办理,建筑程序须按照地段路线整齐划一,不得故求奇异,致形参差。"对于那些临时的浮摊商贩,也"由管理员指定地段分类售票。"④1920年东安市场大火之后,京都市政公所与京师警察厅共同商定了重建市场的计划,决定在"正街头二三道各街一律建造二层楼房,杂技场之南面东面一律建平房","平房作法须依照楼房作法办理"⑤,所有建筑均应按洋式风格建筑,以加强防火功能。因此有论者认为,"东安市场的存在形态不带有传统集市的自律性和临时性等特点"⑥。可以说,东安市场在民国时期的繁荣是以市政公所与京师警察厅为代表的政府管理机构所采取的

① 忧患生:《京华百二竹枝词》,载雷梦水等《中华竹枝词》,北京古籍出版社1996年版,第282页。

② 吴思训:《都门杂咏》,载雷梦水等《中华竹枝词》,北京古籍出版社1996年版,第347页。

③ 朱启钤:《王府井大街之今昔(附东安市场)》,载《文史资料选编》第12辑,北京出版社1982年版,第213页。

④ 《京师警察厅行政处关于送修正东安市场暂行章程的函》,北京市档案馆藏,资料号:J181-018-07668。

⑤ 《京师警察厅关于函送修建东安市场计划、建筑表与京都市政公所的来往函及市政公所的布告等》,北京市档案馆藏,资料号:J017-001-00119。

⑥ 于小川:《近代北京公立市场的形成与变容过程的研究——以东安市场为例》,《北京理工大学学报》(社会科学版)2005年第1期。

官立民营的商业模式的成功实践,与外城天桥市场的自发兴盛形成了两条不同的发展路径。

与前门商业区的商场大楼相比,东安市场建筑规制则要小许多,在美国人甘博看来,东安市场"与其说是一座建筑,不如说是一条条大型的有屋顶覆盖着的街道。在走道两边的商店里出售的物品可以说是应有尽有,如各种玩具、小摆设儿、珠宝、毛皮制品、服装、书籍、字画、糖果、蜜饯、糕点等。走廊的中间放着桌子,桌上摆满了旧的铜器、百货、杂物、刮舌子、梳子、筷子、水果、糖果、蜜饯等"①。东安市场在空间上的开放与货物品种的齐全吸引了京城各阶层的百姓,正如《北平晨报》的一篇报道说的那样:"一进了东安市场的门,就感觉到一种特别的滋味。在这里好象(像)是不分春夏秋冬似的,摩登的密斯们已经都穿上了隐露肌肤的夏衣,老太太们却还穿着扎脚的棉裤。"②东安市场不仅是平民消费、娱乐的天堂,知识分子也常常到此光顾,鲁迅在北大任教时,就常常从北大所在的沙滩步行至东安市场逛书摊,据鲁迅的日记记载,1923 年 6 月 26 日,"至东安市场,见有蒋氏刻本《札朴》。买一部八本,直二元四角"③。7 月 3 日,又与"二弟至东安市场,又至东交民巷书店"④,其十天之内竟两次到东安市场,可见当时东安市场的影响力之大。梁实秋也是东安市场的常客,据他回忆:"我十岁左右的时候,常随同兄弟姐妹溜达着去买点什么吃点什么或是闲逛一番。"⑤

1928 年国都南迁后,前门商业区日渐萧条,而内城的东安市场与西单商场还保持着繁盛,正所谓:"东安为市西单商,百货累累集合场。

①　[美]西德尼·D.甘博:《北京的社会调查》,陈愉秉等译,中国书店 2010 年版,第220 页。

②　忆永:《东安市场巡礼》,《北平晨报》1933 年 5 月 19 日,转引自钟泉超《历史上的东安市场》,载《纪念北京市社会科学院建立十周年历史研究所研究成果论文集》,北京燕山出版社 1988 年版,第 277 页。

③　《鲁迅全集》第 15 卷,人民文学出版社 2005 年版,第 473 页。

④　《鲁迅全集》第 15 卷,人民文学出版社 2005 年版,第 474 页。

⑤　梁实秋:《东安市场》,载《雅舍谈吃:梁实秋散文 86 篇》,中国商业出版社 1993 年版,第 289 页。

且晚杖藜一闲逛，随心所欲愿皆偿。"①但由于这两个市场所处的空间位置不同，因而也形成了不同的风格，当时曾有人做了一个形象的对比：

> 东安市场在东城，多异邦街房，所以处处都带出点洋味来。（素称东城洋化，西城学生化，南城娼寮化，北城旗人化）因为他处在一个洋化区域之地，所以就得受洋化的传染，市场里的买卖，有的是专为买卖外国人而设的（如古玩玉器等），商人们也都能说两句洋话，来来往往的洋主顾，可占全市场内三分之一，逛市场的中国人，也以西服哥儿，洋式的小姐太太为最多，看来东安市场真是有点洋味和贵族化。拿西单商场一比空气就不相同了。西单商场在西城，处在文化区域之地，所以学生多，从来没有洋人光顾，商人不会洋话，阔人亦不多见，卖东西讲经济，颇合学生的环境，毫无贵族气，而其特殊的营业，以修理破鞋的小买卖最兴盛且最多，由此可见西单商场的主顾多半是些经济家，如东安市场的东来顺、润明楼、五芳斋、吉祥戏院、会贤、大彰球社、国强咖啡馆……及附近的中原公司这些贵族化的买卖一点没有。总而言之，西单商场远比东安市场差的多呢！②

东安市场不仅繁盛程度要比西单商场繁盛，甚至于北京的"'市场'这一个名辞，却已为东安市场专有了"，然而，尽管在东安市场可以买到一切日常所需的东西，但"高贵的西洋货在那里是买不着的"。③东安市场不卖洋货的原因，一直没有引起人们的注意，其实这与民国时期国人反对洋货、提倡国货的运动有关。

洋货早在清末就开始出现在北京的市面上，到民国初年，前文提及的前门商业区几大商场就是洋货的集散地，这些商场大量售卖洋货，既

---

① 张元垲：《故都杂咏》，载雷梦水等《中华竹枝词》，北京古籍出版社 1996 年版，第 378—379 页。

② 《东安与西单商场》，《市政评论》1935 年第 15 期。

③ 太白：《北平的市场》，载陶亢德编《北平一顾》，宇宙风社 1936 年版，第 152 页。

引来了好奇者的光顾，也激起了部分国人的民族自尊，他们认为售卖洋货有伤中华民族的尊严，而对前门一带的商场大加贬斥。有人在《顺天时报》上发文批评前门劝业场售卖洋货：

> 都门何处寄游踪，劝业楼中兴最浓。
> 不是随缘是逐臭，车如流水马如龙。
> 今日商家竞自强，徒知嗜利更无方。
> 赚钱输出多洋货，底事只称劝业场。
> 朝朝暮暮总相宜，栉比生涯似弈棋。
> 国货利轻洋货贵，商家风气却随时。
> 联翩恰似小游仙，到此真疑别有天。
> 快睹西洋十样锦，游人只费一枚钱。
> 最高楼上挂斜晖，多少游人浑忘归。
> 纵有腰缠十万贯，出门那似进门肥。
> 士女如云任自由，成行逐队总消愁。
> 料应酒味兼茶味，赚得游人更上楼。
> 红男绿女摩肩行，掷尽金钱搏尽名。
> 装饰炫奇成底事，如何也说是文明。
> 登楼旗女尽逍遥，长服新头别样娇。
> 装饰而今随意改，难将风气问前朝。
> 平康粉黛倚栏杆，浪子品题任笑娴。
> 楼上花枝楼下看，只今一日遍长安。
> 形形色色尽添新，游子客中几问津。
> 只许登楼空热眼，阮囊今日不如人。①

　　这种将商业行为与民族情感、爱国热情相联系的心理在民国初年并不是一种偶然现象，在国家国势弱小、发展民族工商业无望的情况下，人们转而寄希望于从商业市场上提倡国货进行补益，寄希望于"农

---

① 庄严：《第一劝业场竹枝词并序》，《顺天时报》1914 年 4 月 2 日第 5 版。

商界执政诸君子设法挽救，以挽既倒之狂澜"①。于是，国产的纸烟、茶酒、棉制品、丝、布、毛织物、皮革品、磁器、药品、化妆品、食品、蜡烛、文具、美术品、木器等物品，都被民间列入提倡国货之列。②

　　实际上，民国政府虽然没有明确提出反对洋货，但提倡国货却被当成一种国家行为，就连袁世凯"大总统对于觐见人员，谆谆以维持国货，挽回已失之利源，为当今之急务，故大总统所著军服，亦以本国所织粗呢为之"③。在袁世凯的倡导下，陆军部"特发饬令本部，所用文函书册图稿及颁发之执照、证书、委状等项，应一律酌用本国纸张，以重国货"④；接着，"教育部为提倡国货起见，特饬各校校长将下列各物一律限用国货：纸张、墨汁、浆糊、笔类、木器、制服、证书、褒状、帽靴、书籍、标本。此外微小如火柴、蜡烛等项，亦必购用国货云"⑤；"京张铁路现将该路巡警军服，一律改用本国货所织青色斜纹布"⑥；"内务部朱总长，昨饬令京师警察厅吴炳湘总监，所有本年冬季警察官佐警兵制服，一律限用国货"⑦；京奉铁路管理局"令本路各站站长，所有各项应用物品，除必要物外，均须购用国货"⑧。

　　同时，"京师商界因历年洋货充斥国内，所有利权损失甚巨"⑨，而在京内组织发起了国货维持会，该会成立后，就"拟设立一座专卖国货的劝业场"⑩。这个措施随后得到了实行，到20世纪20年代，原先售卖洋货的前门劝业场为"提倡国货，故并不陈洋货"⑪。而北京政府为了加大提倡国货的力度，又在先农坛开办了"国货展览会"，开会当时，"农商部周总长，内务部朱总长，及农商、内务两部重要职员均亲莅会

①　静观：《洋货店主人之归去来辞》，《群强报》1915年7月18日第1版。
②　云衢：《提倡国货》，《群强报》1914年11月26日第1版。
③　《维持国货》，《群强报》1914年11月16日第3版。
④　《注重国货》，《群强报》1914年7月9日第3版。
⑤　《要用国货》，《群强报》1915年1月20日第3版。
⑥　《改用国货》，《群强报》1915年9月18日第3版。
⑦　《改用国货》，《群强报》1915年9月21日第3版。
⑧　《提倡国货》，《群强报》1915年9月30日第3版。
⑨　《北京将有国货维持会发现》，《顺天时报》1914年12月25日第2版。
⑩　佩三：《维持国货的意见》，《群强报》1915年1月29日第1版。
⑪　徐珂：《增订实用北京指南》第8编，商务印书馆1923年版，第22页。

场,各界有名人物到会者亦颇不少"①。

民国初年的这场提倡国货运动尽管是一项全国性的运动,但在北京进行得最为彻底,民间有自发的响应,国家又在政策上给予支持,这种因国家利益、民族情感而发起的商业运动也影响到了北京商业市场的形态,不仅使洋货没能充斥于庙会、市场等传统消费空间,就是像劝业场这样的现代商场也打上了"专卖国货"的标签,最终,北京的消费市场未能出现上海那样的"摩登"局面。

综合民国时期北京的传统庙会、现代商场与市场三种消费空间来看,庙会由于有着固定的市场需求,因而在总体呈衰落的趋势下仍保持着一定的市场,有着固定的消费人群;现代商场只经历了短期的繁盛,在国都南迁、居民的购买力大幅下降之后迅速萧条;而市场则因其主要售卖国货,百货杂陈,兼以各种民间游艺项目,遂成为民国时期的主要消费场所。

现代商场在北京的衰落,一是由于北京没有足够支持这种消费模式的经济基础,因国都南迁及随之而来的上层人士的迁移使商场消费力量迅速减少;二是因为北京的本土居民还不适应现代商场的消费模式,北京人不追慕"摩登"、注重实用的生活观念使他们更愿意到庙会、市场中选购维持家用的商品,而不去欣赏商场中的"摩登"洋货,因为"地道北平精神由住家维持"②,而庙会、市场恰好满足了北京人朴实的持家之道。更重要的是,逛庙会、逛市场,重点在于"逛","其实这个地方,并没有什么可逛的,除了卖字画、玩物的以外,便是些茶馆,来来往往,拥拥挤挤,无非是人看人,大家竟每天去逛,不嫌厌烦"③。但正是这种"逛",真实地体现了北京人的生活态度,也呈现了北京人不同于其他城市的生活方式。另外,北京社会对于国货的提倡进一步巩固了传统市场的生存基础,最终,以"摩登"为代表的消费观念并没有在北京扎下根基,现代化的商业、消费领域也没有在北京取得重要的位置。

① 《国货展览会开会志感》,《顺天时报》1915年9月3日第2版。
② 张中行:《北平的庙会》,载姜德明编《如梦令:名人笔下的旧京》,北京出版社1997年版,第308页。
③ 《厂甸所闻》,《顺天时报》1916年2月14日第2版。

第二节　北京电影院的文化语境

　　娱乐活动可以清楚地表现出北京人生活的变化。那些数百年流传下来的、传统的娱乐方式如：看戏、吃宴会、听说书、看中式赛马、听歌女演唱或欣赏杂技表演等，仍然占据着显著的位置，不过现在都有了一些改变。"新型"的话剧已经出现，说书人除讲老的历史故事外，也在讲一些有"教育意义"的故事。北京还有一些完全新式的娱乐，如游泳、台球、电影、公园和"新世界"（如同纽约的科尼岛）。今后的数年中将验证出哪些老的娱乐形式可以保留下来，哪些新的娱乐方式真正具有价值并适合中国人，同时也将决定新的娱乐活动会商业化到什么程度，能否为敢于承担风险的投资者带来丰厚的利润。①

　　上面的引文是美国人甘博于 20 世纪 20 年代对北京的娱乐活动的观察，他注意到了北京娱乐空间中传统与现代两种娱乐活动并存的状态，并且敏锐地意识到了现代娱乐方式在北京发展的空间及其限度。下面将以电影院为对象，考察国都北京娱乐空间的变化及其对北京市民娱乐、生活方式的影响。

一　北京电影的引入与兴起

　　娱乐方式的变化既能体现人们生活方式的变化，也能体现时代的变迁、思想观念的演变。清末民初，一些流行于西方的娱乐方式如台球、电影、现代体育运动等开始传入北京，丰富、改变了北京市民的生活方式，其中，电影的传入以及兴建电影院的影响尤为巨大。

　　电影作为一种利用声、光、电等新技术的现代化娱乐方式，最早于 1895 年诞生在法国巴黎。1902 年，"外人有携带影片及发电机来京者，商诸各戏园而园主无敢借地演映者，盖发电机既为前所未睹，而活动影

①　[美]西德尼·D. 甘博：《北京的社会调查》，陈愉秉等译，中国书店 2010 年版，第 231—232 页。

片尤足令人惊异，嗣多方疏通，始在打磨厂福寿堂得一席地以演映焉。初时好奇与胆壮之人略敢一观，后常人始有买票入座者"①。这是北京电影放映之始。1903 年，中国商人林祝三从欧美携带放映机与影片回国，在打磨厂天乐茶园放映电影，这是中国人在北京放映电影之始。自1905 年始，北京民间的电影放映活动逐渐增多，并受到人们的极大欢迎。② 但当时电影放映还没有正式的场所，"放映电影设在临时搭建的大布篷里，几条长凳，观众纳几个铜元，即为入幕之宾"③。1907 年（清光绪三十三年），有外商在东长安街路北开办了北京第一家电影院——平安电影公司，这家电影院只对外国人开放，放映有情节的侦探片、滑稽片。④ 此外，北京的各戏园也纷纷在晚上放映电影。

　　然而，电影这种现代化的娱乐方式登陆北京之后并没有获得快速发展，而是受到了清政府的严格管制。1907 年 2 月，清廷御史傅寿向朝廷上奏，指出："近日各戏园夜间添演电影，男女均准入坐，而电影又非将灯光全行收暗不能开演，流弊尤不可问"，而且放电影所用"电锅等项极为危险，前者三庆园因电机爆响，男女逃避，倾跌奔扑，甚不雅观"，并要求京城的各戏园禁卖女座。然而，主管此事的外城巡警总厅却为电影放映事宜做了辩护，指出男女座位分别于楼上楼下，又各有出入途径，无伤风化，而且凡内容有伤风化的影片都一概禁演，上演的影片则可增进观众的知识见闻，因此不应禁止电影放映。此后，又有官员向朝廷上奏，请"戒游荡以汰冗费"，朝廷则要求："外城戏园开演夜戏，着民政部即行禁止。"外城巡警总厅再次据理力争，认为京城上映电影，发起于洋商，推广于华商，与其听任洋商攫取国人的资财，不如使华商分外人之利益。至于"外城戏园所演电戏，本厅有规则以取缔之，有警员以监临之，有时间以限制之，尚无妨碍之处"。但总厅的努力并未奏效，直到该年年底，电影在京城内仍被禁演。⑤

---

　　① 晓：《北京电影事业之发达》，《电影周刊》1921 年第 1 期，载中国电影资料馆编《中国无声电影》，中国电影出版社 1996 年版，第 176 页。

　　② 田静清：《北京电影业史迹》，北京出版社 1990 年版，第 8—9 页。

　　③ 郑逸梅：《影坛旧闻》，上海文艺出版社 1982 年版，第 1 页。

　　④ 田静清：《北京电影业史迹》，北京出版社 1990 年版，第 9 页。

　　⑤ 菲楠：《光绪三十三年京城上映电影之争》，《历史档案》1995 年第 3 期。

　　到了 1908 年,禁演电影的禁令才稍有松懈,"以后至宣统初年,大栅栏三庆园开演电影,是时清室已锐意维新,朝野讲西学者已多,对于洋货之猜疑亦渐释,至所映情节已有小段故事……据言小醇王福晋最爱在三庆看电影,所谓上有好之者下必有甚焉,于是观者渐形踊跃。计在一二年间,演电影者除三庆外有文明、庆乐、天乐等园。然旧戏园座位不佳,大柱林立,阻碍视线,电影不比大戏之可以耳代目,而人民对电影之嗜好亦无听大戏之深,故仍未能与大戏相抗衡也"①。吴宓在日记中记录了他初至北京求学时与同学一起到戏园中观看电影之事:"(1911 年 2 月 7 日)晚间偕南君、张君至大栅栏庆乐园观活动影戏,此间谓之升平电影,各剧园于晚间皆演之。形式一切与吾在陕所见者无异。演者术尚纯熟,其活动片亦具色彩。有放烟火者黄绿毕呈,色烟缕缕。未知其色料如何施法,思之盖涂彩色于活动片上者。若其全部皆现一种色光,则必于石灰灯中置有他物,故成诸种色光也。"②此外,新开幕的东安商场吉祥园开始放映电影,随后,西城护国寺街的和声园,西单口袋胡同的新丰园,西甲西安市场的西庆轩茶园,也都相继放映电影。③

　　清政府之所以禁止电影在北京城中放映,除了可能造成安全隐患,最主要的原因还是因为电影上映所造成的男女混坐、市民"游荡"等有违社会秩序的问题。清政府对电影所下的禁令,是他们看到了现代化的电影对现有社会秩序所构成的威胁后的必然反应。

　　民国之后,原有的电影禁令不复存在,北京的电影院也进入了新的发展期。北京第一家电影院平安电影公司经过停演扩建,改名兴利平安电影公司重新开张;1913 年,前门外大栅栏大观楼电影园正式开业;1916 年,华北电影公司在东长安街老北京饭店开设北京电影园;1917 年,中央公园、公安电影院相继开业;1918 年,前门外香厂路新世界电影场开业;1921 年,东安门外大街真光电影剧场落成。

　　①　晓:《北京电影事业之发达》,《电影周刊》1921 年第 1 期,载中国电影资料馆编《中国无声电影》,中国电影出版社 1996 年版,第176 页。
　　②　《吴宓日记:1910—1915》,生活·读书·新知三联书店 1998 年版,第 19 页。
　　③　田静清:《北京电影业史迹》,北京出版社 1990 年版,第 10 页。

在短短的几年内,北京之所以有数家电影院开业,除了电影本身的艺术特征吸引观众,还与舆论、电影院的主办者对电影功能的宣传有关。

电影本是娱乐项目,但电影在进入中国之后并不是被看成是娱乐消遣之器具,而是被当成教育民众、增进知识的娱乐活动引入的。1913年,有一位丹麦人向中国政府申请在中国各大城镇开设电影院,"闻其所述理由则曰为开通人民知识起见,并愿以所收之费百分之五拨归各地方,以充行政及他项经费"①。显然,这位丹麦人已经意识到了若仅将电影定位于娱乐,则很难获得中国政府的认可,转而为电影披上了一层教育民众的外衣。这种理念很快得到了国人的认同,国人也认为电影与教育关系密切,指出外国政府对于电影事业的重视可为中国借鉴,"就英国言之,关于活动电影未制之先,有研究会焉,既制之后,有审画会焉,未经审画之电影,不能用也。其政府及教育家,均视为重要之一事,故能一面干涉,一面进行"。因而主张中国也应仿效之,"宜就都会视地势大小,由教育部、行政机关建设影数,所以为模范,有宣讲所者可利用,其地址与宣讲相辅助而行,有戏馆、茶馆者,亦可借地添演",而电影内容则应选"古来历史之陈述,改良社会之小说,动、植物发育之状况,中外名胜之实景,凡有益于道德知识者,悉可采入,久则愈精",总之,电影"不惟有裨风化,抑亦开辟利源之一端也"。②

1920年以后,中国的电影事业进入了高速发展期,此时国内也出现了一些有关电影的专业报刊,发行较早的《电影周刊》在其"发刊辞"中明确说道:"二十世纪之电影事业,俨然成为一种势力,足以改良社会习惯,增进人民智识,堪与教育并行,其功效于为显著。"③像其他如《电影杂志》《电影世界》《华北画报》,以及上海发行的《影戏丛报》《电影月报》《银星》等电影刊物中无不宣称电影对于教化民众、开启民智的重要作用,甚至认为电影"为含有教育意义之娱乐,为父母者能携带

---

① 《外人请开电影戏》,《大自由报》1913年3月2日第7版。

② 严智崇:《活动电影与教育之关系》,《群强报》1914年4月9日第1版。作者为驻英使馆秘书。

③ 《〈电影周刊〉发刊辞》,《电影周刊》1921年第1号,载中国电影资料馆编《中国无声电影》,中国电影出版社1996年版,第219页。

子女常观有益之影戏,必能补助家庭教育之不及"①。可见,电影在最初并不是仅仅作为娱乐,而是作为教化工具引进、对待的。直到 1930年以后,电影仍是作为教育工具加以提倡的:"电影不仅是公共的工具,并且是最有力量的教育宣传利器,它足以直接影响都市中市民的知觉和思想,而间接可以影响他们犯罪之行为,我们应当要把都市中的电影变成社会化,取缔私利而注重公利。"②

在清末,电影因有伤风化、"甚不雅观"而导致被禁,难谋发展,但当电影抓住了补充教育、改良社会这根"救命稻草"后,终于就可以堂而皇之地走进百姓的娱乐生活,而兴建电影院自然也就顺理成章了。在这种舆论环境下,北京真光电影院在开业广告上也明确表示:"敝院之设原为辅助教育、改良社会、灌输智识起见,选影片助慈善、维秩序,力所能至,不惮讲求。自先设第一分院于中央公园以来,抱定斯旨,立意实行,想亦为社会所共见,故以性质论之,敝院虽为营业之一种,而其设立之初衷,实抱增进国民智识、促进改良社会为宏愿。"此外,真光影剧院还承诺,在营业期间,"辅助公益慈善事业,选演有益影片及中外戏剧,不收受不正当不道德广告,灌输新智识、代理订购各种电影书报"③。如此一来,电影放映的商业活动、电影院这一现代娱乐空间也就获得了舆论上的合法性。

然而,在北京这样一个古都新建电影院并非易事。电影院对建筑空间、电力供应都有特殊的要求,在民国初年北京城市总体封闭格局没有打破的情况下,新建电影院面临着许多现实的困难,于是人们在原先租用戏园放映电影的基础上前进一步,将传统的戏园、商场或其他公共建筑改造为现代化的电影院。(见图 4-1)

1913 年,有商人"因见大栅栏大观楼商业萧条,特集合股本多金将该楼内容改造,白天演唱女落,晚间试验电影,仿照海式售卖客座,定名光明,于日前呈请京师警察厅批准立案,以资营业"④。大观楼自改为

① 《影戏与教育》,《电影杂志》1928 年第 12 期。
② 唐应晨:《都市中所需要的电影》,《市政评论》1936 年第 2 期。
③ 《晨报》1921 年 9 月 24 日第 3 版中缝广告。
④ 《大观楼开演电影》,《大自由报》1913 年 7 月 13 日第 7 版。

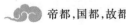

图 4-1　1907 年北京早期电影放映场所之一:西单市场文明茶园

图片来源:田静清:《北京电影业史迹》,北京出版社 1990 年版。

电影院之后,"生意异常发达"①。此后,北京的电影院建设开始进入稳定发展期。从 1907 年平安电影院兴建始,至 1937 年日军进京之前,北京先后兴建了 30 余座电影院,具体如表 4-1 所示。

表 4-1　　　　　　　　　近代北京电影院概况

序号	影院名称	始映(建)年	地址
1	平安电影公司	1907	东长安街路北
2	大观楼电影院	1913	前门外大栅栏
3	北京电影园	1916	东长安街老北京饭店
4	中央公园电影院	1917	中央公园内
5	公安电影院	1917	不详

---

① 《大观楼演戏筹款》,《大自由报》1913 年 7 月 28 日第 7 版。

序号	影院名称	始映(建)年	地址
6	新世界电影场	1918	前门外香厂路
7	游艺园电影场	1918	前门外香厂路
8	花园电影场	1918	前门外香厂路东方饭店屋顶
9	真光电影院	1920	东安市场内
10	中天电影台	1921	西绒线胡同西口路南,1923年7月因修建临时设在西长安街、北新华街北口,原中央电影院
11	开明电影院	1921	东安市场内
12	真光电影分院	1921	中央公园
13	真光电影剧场	1921	东安门外大街
14	开明大戏院	1922	西珠市口
15	基督教青年会堂	1927	米市大街,原1923年3月落成的基督教女青年会堂。1930年6月改名为光陆有声电影院,1935年夏迁新址东单北大街西总部胡同
16	中央电影院	1927	和平门内北新华街
17	新明剧场	1927	前门外香厂路
18	中华电影院	1928	后门外钟楼
19	社交堂	1930	东西牌楼北路西
20	春庆电影院	1930	东四牌楼西大街南老东西商场
21	工商部国货陈列馆电影院	1930	前门箭楼
22	市民电影院	1930	崇文门外花市大街中间路南
23	新新电影院	1931	前门外观音寺宾宴华楼
24	哈佩电影院	1931	西单牌楼南路西
25	飞仙电影院	1932	东城灯市口东口内路北原北瀛寰大戏院
26	同乐影戏院	1932	前门外大栅栏门框胡同
27	光明影院	1933	宣武门外骡马市大街路南
28	中和有声电影院	1933	前门外粮食店街

序号	影院名称	始映(建)年	地址
29	光明电影院	1936	西单老商场二楼
30	新民电影院	1937	后门外钟楼
31	民众电影院	1937	西单临时商场内

资料来源：田静清：《北京电影业史迹》（上册），北京出版社1990年版，第22—51页。

二 电影院作为一种新型娱乐空间在北京的命运

作为一种现代化的娱乐方式，电影的引入更新了北京市民的娱乐观念，人们对电影所带来的视觉体验感到新奇："百怪千奇电影开，虚无缥缈起楼台。世间万事原如此，那个繁华梦觉来。"[1]同时，电影院的出现也改变了城市的空间面貌，一些西式的影院建筑先后拔地而起，为古都北京带来了新的视觉体验。另外，这些电影院也以其先进的现代化设备为噱头，向市民宣扬电影院可以提供现代化的娱乐体验，如真光电影院在广告中就宣传其先进的设施："自备磨电机，光线充足；座位按最新式仿造，适合体格卫生；聘请俄官乐师卢布君及大学教授伯齐治君奏演音乐；设观客洗盥室及西式厕所，均备冷热水；冬夏季均设抽气机器，使院内空气时常新鲜；全院电灯均用间接光线照耀法及散光光线验证法；映演中外戏剧均按照欧美戏场用电光新法。"[2]新建的光陆电影院（见图4-2）"系最新式铜骨洋房，纯立体式，门面广5丈余，长12丈。粉饰极尽富丽堂皇，食堂设备尤为精致"，"楼下为五合板木椅，共580张，楼上为最新式之钢条沙发"，"调节空气之设备冬季有水汀，夏季有电扇及抽风机。日常通空气有抽气机，厕所设备亦为最新式抽水马桶及一切洗盥器具"。[3] 因此，在北京以传统的说书场、戏园、茶馆为主的娱乐空间中，电影院就创造出了完全不同的娱乐体验，电与光的新

---

① 张笑我：《首都杂咏》，载雷梦水等《中华竹枝词》，北京古籍出版社1996年版，第430页。

② 《真光剧院广告之二》，《晨报》1921年10月5日第3版中缝。

③ 刘昌裔：《北平市电影业调查》，载葛兆光编《学术薪火——三十年代清华大学人文社会学科毕业生论文选》，湖南教育出版社1998年版，第339页。

图 4-2　光陆电影院外景

图片来源:刘昌裔:《北平电影业调查》,载葛兆光编《学术薪火——三十年代清华大学人文社会学科毕业生论文选》,湖南教育出版社 1998 年版,第 319 页。

技术给人们带来了视觉上的刺激,电影院仿效西式的空间布局、内部设施也都向人们展示着西方娱乐方式的优越,同时也带来了西方的生活方式。为了使北京市民适应这种新的娱乐方式,真光影院在其开幕广告中呼吁:"请来宾注意公德,安守秩序,入座脱帽,守静少谈,不乱拍掌,不作叫好,不要吐痰,不疑他人,自重自爱,保全公安。"①观看电影这一新的娱乐方式对北京市民来说无疑是一种充满好奇的体验,也预

①　《广告》,《晨报》1924 年 9 月 24 日第 6 版。

示出一种新娱乐观念、生活方式的到来。

据甘博在 1920 年的统计,当时北京共有 6 个剧院放映电影,"全部电影院上座达到 3000 人"①。而在 1928 年,北京"每天也有六七千人消磨在电影场"②。可见,当电影被引入北京之后,还是吸引了大量的北京市民前去观看。然而,并不是所有的人都会走进电影院观看电影,在北京,观看电影有着特定的人群。

就观众的国籍来说,外国人在北京的电影观众中占据了相当高的比例,特别是平安、光陆、真光三个内城的电影院,因与使馆区相邻,前来观看电影的人数中外国人占了 30% 以上,其中平安电影院"外人往观影片者最多,与中国观众相等",光陆、真光两家也因"设备完善、座位舒适,故足以迎合欧美侨民之心理",而其他设施较差的影院外国人就较少涉足,"三等影院外人更缠足不前矣"。③ 这几家影院因观众多为外籍人士,因而所放映的影片也以外国电影为主。其中,真光影院因"该场每日来宾,旅京外国人士,居其大半,若为中国剧间杂其间,反足令外侨裹足,影响电影营业。故此后该剧场每日专演欧美著名电影,以极力提倡高等益智之娱乐"④。就观众的性别而言,"一般情形,电影院中之观众,皆男多女少,100 名观众中只有 30 个女性,只有'真光'一家,女客数目较多"⑤。电影院中的女性观众数目较少表明北京的社会风气仍显保守。实际上,民国时期北京政府对电影院仍实行严格的男女分座制度,这个禁令直到 1930 年 8 月才由大观楼影院打破,"在城南率先实行男妇同座"⑥。就电影观众的阶层身份而言,刘昌裔将之分为中学以上男生、中学以上女生、其他成年妇女、政学界其他机关人士、商界、军警界、男儿童、女儿童、其他九类。其中,"头等影院之观众以中

① [美]西德尼·D. 甘博:《北京的社会调查》,陈愉秉等译,中国书店 2010 年版,第 245 页。
② 沈子宜:《电影在北平》,《电影月报》1928 年第 6 期。
③ 刘昌裔:《北平市电影业调查》,载葛兆光编《学术薪火——三十年代清华大学人文社会学科毕业生论文选》,湖南教育出版社 1998 年版,第 368—369 页。
④ 《真光剧场停演中剧》,《益世报》1924 年 3 月 2 日第 7 版。
⑤ 刘昌裔:《北平市电影业调查》,载葛兆光编《学术薪火——三十年代清华大学人文社会学科毕业生论文选》,湖南教育出版社 1998 年版,第 368 页。
⑥ 中国电影资料馆编:《中国无声电影》,中国电影出版社 1996 年版,第 181 页。

学以上男女生为最多,次属政学界及文化机关人士。此盖因北平市学生人数众多,学生多喜看电影。文化政治界绅士为握有优越经济权之社会阶层,故娱乐之机会甚多"。此外,商界人士亦是电影院的常客,大观楼影院的商界观众占 80% 之多。①

综上,电影在民国北京仍属于娱乐活动中的"小众"项目,电影院也不是人人都能进入的公共空间,电影院的高昂票价也成为北京市民观看电影的一大障碍(后文将对北京电影院的票价进行分析)。总之,电影在北京并未成为一项普通的大众娱乐项目,看电影在北京仍是属于具有一定文化程度、社会地位、经济实力的人群的小众娱乐。即便是这些小众的电影观众,他们对电影的欣赏能力、去电影院的目的也不尽相同。有人将北京的电影观众分为"为研究学术的、为娱乐的、为谈笑的、醉翁之间的与为应酬会友的"五种,"他们不尽都崇拜电影,有许多是来解闷的,有许多是来谈话的,也有许多是来找外遇的"。② 长期活动于上海的剧作家、演员陈大悲也认为,北京电影院的"大多数观众,喜欢看曲折的故事和热闹的情节","只有少数的智识阶级,专喜推究一剧中包含的意义",还有一类观众是经常光顾戏园的票友,因为"学时髦的缘故"来电影院,"他们有一种特别容易使人辨认的习惯,就是高声喊茶房找座,高声谈笑,高声咳嗽吐痰,甚至于高声骂人等等。这一类观众,并不需要甚么好影片坏影片,他们不过是借此消遣或是会会朋友谈谈心曲而已"③。显然,就北京来说,一个成熟的电影欣赏群体还未形成,真光电影院所期待的"文明观众"也未培养起来,北京市民仍然按照他们传统的习惯去欣赏电影,从这个意义上说,电影对北京市民娱乐生活的影响是有限的。

在北京的娱乐场所中,电影院也曾经有过一定的繁盛局面。据1921 年的调查显示:"计自民国元年至今十年间,京中之演映电影者依次开办有丹桂、大观楼、平安、中华舞台、一洞天、新世界、城南游艺园、

---

① 刘昌裔:《北平市电影业调查》,载葛兆光编《学术薪火——三十年代清华大学人文社会学科毕业生论文选》,湖南教育出版社 1998 年版,第 369 页。

② 沈子宜:《电影在北平》,《电影月报》1928 年第 6 期。

③ 陈大悲:《北京电影观众的派别——与所需要的影片》,《中国电影杂志》1927 年第 8 期,载中国电影资料馆编《中国无声电影》,中国电影出版社 1996 年版,第 608 页。

真光、中天、开明、北京电影院、隆福等场,此中虽有时演时绌,然目下存者尚有七家之多,至于夏季之中央公园(今年系真光所办)每礼拜四之青年会,及每多两星期一次协和医院并开明公司之堂会,电影每礼拜约二三次之多,其观看电影之人数虽无统计表册可寻,然约略计之当十倍于十数年前,且不只设演映电影事业由此蒸蒸日上,吾敢断制造影片事业国中必有杰出者倡之也。"①尽管如此,北京的电影市场与同期的上海、天津等城市相比则较为落后。美国商业部曾在 1927 年对中国的电影市场做过一次调查,他们的调查中提到,"中国目前有一百零六家电影院,共六万八千个座位,它们分布于十八个大城市",其中上海即占了 26 家。② 在同一时期,天津的电影院亦有 12 家。③ 我们在前文表格中所列出的北京电影院只是在北京历史上曾放映过电影的总数,真正同时存在的电影院基本从未超过 10 家。在 1923 年的《北京指南》中,正常放映电影的电影院为大观楼、中天电影台等共计 10 家,而同期的戏园则有三庆园、文明茶园、天和园、广和楼、广德楼等 22 家,另外还有影戏班 15 家。④ 在 1935 年的《北京指南》中,正常上演的电影院只剩下光院、真光、平安、中央、中天、大观楼、飞仙、社交堂 8 家。⑤

　　北京的电影院非但在数量上不占优势,在硬件设施、观众数量上也不发达。除了真光剧院的设施较为先进,北京其他的电影院如平安、明星、中天、大观楼等,或是原由戏园改成,或是建筑不符合电影院的要求,不是空间狭小,就是空气不畅,在硬件设施上已处劣势。在软件方面,"北京看电影的程度是很嫩的,他们所喜欢的,以热闹滑稽为主,所以情节高尚的中国影片在北京简直叫不起座。六家电影院,分布在偌大的北京,卖座多半都很清淡"。总体而言,北京市民对电影的态度远

---

　　① 晓:《北京电影事业之发达》,《电影周刊》1921 年第 1 期,载中国电影资料馆编《中国无声电影》,中国电影出版社 1996 年版,第 177 页。

　　② 转引自李欧梵《上海摩登——一种新都市文化在中国(1930—1945)》,毛尖译,人民文学出版社 2010 年版,第 93—94 页。

　　③ 《简明天津指南》,中华印书局,第 54—55 页。原书未注明年代,书中有"北平"字样,当在 1928 年后。

　　④ 徐珂:《增订实用北京指南》第 8 编,1923 年印行,第 25 页。

　　⑤ 马芷庠:《老北京旅行指南》,吉林出版集团有限责任公司 2008 年版,第 234 页。

不如对戏剧热衷,北京的电影业,"如云发达,固犹未也"。① 上海的一位电影界人士则进一步指出,北京的电影院"总共起来不过只有真光、平安、中央、中天、开明、中华、明星、大观楼八处,其中要算真光、平安、开明三家最为华丽,屋宇宽大,适合卫生,不过票子太贵,看一次至少亦要一尊袁头,所以里面的顾客,多是一班达官贵人。中央、中天亦还说得下去,地点适中,观客以学生居大半,所以生意非常发达。至于中华、明星、大观楼却全是旧式戏园所改造,空气既不流通,座位更不舒适,又加上专映开倒车的片子,所以光顾的客人总没有像看杨猴小余那般踊跃"②。特别是国都南迁之后,北京的电影事业更是一落千丈。据北平市社会局 1936 年的一份调查显示,北京正常放映的 9 个电影院观众寥寥,几乎全部亏损。③

三　北京电影院的社会文化语境

造成北京电影院不及上海、天津等地发达的原因是多方面的,除了前文提到的北京市民还未形成一个成熟的接受群体,北京电影院的相对落后还有其他客观原因。

首先,与北京的现代公园和博物馆一样,北京电影院也普遍收取较高的门票。在电影进入北京之初,"平安电影公司放映的是外国影片,票价昂贵,因此除少数华人看得起外,广大市民和一般学生是不敢问津的"④。在 20 世纪二三十年代,上海的电影票价一般是日场 7 角、5 角、3 角、1 角,夜场 8 角、6 角、4 角、2 角。⑤ 在 1929 年的《北平指南》中,北京的电影院价目平时最高 5 角,最低 2 角,有加演特别片时,加价 1 元。⑥ 硬件设施较好的如平安电影院票价,最低 4 角,最高 8 角,包厢

① 《谈北京的电影院》,《影戏画报》1927 年第 11 期,载中国电影资料馆编《中国无声电影》,中国电影出版社 1996 年版,第 181 页。
② 黄月伴:《北京的电影界》,《电影月报》1928 年第 6 期。
③ 《1936 年北平市电影院调查表》,《北京档案史料》1998 年第 1 期。
④ 北京市文化局、北京市电影公司编:《北京市电影发行放映单位史》(内部资料),1995 年,第 177 页。
⑤ 陈明远:《文化人的经济生活》,文汇出版社 2005 年版,第 131—132 页。
⑥ 《北平指南》第 8 编,北平民社 1929 年印行,第 6 页。

1.5 元,而设备较差的如大观楼电影院,票价最低 1.2 角,最高 3 角,民众电影院为 1 角、2 角两种。① 如遇重要影片上映,电影院还会临时上调票价,如 1921 年,真光电影院放映《赖婚》《二孤女》,订特别票价,楼下 1.5 元,楼上 2 元,包厢 2.5 元。② 1923 年,开明戏园上映世界著名影片《黑将军》,由于该院在东城观众的要求下临时又增设青年会放映,当时放映了 3 天,日场三点夜场八点半,票价楼上楼下一律每位大洋 1 元。③ "1927 年,大观楼电影院放映《孟姜女》,票价每张分为三角、四角、伍角、包厢分别为二元四角、四元八角。"④因此,就总体情况来看,北京的电影票价要比上海高。结合前文对民国北京市民的收入与消费能力的分析,北京电影院的票价无疑也限制了北京市民观看电影的积极性,进而影响了电影在北京的普及。

其次,北京政府对娱乐场所进行严格的控制也影响了电影事业的发展。第一,对电影的内容进行严格审查。前文已提及,在清末,清政府认为电影有伤风化,对电影进行了严格的控制,限制了北京电影业的发展。及至民国,北京政府专门成立了电影检查委员会,规定"凡电影片无论本国制或外国制,非依本法经检查核准后不得映演",凡是影片包含"有损中华民族之尊严、违反三民主义、妨害善良风俗或公共秩序、提倡迷信邪说"等内容的,一律不予核准。⑤ 京师警察厅是电影院等娱乐场所的直接管理机构,对于那些"有演艳情影片,其中情节实有妨碍风化及奖励盗行"的影剧院都严加管制,以维社会风化。⑥ 第二,严格限制电影院的经营权限。电影院内除包厢外,男女实行分座;演出时间受限,春夏季白天下午 7 点,秋冬季白天下午 6 点,夜间一律以 12 点钟截止;影院内的座位数不得随意增加;京师警察厅可随时派员到影

① 刘昌裔:《北平市电影业调查》,载葛兆光编《学术薪火——三十年代清华大学人文社会学科毕业生论文选》,湖南教育出版社 1998 年版,第 370 页。
② 刘昌裔:《北平市电影业调查》,载葛兆光编《学术薪火——三十年代清华大学人文社会学科毕业生论文选》,湖南教育出版社 1998 年版,第 329 页。
③ 中国电影资料馆编:《中国无声电影》,中国电影出版社 1996 年版,第 186 页。
④ 中国电影资料馆编:《中国无声电影》,中国电影出版社 1996 年版,第 181 页。
⑤ 《北平市公安局关于贯彻电影检查法的训令》,北京市档案馆藏,资料号:J181-020-03092。
⑥ 《警厅取缔电影》,《北京日报》1924 年 3 月 30 日第 6 版。

院内弹压,并根据影院的售票数额按比例收取弹压费。① 这些规定在民国期间都得到了严格的执行。1914 年,平安电影院因添演戏法未经呈报被罚;②1925 年,中天电影院因楼上散座内男女合座,被处罚金 10 元。③ 尽管这些惩罚并不严厉,却在总体上限制了北京电影院的经营与发展。第三,北京政府还对电影院征收高额的税捐。在民国期间,北京的电影院需要负担弹压捐、营业捐、加一捐、市政捐、广告捐、房捐、慈善捐、公益捐、印花税、戏捐十项税负,负担极重。光陆影院年收入 20 万元,捐税 3 万元;真光电影院年收入 11 万元,捐税 2 万元;中央电影院年收入约 7 万元,捐税 1.2 万元。④ 繁重的税捐也导致了北京的电影票价居高不下,进而限制了电影在北京的发展。

再次,北京未能形成成熟的电影舆论环境。前文在分析北京的电影观众时指出,北京没有成熟的电影受众群,相应地,北京也缺乏丰富的与电影相关的媒体与舆论环境。在北京市图书馆于 1956 年编印的《北京参考资料备检》中,罗列的民国前中期(1912—1937)的戏剧相关的研究著作,如《中国剧之组织》《清燕都梨园史料》《梨园外史》等多达 20 余种,此外还有《北平半月剧刊》等期刊,而与电影相关的研究著作、期刊则一本都没有收录。⑤ 实际上,北京地区也曾发行过专门的电影杂志,1928 年创刊的《电影周刊》只发行了 3 期即停刊,另外还有《电影杂志》《华北画报》等,以真光电影院编辑发行的《华北画报》影响稍大。相比之下,上海的电影舆论环境则要成熟许多。1921 年,《影戏杂志》即在上海发行,据上海图书馆出版的《民国时期电影杂志汇编》,截至 1937 年,上海共有各种电影杂志 20 余种,可见上海电影舆论要远比

---

① 《京师警察厅修订取缔电影园规则致内务部呈》,载中国第二历史档案馆编《中华民国史档案资料汇编》(第三辑·文化),江苏古籍出版社 1991 年版,第 175—176 页。

② 《京师警察厅行政处关于罚办平安电影公司违章的公函》,北京市档案馆藏,资料号:J181-019-06936。

③ 《京师警察厅内右一区分区表送中天电影院违章营业等情一案卷》,北京市档案馆藏,资料号:J181-019-47861。

④ 刘昌裔:《北平市电影业调查》,载葛兆光编《学术薪火——三十年代清华大学人文社会学科毕业生论文选》,湖南教育出版社 1998 年版,第 332—353 页。

⑤ 参见北京市图书馆编《北京参考资料备检》(初编),北京市图书馆 1956 年版,第 79—81 页。

北京繁荣。尽管北京的地方性报纸也登载电影广告,却缺少对影视剧情、演员表演与艺术特征的介绍与评价,而像《顺天时报》这样由外国人所主办的报纸,都有研讨戏剧的专栏,可见北京的舆论环境中电影的缺位。

最后,以戏园为代表的传统娱乐空间对电影院的发展构成了顽强的阻力。在民国北京,传统的娱乐方式仍葆有顽强的生命力,诸如戏园、坤书场、说书场、杂耍场等传统娱乐空间,与从西方引入的电影院、台球房等现代娱乐空间分庭抗礼,共同构成了北京中西并存的娱乐空间格局。特别是以表演京剧为主的戏园,尽管在电影引入北京之后,有部分戏园迫于生计亦兼放映电影增加收入,然而,更多的戏园仍以发展戏剧为主业。就当时的文化环境来说,"戏园一业,就我国历史习惯而论,则莫不谓之贱业,然在海外列强,则莫不以戏园一业为有益于教育不浅,故戏园名优且有荣膺勋章之锡者,其尊重□可知已。至其园场之精洁,有益卫生,又企业家必要之经营更可无论。乃本京之戏园,非但浮词浪曲,屡禁不悛,有碍普通教育之发展,即一般观剧者之胡喊乱叫,虽贤者且不免随俗附和,此复成何事体。至园场之湫隘污秽,有碍卫生,更宜从速改良,以免疫气乘间祸人"①。在国门开放、文明交流的时代中,戏园这个娱乐场所也不再是仅供消遣之用,它与电影院一样,被赋予了补助教育的社会功能,与社会风气产生了关联。同时,由于戏园系中华传统京剧的演出场所,在电影院强势入侵娱乐空间的背景下,发展戏园、弘扬京剧甚至有了一点民族主义的味道。出于以上诸种因素,京剧名家杨小楼在考察了上海的新式剧场后,"颇感上海的新式舞台优于北京的旧式戏园,便萌生创建新式剧场的念头"②。于是,杨小楼与名旦姚佩秋、富商殿阆仙仙联手,在骡马市大街兴建一所改良剧场,名之"第一舞台","该舞台原为改良戏剧起见,其规模之大、结构之新,多仿文明诸国戏园,典式与上海新式大舞台相似,其一切背景皆系日本画师所画,将不久由上海搬来,开幕之日并聘著名优伶登楼演唱,以期一

① 《京铎》,《大自由报》1914年4月8日第7版。
② 刘嵩崑:《杨小楼与"第一舞台"》,《北京文史》2006年第2期。

新京师剧界之面目"。① 第一舞台于 1914 年 6 月建成,演出极为火爆,后来因火灾于 1937 年 11 月被焚毁。

尽管第一舞台作为改良剧场只是个案,但在民国时期的北京,仍有 20 多个传统戏园在维持经营,有许多戏园还打着"文明戏园"的旗号进行改良,在硬件设施与剧本、舞台表演等方面都进行革新。有竹枝词说:"园自文明创始修,开通破例萃名优。各家援例齐开演,男女都分上下楼。"②同时,舆论还将戏园作为中国国家形象的代表,主张"宜创建模范剧场一座,美其构造,雅其歌舞,洁其衣裳,使外人不生鄙夷之心,优伶得有观摩之地,此不独有关于社会教育,亦国家表示其文明之一种装饰品也"③。这样一来,戏园在北京向现代城市逐渐迈进的过程中并没有彻底衰落,相反在多种势力的推动下显示出一定的复兴迹象。在甘博于 20 世纪 30 年代做的北京娱乐空间统计中,有戏园 22 个,露天戏园 9 个,而电影院仅有 6 个。④ 这表明,就娱乐空间来说,戏园的主导地位并没有因电影的引入而被撼动。一个显著的例子是,一直酷爱传统戏剧艺术的顾颉刚,在来到北京上学后常常到城南的戏园看戏,但他在 1924 年 2 月 5 日的日记中记道:"真光戏场我是第一次去,觉得看戏的人全带贵族性。与下午到东岳庙,看西洋镜,真是两个世界了。"⑤可见,电影在北京并未能取代传统戏园的主导地位,到戏园看戏、捧角仍是多数北京市民的娱乐方式。

李欧梵在研究民国时期的上海电影时说:"看电影对上海的男男女女来说,就成了一种新的社会仪式——去电影院。"⑥相比之下,北京的情形则迥异于上海,去电影院这种在上海属于"摩登"的新生活方式,对北京的市民而言只不过是像去戏园听戏一样的消遣活动。据吴

①　《改良舞台》,《顺天时报》1913 年 11 月 28 日第 5 版。

②　忧患生:《京华百二竹枝词》,载雷梦水等《中华竹枝词》,北京古籍出版社 1996 年版,第 288 页。

③　《北京市政之急宜整顿(续)》,《顺天时报》1916 年 12 月 2 日第 2 版。

④　[美]西德尼·D. 甘博:《北京的社会调查》,中国书店 2010 年版,第 232—246 页。

⑤　《顾颉刚日记:1913—1926》,台北:联经出版事业股份有限公司 2007 年版,第 452 页。

⑥　[美]李欧梵:《上海摩登:一种新都市文化在中国(1930—1934)》,毛尖译,人民文学出版社 2010 年版,第 127 页。

祖光考察，包括青年学生、新闻记者、前清遗老、社会名流等在内的北京市民，更愿意去戏园捧角，在与演员表演的互动中、与其他捧角家的争斗中享受戏园中的乐趣。① 也有人指出："电影院虽然作为新式的娱乐场所受到了北京市民的欢迎，但却无法替代戏园、茶楼在北京市民娱乐生活中的主要地位。"②文学作品的描述也印证了这一事实。在老舍的北京小说中，几乎没有写到电影院；在张恨水的《春明外史》《啼笑因缘》等北京小说中，戏园作为故事背景出现的频繁程度也要远大于电影院。可见，电影院对北京市民娱乐生活的影响十分有限。

回顾本书开始甘博在 1920 年前后对北京娱乐空间的深刻预见，结合后来北京电影院的实际发展情况，我们可以清晰地发现，以电影为代表的现代娱乐方式未能获得北京市民的普遍接受，电影院这一现代娱乐空间也没有取代北京传统戏园、坤书场的位置，最终使北京的娱乐空间呈现出中西共存、传统与现代交叠的局面。

第三节　香厂的兴衰：现代商业区在北京的境遇

老人谢了谢警察，又走回砖堆那里去。看一眼小崔，看一眼先农坛，他茫然不知怎样才好了。他记得在他年轻的时候，这里是一片荒凉，除了红墙绿柏，没有什么人烟。赶到民国成立，有了国会，这里成了最繁华的地带。城南游艺园就在坛园里，新世界正对着游艺园，每天都像过新年似的，锣鼓，车马，昼夜不绝。这里有最华丽的饭馆与绸缎庄，有最妖艳的妇女，有五彩的电灯。后来，新世界与游艺园全都关了门，那些议员与妓女们也都离开北平，这最繁闹的地带忽然的连车马都没有了。③

——老舍《四世同堂》

① 吴祖光：《广和楼的捧角家》，载姜德明编《如梦令：名人笔下的旧京》，北京出版社1997 年版，第 315—320 页。
② 李微：《娱乐场所与市民生活——以近代北京电影院为主要考察对象》，《北京社会科学》2005 年第 4 期。
③ 老舍：《四世同堂》，载舒济、舒乙编《老舍小说全集》第 7 卷，长江文艺出版社 1993年版，第 232 页。

上面引文中的"老人",是《四世同堂》中主要人物祁老人的邻居李四爷,他生于清朝末年,自小在北京长大,历经清末、民国、沦陷三个不同的时期,亲历了北京城在不同时期的变化。老舍借李四爷之口所描述的在先农坛外繁华一时又快速衰落的"新世界"与"城南游艺园",正是本节所要阐述的对象。我们试图通过考察位于城南香厂新区及其区域内的"新世界"游乐园、"城南游艺园"在民国后的兴起、繁盛与衰落过程,从而勾勒出民国北京消费娱乐空间变迁的轨迹与国都北京消费娱乐空间的特点,进而揭示这两处新型的城市空间对北京市民生活的影响。

我们在前文考察了民国北京以庙会、市场、商场、电影院等代表型的消费娱乐空间的演变,其实,在民国初年,北京还出现过一个囊括了商场、饭馆、电影院、戏园等各种消费娱乐设施的新模范区——香厂。香厂地区在民国成立后规划建构,并快速繁荣。在香厂新市区,"新世界商场"与"城南游艺园"是两处影响最大的消费娱乐场所,名扬一时。

香厂地处外城,其东面与天桥相邻,南面与先农坛相望,东北是前门商业区,西北是厂甸、琉璃厂市场。关于香厂的范围,民国时期有这样的描述:"东岳庙东北,有永安桥。桥亦明代旧物,现在犹存。再东为万明寺,现也为万明路。东西横亘为香厂,现改为香厂路。"①张次溪的描绘则更为直观:"由天桥儿以西,牛血胡同以南(今改为留学路),凡空地而未经盖房者,大概齐全叫香厂儿。"②香厂在明清时期还是一片破旧之地,晚清的地图标明,当时的香厂几乎是一个巨大的废水池,"外城的旧例,凡空地必蓄死水,附近之居民,或是熟皮子,或是开染坊,利用死水坑子,以营其业,名曰香厂,实则臭的难闻"③。也有人记载:"先农坛以北,原有明沟,以通街市积水,夏日暑气熏蒸,行者掩鼻而过。"④可见,香厂最初只不过是一片偏僻、开阔的空地而已,但这个

---

① 《旧京旧记·香厂》,载王彬、崔国政辑《燕京风土录》(上册),光明日报出版社2000年版,第287页。

② 张次溪编著:《天桥丛谈》,中国人民大学出版社2006年版,第7页。

③ 张次溪编著:《天桥丛谈》,中国人民大学出版社2006年版,第7页。

④ 《旧京旧记·香厂》,载王彬、崔国政辑《燕京风土录》(上册),光明日报出版社2000年版,第287页。

位置偏僻、环境恶劣的区域,到了晚清之后却迎来了新的命运。

晚清国力积弱,接连遭受北洋海战失败、庚子事件的打击,慈禧政权被迫实行新政,在政治、军事、经济、教育等方面做出改革。1905 年,清廷派出载泽等五位大臣分赴东西各国考察政治,此后清政府开始筹备实行立宪,而立宪运动导致清廷"割让"部分地方政权,因此地方自治即成必然之势。1909 年,清政府颁布《城镇乡地方自治章程》,1910年,颁布《京师地方自治章程》。① 北京地方自治的施行,自然会对城市建设、空间结构产生影响。特别是在清末实行新政,清廷急于表现革新意图的背景下,对北京城进行空间改造随即被提上议程,建设一个模范市区即为其中一项举措。然而,由于内城空间结构秩序森严,衙署密布,内城里又有皇城居中,北起钟、鼓楼南至永定门的中轴线建筑群规划整饬,改造犹难。因此,新市区的建设只能选在空间秩序管制较松的外城。适逢此时北京外城的娱乐市场渐趋繁荣,尤其是每年的春节期间更加热闹,"光绪三十二三年(1906—1907),北京的新春娱乐场,忽然间竟不敷用,于是茶棚、戏棚、杂技、小贩,全都奔了香厂,占领地盘,旗帜鲜明,生意畅旺。那二年一进正月,游逛家都奔了大街南,所有塔儿店、花枝营等处,顿形热闹"②。由于有这样的先天便利条件,"宣统元年(1909),外城巡警总厅和市政公益会绅商定议,由厅和商会官商合组一公司,招股办理香厂地做一个模范市区,把低洼地方运土填平,一方面收买民房开始展拓,另一方面于新正把琉璃厂的厂甸会场改迁在现在的万明路,设立临时商场,香厂由草昧慢慢地开化"③。这样,就以官商合办的形式,意欲将香厂这个荒凉、破旧之地建设成规划整齐的模范市场。

香厂最初的规划建设是很简单的,只是将原来的沟渠用土填平而已,并没有成规模的建设,实际上只是一个临时的市场。由于"香厂本浮土平垫,一经雨水,变为泞泥,否则遍地浮土缠足,人不易行"④。香

① 虞和平:《中国现代化历程》第一卷,江苏人民出版社 2005 年版,第 325—326 页。
② 张次溪编著:《天桥丛谈》,中国人民大学出版社 2006 年版,第 7 页。
③ 张次溪:《天桥一览》,中华印书局 1936 年版,第 4 页。
④ 《香厂之路》,《燕尘杂记:燕报附张》1910 年第 1 卷第 7 期。

厂模范区建设的滞缓与晚清政局的动荡、社会经济状况的恶化直接相关,表面上是官商合办,但地方政府无所作为,向社会所招之股也因时局不稳未能投资兴建,最终导致香厂建设没有明显的进展。香厂的繁盛仅仅限于每逢春节时的临时市场所吸引的游客而已,但这一时的繁华也足以称为京城的一奇了,酒馆、茶棚、戏棚聚集,都中士女争相游逛,其热闹程度几乎超过了厂甸,当时有人描绘道:

> 香厂今春始不荒,无端花事太忽忙。试看多少如花女,竟学明妃汉阳妆。高馆娇声唱酒筹,游人如堵屡回头。分明不是宜春院,也算明皇听笛楼。数日东风送岁寒,寻春倚遍玉兰杆。满城春色归何处,笑把娥眉仔细看。①

又有竹枝词写道:

> 年年香厂为春留,宝马香车竟日游。最是帝城风景好,呼儿约伴快梳头。巧将兰佩映春容,镜畔私看兴自浓。新样莫教郎不见,会芳园里驻游踪。来游大半为倾谈,茶社如何判女男。争奈眼光多吸力,恼人情绪发参参。东西满座绕群花,斗媚争研妙品茶。怪煞翩翩年少辈,寻春门巷向琵琶。远瞩高瞻总不遑,问郎两眼为谁忙。欢情恋此归途晚,一路荧荧似夜光。②

然而,香厂市场的繁华只是一时盛况,并没有形成像东安市场一样的固定市场。春节之后,"春事将及半月,而天公不情,风伯作虐,元规之尘污人,游人之兴为减。香厂各茶社生涯顿索,诸主人审时度势,知不如收拾枪旗,早作归计,已于十六日纷纷拆棚,上林春、会芳园气雄力厚,亦有卷席而去之意。于是香厂又将变为荒郊矣。嗟呼!自香厂开幕至今,不知消耗如许光阴、如许钱财,以时计之,不过十五日耳,而繁华易歇,盛会不常"③。这种情况一直持续到清朝结束。

---

① 《香厂》,《燕尘杂记:燕报附张》1910 年第 1 卷第 12 期。
② 《香厂竹枝词》,《燕尘杂记:燕报附张》1910 年第 1 卷第 12 期。
③ 《今年香厂》,《燕尘杂记:燕报附张》1910 年第 1 卷第 18 期。

民国成立后，香厂仍归外城巡警总厅管辖，尽管清朝作为一个政权已经消亡，但清末规划的香厂模范区计划却得到了民国政府的延续。官方仍实行香厂的新模范区计划，继续实行官商合办的方法，"允准商民开作临时商场，故于管理上颇加注意"①。然而，官商合办的形式未能有效推进香厂模范区的建设，官商合组的股份公司始终无所作为。为了繁荣香厂市面，外城巡警总厅决定将香厂市场改为商办，巡警总厅在"公告"中表示："此次香厂市场改组，系归地方团体招商租地建筑开办，所有从前香厂新式公司名目即行取消，其已收股份，自通告日起，限一月内持据向本厅领回原款，与现办香厂市场无涉，其香厂市场四周范围内如确有民间私地者，亦自通告日起，限一月内持真实契据向本厅呈明核办。"②官商合办的方式之所以失败，是因为政府与民间资本有不同的利益诉求，在政府一方，希望借助民间资本实现香厂新区的规划，投资建设修路、建筑房屋等基础设施，而民间资本则趋于近利，不愿意对基础建设投资。香厂改为商办后，成立了市场自治会，由自治会对外招商，"仿照宣元办法，先于新正开放，定限一月招商赁设货摊茶棚。伶人俞振庭承租西首的旷地开设振华大规模的戏棚。东首又有人组织蹦蹦戏一棚"③。这样一来，香厂又回到了自由发展的局面。吴宓在1911年的日记中记录他到香厂游逛时的情景："乘人力车至香厂游览。其地多茶棚，再则玩把戏者、卖玩物者。有售手制各种果品，厥形颇肖。此外无甚可观，而游人如鲫，男女相轧，喧阗纷咙，拥塞异常。京师繁华如是。"④此时的香厂虽然热闹、繁华，但仍缺乏必要的规划与设计，还处在自由发展的阶段。

1914年年初，有名优田际云向自治会"总董事会陈请招股包办建筑香厂工程事宜，业已与该会订立草合同"⑤，但随后自治会又被取消，开辟香厂市场一事又改归官办。此时外城巡警总厅被裁撤，香厂转由内务部直接管理。随后，又有"花丛房业公司为扩充房基范围起见，拟

① 《整顿商场》，《顺天时报》1912年4月13日第5版。
② 《新市场改归商办之通告》，《大自由报》1912年10月5日第7版。
③ 张次溪：《天桥一览》，中国人民大学出版社2006年版，第5页。
④ 《吴宓日记：1910—1915》，生活·读书·新知三联书店1998年版，第17—18页。
⑤ 《巩固商场》，《顺天时报》1914年2月21日第8版。

将香厂一带空地划归该公司所有,以便建筑"①,向内务部呈请,但未获批准。因此香厂新区的建设始终停滞不前。

　　香厂真正的变革出现在市政公所成立之后。我们在第一章中考察了市政公所成立的过程及其运行模式,特别是在公所成立的最初几年,对北京城的规划、改造尤为着力,在从全局、整体的角度制定规划的同时,市政公所也意识到了创建模范街市的重要性,认为"京城地方很大,概而言之改良,亦颇不容易,惟有先从一部分办起,作一个全市之中的模范,办着也容易,收效也快当"②。因此,市政公所成立后,立即规划了几个模范区域:"内城由宣武门起,往东顺着城墙,拐到户部街,再往东到御河桥一带保卫界止,又由宣武门大街,往北至西单牌楼,再往东顺着西长安街,至西长安门,往南顺着皇城到正阳门止;外城由西珠市口起,往西至虎坊桥止,又由虎坊桥往南,顺着龙须沟往东,由铺陈市南口至北口止,等处,为整理区域,分别筹划改良。"③我们在前文指出了市政公所在内城进行改造的过程及其遇到的强大阻力,因此,在内城兴办模范区的计划难以实现,而外城的模范区,亦即香厂一带,由于在清末即有兴办模范区的历史实践,因而具有现实可行的操作性,市政公所亦深明此理:要创建模范街市,"对于这块地方,便是第一件注意的事情。因为前三门是京都商务之中心点,前门大街以西,商务尤为繁盛,但因限于地势,无法再谋推广。大栅栏煤市街,固然是地窄人稠,往南去到西珠市口,也是街道太窄,不够一个振兴商务的地方。只有这香厂地方,可以好好的作个模范商场"④。当然,建设香厂新市区并不仅仅是为了繁荣市场、发展经济,民国政府与晚清政府一样,都是希望通过新模范的建设来彰显其改良社会、向西方国家学习以提升本国形象的目的,市政公所在出版于1919年的《京都市政汇览》中说:"旧日都市沿袭既久,阛阓骈繁,多历年所。而欲开辟市区以为全市模范,改作匪易,整理亦难。则惟有选择相当之地,以资展拓。使马路错综,若

①　《扩充地基》,《顺天时报》1914年3月3日第8版。
②　《改良市政经过之事实与进行之准备》,《市政通告》1915年第9期。
③　《改良市政经过之事实与进行之准备》,《市政通告》1915年第9期。
④　《晓谕香厂地方开辟新市收用房产理由办法告示》,《市政通告》1914年第3期。

何修筑，市房建造，若何规定，以及市肆品物、公共卫生，无不力求完备。垂示模型，俾市民观感，仿是程序，渐次推行，不数年间，得使首都气象有整齐划一之观。市闼规模具振，刷日新之象，亦觇国之要务，岂仅昭美观瞻已也。"①因此，开拓香厂市场就与正阳门改造工程一样，都是为了改善国家落后形象、彰显政府改良姿态。

自此，香厂新区的建设进入了实质规划、施工阶段。1914 年市政公所成立后，"悉心计划，着手进行。计南抵先农坛，北至虎坊桥大街，西达虎坊路，东尽留学路。区为十四路，经纬纵横，各建马路，络绎兴修，以利交通。其区内旧有街道尚未整理者，则分年赓续行之。路旁基地，编列号次，招商租领。凡有建筑，规定年限，限制程序，以示美观"②。从 1915 年至 1918 年，市政公所先是制定了《修订北京房地收用暂行章程》，规定了按土地等级确定不同的补偿金，收用了香厂原址的民房，随后基本完成了香厂新区的基础设施建设，新修建了万明路、香厂路等 14 条街道，建造了仁民医院、平康里 129 间房屋，同时，市政公所还制定了《标准香厂地亩规则》，将香厂原有土地按规划分块标号对外招商建设。在新区建设期间，经市政公所协调，正阳门瓮城改造工程所拆出的土方也被运到香厂平垫地基。③ 此时有报纸报道称："市政公所因正阳门改修工程行将告竣，而于新辟之模范街工事亦将从事建筑，故于日前已派遣工程队将香厂内纵横之马路相继开工筑修矣，此外，复有商家在香厂公地附近一带购买地皮，建造铺房旅馆。据闻该商场于明年即可完全成立云。"④

香厂模范区建成后，"兴建了化妆品公司、烟草公司、百货店、绸缎店、饭店、茶馆等百余家商店，非常兴隆，成为北京最新式商埠"⑤。还有汽车租赁行也到此承租门面营业，此外，在香厂路南空地，"有巨商王新益等筹集资金，建筑洋式新戏院一所，定名新明，规模极为宏大，约可容纳一千余人，日内即可落成。该院主人刻正分向京津各方面罗致

---

① 京都市政公所编：《京都市政汇览》，1919 年，第 104 页。
② 京都市政公所编：《京都市政汇览》，1919 年，第 104 页。
③ 《平垫香厂地基》，《顺天时报》1915 年 7 月 11 日第 7 版。
④ 《香厂开工建设》，《顺天时报》1915 年 10 月 13 日第 7 版。
⑤ 崔金生：《香厂路和东方饭店》，《北京档案》2012 年第 9 期。

著名新戏坤角,从此京师又多一娱乐场矣"①。完全按西方建筑设计的东方饭店、新世界商场也均先后落成。香厂繁荣以后,公娼也在此落户,"近有不肖之徒每以活动市面为辞,要求添设乐户,几致四郊地面皆有公娼。倾闻近日又有某商场经理呈请某公所,准在香厂建筑楼房,增设乐户二十二家,闻已经某公所批准云"②。当时有竹枝词描绘道:"香厂翻成世界新,如云士女杂流民。五层楼阁冲霄起,戏馆茶寮百味陈。"③至此,香厂即成为外城最大的新式商业、娱乐中心了。

规划建设香厂新市区的意义是重大的。民国政府继承并完成了清末新政背景下的香厂新区规划,使在古都北京建设现代都市模范区的设想成为现实。如果说民国初年市政公所在内城的城市改造如改造正阳门瓮城、拆修城墙等行为是在传统城市空间框架内做局部调整的话,那么香厂模范区的规划则是完全按照西方的城市模板建设起来的现代城市空间,其各项设施建设,如街道的修建、沟渠的整理、建筑的设计、路灯的安置等,都是按照西方城市市政理念进行设计的。香厂的建设过程,如建设之前对民间土地的收用、建成之后对外的招商,其经营模式也都仿效西方的市政模式,是西方城市建设经验在古都北京的一次成功实践。就当时的北京来说,香厂这一"新布置未可谓非北京最新之进化"④,是北京迈向现代城市的一次成功探索,建成了一个完全不同于传统的空间格局的新街区,并为现代消费娱乐空间的发展提供了平台。

在香厂对外招商的商业设施中,新世界商场是影响最大的一个。1917年,"有某商等拟在香厂地方模仿上海新世界之局面,建筑一极壮丽之新世界,以为都中人士之娱乐场"⑤。上海大世界是1917年建成开业的一个大型现代娱乐场,内设餐馆、戏园、电影院、商场等设施,开

① 《香厂大戏院落成》,《晨报》1918年12月11日第6版。
② 《香厂将添设公娼》,《晨报》1920年6月17日第6版。
③ 王开寅:《都中竹枝词》,载雷梦水等《中华竹枝词》,北京古籍出版社1996年版,第236页。
④ 《香厂》,载王彬、崔国政辑《燕京风土录》(上册),光明日报出版社2000年版,第287页。
⑤ 《香厂将添新营业》,《晨报》1917年2月23日第4版。

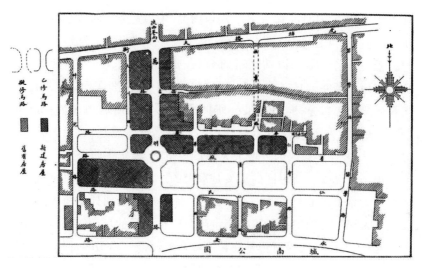

图 4-3　香厂新区平面图

图片来源:京都市政公所编:《京都市政汇览》,1919 年。

业后在上海红极一时。在香厂规划建设的过程中,北京有个叫刘宝赓
的商人嗅到了商机,发起召集资本金 35 万元,向市政公所申请租用地
块建设新世界商场,并且递交了由英国通和洋行设计的建筑图纸。市
政公所随即同意了该商家的申请,并对所递交的设计图纸进行检查,且
指出"原呈图样楼梯较窄,太平门较少",同时对停车场、避雷针、防火
等提出具体要求。① 新世界商场完全按照西洋的建筑风格设计,主体
楼高五层,局部七层,安装了电梯、避雷针、防火设备等先进设施,美国
人甘博称之为"小型的科尼岛或白城式的场所"②(二者都是美国的大
型娱乐城)。工程于 1917 年年底完成,"定于旧历正月初一日开门售
票,每券二角"。③ 新世界商场(见图 4-4)于 1918 年开业之后,实际每
张门票收取 30 枚铜圆。

---

① 孙刚选编:《民国时期香厂新世界商场筹建与修缮史料》,《北京档案史料》2006 年
第 4 期。

② [美]西德尼·D. 甘博:《北京的社会调查》,陈愉秉等译,中国书店 2010 年版,第
249 页。

③ 《提前开幕》,《益世报》1918 年 1 月 31 日第 6 版。

图4-4　香厂新世界商场

图片来源:新都市政公所编:《京都市政汇览》,1919年。

为了吸引游客,新世界在开幕之初便在京城的各大报纸上大力投放广告,刊登在《晨报》上的高密度广告更是持续了一年之久,广告内容详细地介绍了内部各层的设施与娱乐项目:

楼下:小有天南北菜馆,屋宇宽畅,有宜卫生,崇雅坤社全班学生,外聘坤角苏兰舫、金凤奎、张秀琴、双兰英、张玉凤、小四喜等文武名角,日夜准演拿手好戏。池内奇菊多种,香气袭人,颇可赏观。

二层楼:新奇电影,大套新片,特别著名荣庆昆弋、韩世昌、白玉田、郝振基、侯益隆等全班艺员每晚准演全本拿手好戏。京津杂耍,全顺堂、锡泽亭梅花大鼓,德润田马头调,刘小峰小口大鼓,讷鉴泉五音联弹,刘小峰锡有错行堂连琴,齐全子恒七音大鼓,曾振亭连珠快书,陈子贞、广润田对口相声,华子元戏迷传,刘德顺、卢福祥奇巧戏法,荣健臣文明单弦,徐狗子、张顺义文武改良双簧。

三层楼:南北名花书场,特请八埠南北各花专演改良曲词,如二簧、梆子、各种时调、淮调、大鼓、半班等戏,哈哈奇镜玲珑奇巧。

四层楼:吉士林大菜馆专做英法大菜,餐堂宽畅。

五层楼:屋顶花园,铁质飞桥,高榭亭台,仰观四空,万景毕集,心旷神怡,殊为佳境。①

为了吸引游客,新世界商场不惜重金从国外引进各种艺术表演。1918 年 4 月,"新世界请欧洲独一无二艺术大家克浪配君与美丽夫人合演惊人绝技,如平步刀梯、巧过刀桥、长针刺身。最新之催眠术、身上发火吸烟、玻璃屑上裸体柔术、三双台上大献身手、小犬演戏、离奇幻术等技艺"②。5 月,"特聘外洋新到美女、著名大跳舞家来华。闻美女在欧美各大剧场献技时,每一登台彩声雷动。该场特聘起献技三天,门票照常,不另加价"③。6 月,"哈哈镜新由外洋运来,已于旧历五月初三日装置于三层楼,斯镜凸凹奇巧,见者未有不哈哈一笑者",同时还引进了"各式灯彩,玲珑奇巧"。④ 新世界商场在开业之初如此频繁地引进外国的艺术表演项目,显然是为了塑造自身不同于北京其他娱乐场所的"西洋"特色,彰显其与世界接轨的现代化经营方针。同时,新世界商场的经营者还通过引进现代化的设施来制造一种新生活的意象,进入冬季,"本场刻因天气渐冷,欢迎游客起见,各层楼均预备装设电炉,温和可爱,另备风窗,以避风雪"⑤。而当时北京基本还使用烧煤供暖设备,像周作人这样的知识分子阶层也以能在糊着纸窗户的房子里享受煤暖气为幸。⑥ 新世界对于现代化设施的装备,恰好为北京市民体验西方的现代生活、娱乐方式提供了可能。新世界商场的开幕与经营,代表着西方现代娱乐方式在北京的渗透,"这种模仿上海大世界游艺场的做法,更是西方文明的象征,在当时轰动了整个北京城,一时香厂路一带车水马龙,游人如织"⑦。逛新世界一时间成了一种新的生活方式,"新世界"的名称本身即象征着对一种新生活的期待与想象。

① 《新世界广告》,《晨报》1918 年 12 月 1 日第 4 版。
② 《新世界演新艺术》,《晨钟报》1918 年 4 月 5 日第 5 版。
③ 《欧美跳舞家来京》,《晨钟报》1918 年 5 月 2 日第 5 版。
④ 《端午与新世界》,《晨钟报》1918 年 6 月 12 日第 6 版。
⑤ 《新世界广告》,《晨报》1919 年 1 月 18 日第 4 版。
⑥ 周作人:《北平的春天》,载姜德明编《北京乎——现代作家笔下的北京》,生活·读书·新知三联书店 2005 年版,第 14 页。
⑦ 叶祖孚:《燕都旧事》,中国书店 1998 年版,第 225 页。

1919年6月11日下午,陈独秀带着《北京市民宣言》到新世界商场顶楼散发,"词意煽惑"①,随即被逮捕。陈独秀是新文化运动的主力,当时北京的高楼建筑并非只有新世界一处,位于王府井的北京饭店的主体建筑即有7层,陈独秀选择在新世界商场散发"宣言",显然有借意于新世界商场之"新"的味道。总之,新世界建成以后,不仅在高度上成为外城的地标建筑,也成了引领北京新生活风潮的领地。(见图4-5)

图4-5　自新世界最高处北望去景山

图片来源:《市政通告》1920年第26期。

在新世界商场建成之前,北京的娱乐、消费空间都是分散的,诸如戏园、电影院、餐馆、商场等,都有各自的地盘,互不渗透,像新世界这样将餐饮、娱乐、购物等诸项目囊括于一体的娱乐空间在北京还是第一次出现,以致开幕之后即吸引了京城人士蜂拥而至,报载:"新世界商场于旧历新正元旦日开幕,都中士女往游者约有万余人,及至昨日,游人仍有增无减,其盛况洵为从前所未睹,亦北京之创举也。至该场地址之

---

①　刘苏选编:《五四时期陈独秀被捕档案选》,《北京档案史料》2011年第2期。

宽广，构造之美丽，尤称壮观焉。"①新世界营业以后，也吸引了京城大量的文人、学者前来消费、游逛，俞平伯的日记中记道："（1918 年 3 月 7 日）晨起至前门外'天华'照相。……下午上刘'文学史'。至新世界晚餐，遇曾君。"②此后，他又"屡游新世界"③。显然，新世界的开业大大拓展了京城的消费、娱乐空间，丰富了北京市民的消费、娱乐方式。据时人观察："香厂地方之新世界游艺商场开幕以来，游人甚多，有时因风雨天气，游人便形减少，据该场人云，平均计算，每日可售票四千数百张，有千余元现款之收入，每日除五百元开销外，竟获数百元之利云。"④甘博的调查也与这一数据大致相当："平常日子游客平均是2000 人，周六和周日可达到 4000 人。但是，近来自从南城娱乐园开张以后，这儿的游客人数大约下降到了一天 1000 人。"⑤与上海的大世界娱乐城一样，北京的新世界商场也给北京市民带来了全新的消费娱乐体验，使一般的公园、商场顿时减色。"北京新世界开幕之时，正系万户更新之日，香厂一带车马塞途，红男绿女空巷而来，其他公共场所若中央公园若劝业场等，元旦日颇冷落者，受新世界之影响也。"⑥仅就新世界高达七层的建筑并安装了电梯一项，即可为京城市民提供现代大厦的空间感受，"当时除北京饭店有电梯外，其他的地方确实没有"⑦。且其屋顶花园的设置在北京可能属首例，⑧"都人士日尝所见者多系低檐矮屋，一旦见此七级大建筑，莫不震其新颖，咸欲登屋顶一观，藉扩眼界。故屋顶与下层相通之梯最为热闹"⑨。新世界的建筑形式与经营模式，这种从上海复制来的现代消费娱乐空间，在登陆古都北京后获得

---

① 《新世界之盛况》，《顺天时报》1918 年 2 月 15 日第 7 版。
② 《俞平伯全集》第 10 卷，花山文艺出版社 1997 年版，第 148 页。
③ 《俞平伯全集》第 10 卷，花山文艺出版社 1997 年版，第 150 页。
④ 《新世界之输入》，《顺天时报》1918 年 3 月 20 日第 7 版。
⑤ ［美］西德尼·D. 甘博：《北京的社会调查》，陈愉秉等译，中国书店 2010 年版，第 250 页。
⑥ 《新世界开幕》，《豫言》1918 年第 60 期。
⑦ 金应元、田光远：《城南游艺园与新世界——二十年代北京两大综合游艺场》，载中国人民政治协商会议北京市委员会文史资料研究委员会编《文史资料选编》第 19 辑，北京出版社 1984 年版，第 312 页。
⑧ 张复合：《北京近代建筑史》，清华大学出版社 2004 年版，第 237 页。
⑨ 《新世界开幕》，《豫言》1918 年第 60 期。

空前的成功,这表明,北京像上海一样,在一定的历史条件下,也具有发展现代化的空间。

新世界商场的成功使人们看到了北京娱乐市场的巨大商机,于是,在新世界开业后不久的第二年,在香厂以南的另一个大型娱乐场——城南游艺园也开幕了。

城南游艺园是在先农坛北部地面上兴建起来的,1917 年,"经市政公所请拨外坛北部作城南公园"①。1918 年,江西商人彭秀康认为"该处地势空旷,附近也无什么大型建筑物,既有土山,又有小河流经其间(原天桥'水心亭'即在该地),绿柳成荫,景物宜人,经过精心布置,于一九一八年便建成一座综合性的大型游艺场——城南游艺园"②。与新世界商场的高楼不同,城南游艺园"是一大片水泥建筑的平房。这里的电影、上海的地方戏、剧院的演出以及餐馆等设施与新世界完全类似"③。城南游艺园的经营模式与新世界商场类似,都采取一票入园制,"惟地面宽阔,乃就平面而施点缀,种种游戏之外,短篱曲径,水石林木亦尚擅天然之趣。游者足以回旋,又无钻太平门,跳百尺楼这危险,其优胜也固宜"④。游艺园里兴建了京剧场、文明新戏场、电影场、杂耍场、魔术场、木偶戏场等。⑤ 城南游艺园于 1919 年正月初一开放,"开张后,轰动一时,京中士女倾城来游。尤其是住在前门一带的人,来往近便,更以此为唯一的游憩胜地,有时一日数至"⑥。

为了与新世界竞争,城南游艺园又利用自身占地宽广的优势,从广东引入烟花燃放,从海外引入花样赛车等项目,"近日游人甚形热闹,除已添设魔术戏法外,又拟将坤书杂耍场改组,并于每星期日晚间十点

---

① 吴廷燮等:《北京市志稿一·前事志、建置志》,北京燕山出版社 1998 年版,第 616 页。

② 金应元、田光远:《城南游艺园与新世界》,载《文史资料选编》第 19 辑,北京出版社 1982 年版,第 306—307 页。

③ [美]西德尼·D. 甘博:《北京的社会调查》,陈愉秉等译,中国书店 2010 年版,第 250 页。

④ 转引自《北京先农坛史料选编》编纂组《北京先农坛史料选编》,学苑出版社 2007 年版,第 250—251 页。

⑤ 金应元、田光远:《城南游艺园与新世界》,载《文史资料选编》第 19 辑,北京出版社 1982 年版,第 307 页。

⑥ 刘叶秋、金云臻:《回忆旧北京》,北京燕山出版社 1996 年版,第 15 页。

燃放大盒烟火,闻该烟火每盒价值十元,当必大有可观也"①。城南游艺园内经过改良的坤书场是其与新世界最大的不同,"特点是所有演员都是坤角(女演员),无论主角或底包(打旗、龙套等等)全是女的"②,且坤书场内实行男女混座,便于一家人听戏。③ 在社会风气保守的北京,男女混座的坤书场比电影院早了近十年,这也为游艺园带来了大量的游客。游艺园开业后,一直酷爱戏剧艺术的顾颉刚就成了这里的常客,1921 年 9 月 9 日,他第一次去游艺园,"听李大玉梨花大鼓,爽快极。归已十一点半矣"④。两天后,"到游艺场听李大玉梨花大鼓,于瑞凤等五音联弹,金艳琴快书"⑤。10 月 23 日,"至游艺园,吃西餐,看影戏、焰火,听李大玉《取城都》、《小黑驴》。中间出园,香厂剃头"⑥。11 月 9 日,"夜饭后欲至游艺园看李大玉,仲川等坚止之。至前门,各雇车,因仍至游艺园。私计到园时近十点,大玉快出矣。孰知坤书声改为杂耍场,这一班都不见了。一时怅惘,竟要哭出。这是我大扫兴的事"⑦。可见,游艺园内的传统戏曲成为吸引游客的重要法宝,也反映出北京市民传统的艺术趣味与娱乐心态。报载:"城南游艺园自旧元旦日至今,该场营业非常发达,坤戏场文明戏场几无立足地,包厢非第一天预定不可,否则即无包厢矣。"⑧

　　凭借着各种改良的娱乐项目与促销手段,城南游艺园开业后很快就成了与新世界商场一样并列于香厂模范区内的两大标志性游乐场。据甘博统计,城南游艺园"平时入园人数平均在 4000 人,而周六和周日则达到 6000 人。这里的营业时间是上午 11∶00 到晚上 11∶00,门票

---

① 《游园日有进步》,《益世报》1919 年 2 月 21 日第 6 版。
② 金应元、田光远:《城南游艺园与新世界》,载《文史资料选编》第 19 辑,北京出版社 1982 年版,第 307—308 页。
③ 北京的戏园与电影院一样,最初也实行男女分座。
④ 《顾颉刚日记:1913—1926》,台北:联经出版事业股份有限公司 2007 年版,第 158—159 页。
⑤ 《顾颉刚日记:1913—1926》,台北:联经出版事业股份有限公司 2007 年版,第 159 页。
⑥ 《顾颉刚日记:1913—1926》,台北:联经出版事业股份有限公司 2007 年版,第 175 页。
⑦ 《顾颉刚日记:1913—1926》,台北:联经出版事业股份有限公司 2007 年版,第 181 页。
⑧ 《游艺园有满之患》,《顺天时报》1923 年 2 月 26 日第 3 版。

是 30 分一张"①。

在 20 世纪 20 年代的北京,香厂模范区无疑引领了北京南城的新风尚,特别是新世界商场与城南游艺园,在一定程度上成了香厂的代名词。新世界商场七层大楼的现代娱乐航母,代表着现代化的娱乐方式在北京的最大成就,也象征着现代化在北京的娱乐空间中所能达到的最高程度。

然而,香厂的繁荣未能持续。"新世界开办不久,因观众争乘电梯,拥挤不堪,曾挤死一人。"②这一意外事故使新世界的游客裹足不前,且城南游艺园开放后又分流了一大部分游客,新世界从此一落千丈。不料后来城南游艺园竟发生了一件更严重的事故,"该场去岁建筑文明戏坤戏两包厢,为贪图小利,临时赶造,工程既不坚固,材料又极脆薄,一经重压力,则渐渐有声,孰意不出旬日,竟发生极惨烈之压毙人命案"③。包厢塌陷事故致死一人,伤十余人,且死者是当时盐务署一位官员的女儿,年仅十七岁。事故发生后,游艺园的经理彭秀康外逃,游艺园也被停业整顿,后虽历经周折得以复业,但繁荣程度与之前已不可同日而语。

1928 年国都南迁,北京失去了国家政治中心的地位,市面顿时陷入萧条,于是新世界商场与城南游艺园就出现了本书开头老舍所描绘的荒凉局面。随着两大综合娱乐场所的衰落,整个香厂模范区也陷入了荒凉,不复当年的繁华景象,有竹枝词写道:"香厂繁华异昔年,城南园废锁荒烟。近来车骑还阗咽,争看游人放纸鸢。"④香厂这个由官方按照西方城市规划招商建设的现代新市区,在经历了短暂的繁华后就迅速地归于沉寂,成为一片荒凉之地。

香厂新区在北京昙花一现式的繁荣,也表征着现代化在古都北京

---

① ［美］西德尼·D. 甘博:《北京的社会调查》,陈愉秉等译,中国书店 2010 年版,第250 页。

② 金应元、田光远:《城南游艺园与新世界》,载《文史资料选编》第 19 辑,北京出版社1982 年版,第 314 页。

③ 《城南游艺园之大惨剧》,《晨报》1921 年 2 月 14 日第 3 版。

④ 顾震福:《故都清明踏只词》,载雷梦水等《中华竹枝词》,北京古籍出版社 1996 年版,第 315 页。

的独特际遇,亦即现代化未能在北京的娱乐空间中获得长足的发展,而是仅经过短暂的生长后即夭折。究其原因,政局不稳、时局动乱、经济萧条,直接导致了市民不愿涉足娱乐场所,在 1924 年前后城南游艺园还曾一度被冯玉祥的军队所占用,但更根本的原因在于北京娱乐空间的特殊结构与北京的地域文化特征。

　　以新世界商场与城南游艺园为代表的香厂模范区,其市场定位并不是面向所有北京市民的平民娱乐,而是倾向于上层社会的精英娱乐。新世界商场采取通票的经营模式,购买门票后即可使用场内的大部分娱乐项目,"入门券每位三十枚,孩童券十五枚,月券五元,利便券一元,中餐券五角,西餐券一元,二层包厢六位二元,八位二元五角"①。城南游艺园与新世界商场的经营方式、门票价格都如出一辙。然而,考虑到北京当时的市民消费能力,大部分的北京市民并不能承受 30 枚铜圆的门票。与中央公园、古物陈列所等新辟的公共空间一样,香厂模范区并不是面向全体平民的娱乐场所,具有一定经济实力的中上等社会人士才是香厂的游客主体。就当时北京社会的人口构成来说,能承担这种消费水平的多是北京庞大的官僚群体、知识分子及其家属等。甘博的观察也证实了这一事实:"出入这些公园的大多数是学生、商人和办事员。劳动大众来得很少,主要原因是门票太贵。妇女逛公园的越来越多,她们多是结队而来或是同男人一起来。一个中国家庭全家出来玩一个晚上也并不稀奇。"②能够举家前往香厂游玩的,一定不是北京的贫民家庭。1919 年初秋,城南游艺园因园内开放了一株并蒂莲花,随即向游客公开征诗,③并将所征之诗结集为《京师城南游艺场并蒂莲征诗册》出版,以招徕游客。可见,城南游艺园自身也将其消费主体定位于有一定程度的经济实力与文化水平的上层社会人士,而不是普通的平民。因此,当 1928 年国都南迁之后,大量聚集于北京的官僚群体、文化机构的知识分子及其家属等随之南下,香厂的游客群体也瞬

---

① 《新世界广告》,《晨报》1919 年 3 月 27 日第 4 版。
② [美]西德尼・D. 甘博:《北京的社会调查》,陈愉秉等译,中国书店 2010 年版,第250 页。
③ 《城南游艺园并蒂莲征诗揭晓》,《晨报》1919 年 10 月 4 日第 6 版。

间被抽离。香厂的衰落实属必然。

此外,以新世界商场为代表的香厂模范区现代化的规划及其经营方式,其源本于上海,但它在北京的际遇却迥异于上海。摩登大楼对于民国初年的上海市民来说已是寻常之物,然而,对北京市民而言,"新世界纯仿学海式之几层楼,既嫌逼仄,上下尤觉费力,虽有电梯,究属沉闷(初试电梯,尚有新奇之观念,久则有拿活人当水桶之苦感矣。后又陷跌一人致命,益无人问津)。入其中,但觉笙歌嘈杂,人影憧憧,屋顶虽有花园,奈花园本不宜于屋顶。此等建筑,在尺地寸金之上海,见惯司空,尚可安之若素,旧都人士,皆轻缓带之流,当然不合于适者生存之公例矣"[1]。风行于上海的摩登大楼似乎不能吸引习惯了传统慢节奏生活的北京市民,北京的人们更愿意去那些空间开阔的戏园、市场消磨时光,因此,像新世界商场这样的现代化大楼经历了短暂的风光之后便沉寂了。在城墙围拢的古城当中,香厂新区如同一块飞地,而新世界这样的高大建筑在北京南城的平房围拢之中也显得突兀与孤单,与北京的城市风格极不协调。

再则,为了适应北京的娱乐市场,以新世界商场为代表的现代娱乐空间在进入北京之后也不得不对北京的传统地域文化做出让步。在这个现代化的建筑里面,兼容了西方电影院与中国传统戏园,西洋的哈哈镜、舞蹈表演与中国民间的各种曲艺同场竞争,当时,"新世界市场内有十一家商号在营业:球房、中餐、西餐、茶社、照像、理发、镶牙、钻石、眼镜、洋货、古玩"[2]。无论是消费还是娱乐,新世界都没有用纯粹的西方现代风格来经营,而是为中国传统的消费娱乐项目留足了空间,两处娱乐场所的经营者显然看到了北京传统娱乐项目强大的生命力。因此,在新世界这个现代城市空间外表下所包含的传统消费娱乐项目,其本质仍是新瓶装旧酒,这也意味着现代化在消费娱乐空间中对北京传统地域文化的妥协。

香厂模范区的繁荣得益于新世界商场与城南游艺园的带动,这两处娱乐场所的衰落也导致了香厂地区最终走向萧条。有学者认为:

① 转引自《北京先农坛史料选编》,学苑出版社 2007 年版,第 250 页。
② 张复合:《北京近代建筑史》,清华大学出版社 2004 年版,第 238 页。

"香厂新市区的规划和建设可以看做是北京进入民国以来,中国本土官员和技术专家学习西方城市文明的一次有意义的尝试,这种尝试更多的是一种'形似'而非'神似',特别是对于西式街区的学习仅仅是表面的模仿,对西方这种街区设计背后的人文因素缺少认识。"①实际上,香厂衰落的根本原因不在于规划与建设,以市政公所为代表的北京政府机构照搬西方的城市经验之所以未能在北京获得长远的成功,其根源在于北京还不具备上海那样发展现代商业文化的条件。如果我们把香厂模范区的建设与经营看作是现代化在北京的生长,那么,香厂经过短暂的繁华又迅速陷入衰落说明北京还不具备滋养现代商业文化的土壤。其兴也勃焉,其亡也忽焉,以香厂模范区为代表的娱乐空间在民国北京繁荣与衰落,也表征着现代化在民国北京的真实际遇。相比之下,离香厂不远、几乎与香厂同时兴起的天桥平民娱乐市场却在民国时期获得了长足的发展,并一直持续到北平前夕。这正是下一节要探讨的内容。

第四节　天桥的空间生产与平民狂欢

长期以来,北京天桥地区因其代表了北京独特的地域文化特征而广受不同学科研究人员的关注。早在民国时期,当天桥还处在形成过程中时,张次溪先生就着手搜集相关资料,在中华人民共和国成立之前就著成了《北平天桥志》《天桥一览》等书。② 张先生从民俗学的角度考察了天桥市场的变迁史,记录了天桥的娱乐活动、著名艺人,曲艺场、杂技场的类型,摊贩的种类与各种地方饮食,只要是与天桥相关的事物,事无巨细,均广为收录,为后来的天桥研究积累了宝贵、丰富的资料。张先生的研究方式是典型的地方志的理路。同为民俗学的当代学者岳永逸则把"小"天桥看作"大"北京的一个缩影,他试图通过天桥这

---

① 王亚男:《1900—1949年北京的城市规划与建设研究》,东南大学出版社2008年版,第84页。

② 张江裁:《北平天桥志》,国立北平研究院总办事处出版课1936年版;张次溪:《天桥一览》,中华印书局1936年版。张次溪(1909—1968),号江裁,广东东莞人。

个"杂吧地"来表达"社会、政治、文化、历史结构和人们观念世界中的'杂吧地'的价值理性"①，着重从天桥所象征的北京"凸"字形空间的下半体逆向解读景象万千的北京。董玥通过考察天桥市场商品的"循环"特征，列举了天桥市场二手物品的假货云集、游客与艺人之间的匿名互动、民间表演的空间秩序，分析了天桥市场平民文化对等级秩序的颠覆及其在民国北京经济、文化生活中的中心地位，指出天桥市场传统的交易模式与娱乐空间秩序体现了其与北京其他市场的不同，从而区别于以现代化为特征的其他商业市场。②

本书的旨趣在于，通过梳理天桥在民国时期官方的规划方案与民间力量的互动中形成的史实，将天桥与北京其他的消费娱乐空间进行对比，以期发现天桥的独特性：它是如何在近代北京的动乱生态中幸存并繁盛起来的，最终又是如何成功抵抗了现代城市规划与现代化的入侵的。

天桥是在民国时期发展成为极盛的一个平民市场的。在 1936 年的"北京指南"中："天桥为一完全平民化之娱乐场所，亦即为北平社会之缩影。其市场之推展日渐扩大，卖艺劳动者日益增加，乃平民惟一之谋生处，盖三教九流无奇不有，百业杂陈无所不备。"③然而，在民国之前，天桥还只是北京南城的一个偏僻地带，人们对于天桥市场的生成过程及其背后的社会文化因素的分析还不充分。因此，回顾天桥走向繁盛，进而成为北京地域文化符号的历程就具有重要意义。

"天桥为明清帝王祭告天坛时所必经的道路，故名天桥。"④因而，民国时期发展成为平民天堂的天桥最初实为沟通紫禁城与天坛的权力通道，以"天"名之，即为此桥及其周边区域戴上了一顶上层社会的帽子，且天桥又处在北京城市中轴线的南段，与"国门"正阳门相连，虽处南城僻地，亦非平民之乐园。在明清时期，天桥因其宜人的自然景致而

①　岳永逸:《老北京杂吧地:天桥的记忆与诠释》，生活·读书·新知三联书店 2011 年版，第 36 页。

②　Madeleine Yue Dong, *Republican Beijing: The City and its Histories*, Berkeley: University of California Press, 2003.

③　马芷庠:《老北京旅行指南》，吉林出版集团有限责任公司 2008 年版，第 238 页。

④　张次溪编著:《天桥丛谈》，中国人民大学出版社 2006 年版，第 1 页。

成为文人的雅集之所，"东西净是河套，遍种荷花。河边建亭，常泊画舫，备游人乘坐。每届夏令，青衫红袖，容与中流，颇饶画船箫鼓风味"①。在现存的清代描写天桥的诗文中，或是供文人墨客醉酒骋怀的天桥，或是田园风光的天桥，都是京中文人到城外寄情山水的佳境。

天桥的这种状态一直维持到清末，据齐如山回忆："当光绪十余年（1884）间，天桥之南，固旷无屋舍，官道之旁，惟树木荷塘而已，即桥北大街两侧，亦仅广大之空场各一。场北酒楼茶肆在焉。登楼南望，绿波涟漪，杂以茭荷芦苇，杨柳梢头，烟云笼罩，飞鸟起灭。天坛之祈年殿，触目辉煌，映带成趣，风景至佳意者。此即曩昔诗人吟咏憩息之处也。场中虽有估衣摊、饭市及说书杂耍等，而为数不多。"②因此，近代之前的天桥，尽管已经有了平民商业娱乐行业的萌芽，但由于还处在帝制时代的空间秩序之下，因其紧邻天坛而保有权力象征的功能，未能使平民消费娱乐得以发展，且当时京城内除地安门、东四、西单、花市、菜市口、正阳门等繁荣市场外，还有定期举行的庙会，已经满足了内外城市民消费、娱乐的需要，因而没有给天桥留下更大的商业发展空间。

清末，中国社会发生革命性变革，北京的城市空间结构也随之自发调整。就消费娱乐空间而言，我们在前文述及的北京庙会商业逐渐衰微，间歇性的消费娱乐市场谋求向固定市场转变，而前门商业区日益兴盛，北京的商业娱乐区出现南移。此时，"正阳门街衢窄狭，浮摊杂耍场莫能容纳。而南抵天桥，酒楼茶楼林立，又有映日荷花，拂风杨柳，点缀其间，旷然空场，尤为浮摊杂耍适当之地。于是正阳门大街，应有而未能有之浮摊杂耍，遂咸集于此。此天桥初有杂耍之原因，然犹未至十分发达。"③随后，北京原来内外城的商业区如地安门、东四、西单、花市、菜市口等地，"时异世变，逐一消歇，各种杂技，失其依附，虽有商场市场，亦容纳无多，于是乃群趋于天桥之一隅"④。可见，北京传统娱乐空间结构的解体而导致娱乐市场的总体南移，以及旧有商户、民间艺人

---

① 张次溪编著：《天桥丛谈》，中国人民大学出版社 2006 年版，第 3 页。
② 齐如山：《〈天桥一览〉序》，载张次溪《天桥一览》，中华印书局 1936 年版，第 1 页。
③ 齐如山：《〈天桥一览〉序》，载张次溪《天桥一览》，中华印书局 1936 年版，第 3 页。
④ 齐如山：《〈天桥一览〉序》，载张次溪《天桥一览》，中华印书局 1936 年版，第 3 页。

为维持生计而向新的消费娱乐空间聚拢,是清末平民文化在天桥兴起的前提条件。

清末北京现代化的萌芽进一步加快了天桥地区的发展。上一节提到,清政府在清末满清新政的影响下筹划了香厂模范区的建设,因香厂与天桥相邻,在香厂地区的建设过程中,"连带着天桥的面目也渐渐改变起来"①。另外,修建铁路带来的区域人口增长带动了天桥的繁盛。1896年,由清廷借款修建的津卢铁路修至丰台马家堡,1897年再展修至永定门。于是,"往来旅客,出入永定门,均以天桥为绾毂,而居民往游马家铺者甚多,亦于此要约期会,此天桥发达最早之因"②。正如我们在第二章中指出的,象征着现代化的铁路进入北京城,既加快了人口流动的速度,又打破了北京原有城市空间结构的稳定,消费娱乐空间亦随之变迁。尤其是庚子事件后,京奉、京汉两路铁路均将车站修至正阳门外,进一步促进了南城的人口增长与商业的繁荣。这是天桥在清末逐渐繁荣的社会条件。

民国以后,北京城市的现代化改造对天桥的繁荣起到了间接的推动作用,其中体现着官方的城市空间规划对于繁荣天桥的影响与天桥繁荣后官方对天桥空间控制的局限。

民国初年,由于有香厂新市区的成功规划先例与模范效果,京师总议事会及外城右四区商户等亦欲模仿香厂新区办法,拟向社会招股将天桥空地开作商场,但由于资本所需浩繁,最终未能实行。③ 随后,又有商人因天桥地方为人烟萃杂之区,市贾当集,俨然一大商场,向外城警察厅请准援例自建市场,以利商业。然而官方表示对天桥"将来另有计划,前许商贩搭棚设摊,本系一时体恤之意,正阳商场系属指定迁移,何得援以为例,所请已驳斥不准"④。此时市政公所尚未成立,但正阳门的改造工程已进行前期准备,即将原来前门外的商贩统一迁往天桥地区谋生,这也是后来天桥商业繁荣的现实基础,同时官方对天桥地

---

① 张次溪:《天桥一览》,中华印书局1936年版,第4页。
② 张次溪:《天桥一览》,中华印书局1936年版,第3页。
③ 《开辟商场》,《顺天时报》1914年1月15日第5版。
④ 《请建商场》,《大自由报》1914年7月1日第7版。

区已有规划。市政公所成立后,虽未将天桥纳入城市改造的规划中,却也明确将天桥定位为容纳北京其他市场(主要是前门东西两巷)商贩搬迁而来的临时市场。于是由政府出面,在天桥迤西的空阔地方建筑房屋,以便营业。很快,"此项工程业已修竣,所有房屋较东西两巷尤形宽大完善,并名其地曰天桥市场,刻已招集各项商人在内营业,并拟于十月一号开场"①。尽管天桥在此之前即已有各种营业,但官方的名称"天桥市场"实为此时所确立,这也为天桥后续向平民市场发展定下了基调。天桥市场的官方地位确立后,商业即有较大发展,"开张时除卖饮食品者外,并无其他之营业,惟该处自有此新市场,游人日众,兼有戏园、书馆林立其侧,遂致近来益形热闹,故各行商人亦皆相率租屋营业,其商务大有日增月盛之势"②。民国天桥平民市场的繁盛实于此时始。

为了加快南城交通,天桥的拆修问题也被提上议程。最初,内务部以天桥年久失修,糟污不堪,且"该处四通八达,适为冲要,理宜从事翻修,以壮观瞻"③。但随即有"部员某君以天桥座下系属暗沟,且桥身高耸,不便车马往来,实属交通上之赘疣,故建设拟将该桥拆除,不必另修,以利交通","然有一班素讲风鉴之官僚,颇执保存之议"。④ 最后,内务总长朱启钤"对于风鉴家之迷信主张保存议论力为屏除,故已决定将天桥废除,并由该桥基址起点往南延长马路一段,分达天坛、先农两坛门内"⑤。官方做出拆除天桥发展交通的决定,意味着在北京走向现代的进程中,天桥作为象征帝制皇权的符号功能彻底消失,而作为北京平民文化符号的天桥却因此时平民商业娱乐的发展而逐渐生长。

天桥原有的商业娱乐基础,加上官方从宏观层面的空间引导使其他城内的商业向天桥转移,再加上官方对天桥周边市政设施的改善,使天桥市场在前代的基础上有了较大的发展。此时的天桥市场,"场有巷七,命相星卜、镶牙、补眼、收买估衣和当票等浮摊,以及钟表、洋货、

① 《天桥市场开幕》,《大自由报》1914年10月4日第6版。
② 《市场茂盛》,《群强报》1914年10月15日第4版。
③ 《翻修天桥》,《群强报》1915年7月26日第4版。
④ 《商榷天桥废存》,《顺天时报》1915年8月5日第7版。
⑤ 《天桥决议拆撤》,《顺天时报》1915年8月6日第7版。

靴鞋名肆,皆在北五巷。饭铺、茶馆,则在南二巷。场外四周,有歌舞台、乐舞台、吉祥舞台、升平花园、振仙舞台、魁华舞台。更有酒肆茶社、词场、技场,以及出售食用各品之所"①。与香厂新区内的新式建筑商业店铺不同,天桥市场的营业几乎都是就地搭棚,这既是因为平民小贩缺乏足够的资本兴建房屋,更是因为市政公所对天桥市场没有实行像香厂模范区与其他市场那样的空间规划。在官方的城市规划里,天桥只是一处收纳商贩浮摊的临时市场,是为了发展北京其他商业娱乐空间充当过渡性的缓冲地,天桥的管理章程也明确规定:"在本市场内租地营业者,只准支搭席棚、板棚,不得建盖房屋。"②因此,在北京政府的官方规划中,对于天桥市场应该有其他的定位,但这个定位在天桥发展成平民市场的前几年没有明确下来,而北京城的商贩、艺人却于此期间云集于此,使天桥更加繁盛了。

　　1918 年 1 月,天桥西市场的升开戏棚失火,并殃及市场其他席棚,共烧毁戏棚、电影棚、茶棚、坤书棚等十三家。③ 火灾之后,北京市政府也意识到有必要将天桥市场重新规划,"市政公所欲乘此机会,将该处空地收回,不准再行支搭芦棚,由公家或商家起建合乎市场规划之铺面房,以与新世界市场相联合"④。市政公所意欲将规划香厂模范区的成功经验移植到天桥市场,也将天桥市场建设成一个现代商业市场。然而,天桥市场的情况与香厂迥异。一是,香厂有良好的规划基础,市政公所对其投入了大量资金进行基础设施建设,而天桥市场只是在原来空地上发展起来的市场,市政建设方面完全是空白;二是,市政公所为香厂新区制定了完善的土地租用条例,因而最初就吸引了大量的民间商业资本,并出现了像新世界商场这样的现代化大型娱乐场,而天桥作为临时市场,大多是小本经营,流动性强,缺乏发展现代化市场的资本

---

①　《北京见闻录》,载张次溪《天桥丛谈》,中国人民大学出版社 2006 年版,第 10—11页。

②　《天桥临时市场暂行简明章程》,载《外右五区警察署办理天桥等项民国七年收支各款报告书》,1919 年,第 8 页。

③　《呈报天桥戏棚失慎情形由》,载《外右五区警察署办理天桥等项民国七年收支各款报告书》,1919 年,第 1—3 页。

④　《天桥近闻》,《益世报》1918 年 1 月 20 日第 6 版。

力量。因此,当市政公所发出收回天桥市场的公告后即遭到市场商贩的反对,纷纷到政府请愿。警察厅亦无资本组织市场,因而只得表示"查该处向为游人聚集之区,组织临时市场尚属适宜"①,最后"将该市场扩充往南展宽,开修土路,所有被烧各席棚,酌量情形指拨地点,照旧搭盖"②。这样,天桥作为临时市场又得以保存,且有更形发达之势,大量的商民都到天桥租地营业,以致外右五区警察署以"该场棚摊林立,已无余地可指",不得不停止受理租地申请。③

然而,官方仍未停止重新规划天桥市场的努力,由于天桥内的席棚区无法拆让,外右五区警察厅就在天桥以西、先农坛东坛根下,"凿池引水,种稻栽莲,辟水心亭商场,招商营业"。其营业方式与新世界商场类似,内有茶社、杂耍馆、饭馆等,"其入门券价,只收铜币二枚"。④天桥水心亭建成以后,"各界人士前往游览者络绎不绝,兹闻前日端午游人较前大增数倍,几及万人"⑤。水心亭是官方规划天桥的成功尝试,"新世界未克喻其广,游艺场不能喻其繁"⑥。官方之所以在天桥以西另辟水心亭,其初衷是与创设公园、香厂模范区一样,兼以改变天桥地区原有杂乱、落后的商业环境,体现的仍是对现代城市的追求。

循此逻辑,京都市政公所鉴于天桥市场规模甚陋,"拟将该地开辟为城南商场,添建楼房,改良道路,与香厂互相联络"⑦。但由于财政支绌,最后只在天桥西部盖了一个小型的城南商场。1923年,市政公所又拟对天桥市场"大加扩充,改为城南市场,建筑楼房"⑧,甚至不惜将原有的"天桥水心亭地方共七十三亩,卖与商人,得价九万五千元,现

① 《京师警察厅指令》,载《外右五区警察署办理天桥等项民国七年收支各款报告书》,1919年,第7页。
② 《报告天桥各席棚搭竣情形由》,载《外右五区警察署办理天桥等项民国七年收支各款报告书》,1919年,第6页。
③ 《本署通告》,载《外右五区警察署办理天桥等项民国七年收支各款报告书》,1919年,第10页。
④ 张次溪编著:《天桥丛谈》,中国人民大学出版社2006年版,第12页。
⑤ 《端节天桥之收入》,《晨钟报》1918年6月15日第6版。
⑥ 《天桥消夏征文启》,载张次溪编著《天桥丛谈》,中国人民大学出版社2006年版,第13页。
⑦ 《拟建筑城南商场》,《晨报》1920年3月11日。
⑧ 《将来之城南市场》,《益世报》1923年2月1日第7版。

已签字兑款。该商人等计划仿东安市场办法,将该地一律盖成楼房"①。此消息传出后,天桥"各商闻之愕然,大起恐慌",当时风传官方实为"拍卖地皮所得之价,发放各职官积欠薪俸"②。于是,天桥商贩群起反对,拍卖天桥地皮以建设城南市场的方案又未能施行。

1924 年,北京电车正式开行,水心亭也因遭遇火灾而未能修复,电车一、二两路车都将起点站设在了天桥水心亭旧址。现代公共交通的发展缩短了天桥与内城的空间距离,交通的便利与人口的增加进一步促进了天桥的繁盛。当时有竹枝词描绘道:"电车终点是天桥,热闹集场名久标。五个钟头游逛毕,无奇不有状难描。"③如此一来,天桥的平民市场愈形发达,而官方建设现代天桥市场的计划也因为时局动荡与财政的困难而不得不搁置了。1928 年后,国都南迁,北京经济陷入萧条,大量官员举家南迁,政府对于天桥市场更无暇顾及,而天桥市场因其平民性质未受市面萧条的影响,反倒继续沿着平民化的方向发展。

在北京的现代化改造中,天桥市场最初并未被纳入政府的规划重点。特别是在民国初年,以市政公所为代表的北京市政府将城市建设的重心放在了改造内城的空间结构上,处于外城的天桥地区则被北京现代城市建设所遗漏,成为临时承接其他消费娱乐空间转移商户的过渡性场所。大量的平民商户与民间艺人到此汇集,这恰恰为天桥市场的自发生长提供了契机。当天桥市场发展成熟后,逐渐形成了特定的平民化的消费娱乐方式,并足以与政府的现代城市空间规划相抵抗,最终使官方将天桥市场建设成具有现代城市特征的商业区的规划未能实现。因此,北京政府规划香厂模范区的经验未能在天桥市场成为现实,而天桥市场也因其面向底层的平民化特征在香厂衰落之后仍保有稳定的平民游客而保持着长期的繁盛。总之,天桥地区的平民商业娱乐文化的兴起与繁盛,既得益于官方"放任"其自由发展的机遇,也得益于北京其他现代化建设项目(如正阳门改造所迁来的商户、香厂模范区

① 《水心亭拍卖矣》,《顺天时报》1923 年 2 月 26 日第 3 版。
② 《天桥地皮拍卖之详情》,《益世报》1923 年 4 月 11 日第 7 版。
③ 张无垠:《故都杂咏》,载雷梦水等《中华竹枝词》,北京古籍出版社 1996 年版,第 379 页。

的区域效应、电车带来的交通便利等)的"红利"。因此,尽管天桥市场是一个充满传统特征的消费娱乐空间,但它也是北京现代化建设的获益者,可以说,如果没有前述几项现代化建设项目,天桥可能还会像是清末时的一片荒郊。

官方规划的缺席为天桥市场的自由发展提供了便利,天桥市场本身的空间形态特征亦是其在北京消费娱乐空间中能实现长期繁盛的因素之一。在民国时期,"天桥市场地势宽阔,面积之大,在北平算是第一。各省市的市场没有比它更大的。东至金鱼池,西至城南游艺园,南至先农坛、天坛两门,北至东西沟沿,这些个地方糊里糊涂地都叫天桥市场。在这里面又分出多少个市场。天桥东边叫东市场,又分为第一、第二、第三巷子。天桥西边最为复杂,马路以西叫西市场;由吉祥舞台往南、坛门往北叫公平市场,由电车总站往西为公平市场南北之界限,南为南公平市场,北为北公平市场;在魁华舞台西边的市场,叫先农市场;往南叫华安市场,现在都盖成民房,这个市场名称虽在,玩艺是没了。西边有片红楼,叫城南商场,游艺园东边叫先农市场"①。

天桥市场之于北京其他商业市场的特殊性,不仅在于它的面积庞大,更在于它在空间上的开放。无论是茶社、戏园、电影场、说书场,那些在北京其他地方的室内娱乐场所,在天桥都是搭棚敞开的,与商业建筑的封闭空间相异,各个市场之间街衢相通,也没有严格的空间管制。因而有学者将天桥市场中彼此相连所形成的、不规则的"街市"定义为"广场空间",这些"广场空间为人们释放现实焦虑、精神升华提供了独特的条件,使人们更容易摆脱现实的局限而焕发自由自在的娱乐精神"②。进一步,如果考虑到天桥市场内商业建筑的随意性、临时性与开放性,我们完全可以将整个天桥市场看作一个庞大的广场,至少,天桥市场完全具有广场的特征与性质。

提到广场,就不得不提及苏联思想家巴赫金在讨论拉伯雷的作品

---

① 云游客:《江湖丛谈》1936年第2集,载黄宗汉《天桥往事录》,北京出版社1995年版,第28页。

② 耿波:《旧北京天桥广场及其现代启示》,《西北师大学报》(社会科学版)2009年第4期。

时所提出的发生于广场上的狂欢节,以及在此基础上生发出的民间诙谐文化理论的深刻洞见。岳永逸也从狂欢化的角度讨论过天桥的娱乐精神,他指出:"在这二里地大的范围内,近代狂欢的天桥也就始终洋溢着'广场式狂欢化精神',狂欢化也就成为贱、脏、贫的杂吧地天桥的本真。"①同时,他又认为,天桥对下半身的张扬的狂欢化与巴赫金所指称的狂欢化有所不同:巴赫金的狂欢化理论具有积极性、节庆与全民性、间歇性等"积极浪漫主义"的特征,而天桥的狂欢化则是世俗的、专属于社会底层人民的、长期存在的"消极浪漫主义"。然而,如果我们抛开形式上的具体差异,从植根于广场的民间诙谐文化对于官方文化、主流文化的对抗与解构的角度来理解巴赫金意义上的狂欢化,那么,巴赫金的民间文化理论将是对天桥市场商业娱乐精神的生动诠释。

巴赫金的民间诙谐文化是建立在中世纪宗教文化、官方文化的对立面的,忽视这一社会文化史的前提,也就无法把握民间诙谐文化的真谛。巴赫金所指涉的民间诙谐文化,它的"规模和意义在中世纪和文艺复兴时期都是巨大的。那时整个诙谐形式和表现的广袤世界与教会和封建中世纪的官方和严肃文化相抗衡。这些多种多样的诙谐形式和表现——狂欢节类型的广场节庆活动、某些诙谐仪式和祭祀活动、小丑和傻瓜、巨人、侏儒和残疾人、各种各样的江湖艺人、种类和数量繁多的戏仿体文学等等,它们都具有一种共同的风格,都是统一而完整的民间诙谐文化、狂欢节文化的一部分和一分子"②。巴赫金指出,这种民间诙谐文化具有狂欢节的广场表演、诙谐的语言作品、各种形式的广场语言三种形式。在这个意义上说,巴赫金所谓的民间诙谐文化与天桥所呈现的平民文化有着惊人的相似性,在理论层面也就有了对话的可能。

岳永逸曾形象地把天桥比作北京的"下半身",以与"紫禁城"代表的"上半身"相对。实际上,天桥的狂欢化并不仅仅是对下半身的张扬,要理解天桥的平民文化精神,应像理解巴赫金的民间诙谐文化一样

---

① 岳永逸:《空间、自我与社会:天桥街头艺人的生成与系谱》,中央编译出版社 2007年版,第 195 页。

② [苏]巴赫金:《拉伯雷的创作与中世纪和文艺复兴时期的民间文化》,载《巴赫金全集》第 6 卷,钱中文译,河北教育出版社 2009 年版,第 4 页。

将天桥纳入与官方文化、高雅文化的对抗过程中来考察。

天桥庞大、杂乱的市场布局实际就是一个变形了的商业娱乐广场,它与北京其他市场如东安市场的最大区别,就在于天桥空间秩序的自由,没有官方的严格控制。天桥在民国时期属外右五区警察厅管理,查阅天桥相关的管理章程,只是在市场租金问题上做了规定,对于市场秩序则基本疏于要求。① 官方对天桥的规划与建设,也仅仅是从空间上加以调配,而不是严格地控制:"先筑土路以区方罫,次以地点以居市廛;何处搭戏棚,何处设茶肆,何处杂技场,何处零星商摊,何处菜市、估衣市;原有者恢复之,未设者增添之。各以类聚,不相纷扰。"②北京的其他市场,特别是像香厂、东安市场等民国时新建的市场,由于关系到政府形象与市政计划,无论是建筑规模、具体营业,都受到政府的严格管制。相比之下,各种商贩、艺人更容易在天桥自由租地营业,使商业、娱乐同时发展。巴赫金曾指出:"集市娱乐具有狂欢化的性质。"③天桥开放的自由商业娱乐模式也使天桥市场呈现出狂欢化的倾向,天桥虽然是像《骆驼祥子》所述那样的贫民的乐园,但上层人士如张恨水笔下的江浙富少樊家树也常到此游逛,民国时期出版的"北京指南"也证实:"往游者非完全下层市民,至中上级亦有涉足其间者。因之艺人如蚁,游人如鲫,虽在此平市百业萧条、市面空虚中,而天桥之荣华反日见繁盛。"④在天桥,人们可以不受身份、社会等级、门第的约束,而在集市娱乐中享受暂时的平等;在天桥,人们可以"自由自在、不拘形迹的广场式的交往",而不用受等级、礼节、规矩的束缚。北京的其他戏园、电影院,不但要购买昂贵的门票,欣赏表演时还要遵守各种规矩,而在天桥,一切都是自由的,无论是与商贩交易还是欣赏撂地卖艺,游人都没有任何规则的限制。民国时期的社会调查也认为,天桥之所以能在国

---

① 《天桥临时市场暂时简明章程》,载《外右五区警察署办理天桥等项民国七年收支各款报告书》,1919年,第7—8页。

② 高尔禄:《弁言》,载《外右五区警察署办理天桥等项民国七年收支各款报告书》,1919年,第1页。

③ [苏]巴赫金:《拉伯雷的创作与中世纪和文艺复兴时期的民间文化》,载《巴赫金全集》第6卷,钱中文译,河北教育出版社2009年版,第248页。

④ 马芷庠:《老北京旅行指南》,吉林出版集团有限责任公司2008年版,第238页。

都南迁后仍保持比中央公园、东安市场更加繁荣,主要是因为:"(一)天桥地基宽大,容纳工商、游艺极多。(二)游人无需花钱买票,是以上下阶级俱全。(三)具有平民公园性质,买卖物品及闲游均可。"[1]天桥市场的根本价值,既在于对象征城市"下部"的张扬,容纳、发扬了底层人民的娱乐精神,更在于它在官方意志、城市规划、空间控制的对立面建立了另一种娱乐空间,在这个空间里,官方的管制被人为地减弱了,于是一种广场式的狂欢精神在天桥快速发酵,最终使天桥成为包容万物的市民乐园。北京市民因城市空间秩序所造成的压抑,诸如被意识形态所主导而未能成为公众自由活动、交往的天安门广场,因收取高昂门票使广大平民无法进入的城市公园、戏园、电影院,都在天桥这个狂欢广场上找到了释放的空间。

正因为天桥具有广场式狂欢的属性,因而吸引了更多的平民化的娱乐形式。原来因为宫廷文化、高雅文化、精英文化的挤压而只能借节庆走会、庙会之机表演的底层娱乐形式,都纷纷到天桥寻求发展的空间。诸如数来宝、相声、单弦、莲花落、坠子、拉大片、皮影戏、说评书等各种说唱艺术与变戏法、吞剑吞球、舞刀、抖空竹、耍猴等各种软硬杂技,这些平日里不登大雅之堂的平民娱乐方式,就其文化意义而言,都可归入巴赫金所谓的"狂欢体裁"一类,即对高雅娱乐形式的"脱冕",都在天桥找到了立足的空间,成为吸引游客、推动天桥繁荣的催化剂。

特别是那些形式丰富的说唱艺术,由于其语言浅显、粗俗,甚至掺杂着淫词秽语,迎合了大多数平民的欣赏趣味,这些艺术"词粗俗下贱,有知识的人绝不爱听,可没知识的人专爱听这种玩艺"[2]。当时曾有人在报上发文,谴责相声尽是"伤风败俗之词,亵声秽语,不堪入耳",并要求警察厅禁止相声"演说秽语,庶于维持风化"。[3] 这是典型的精英文化立场,要求利用艺术的语言性质来承载贵族、精英化的文化,进而区隔不同的阶层与社群。而天桥浅显、粗俗的平民艺术语言正

---

① 秋生:《天桥商场》,北平日报社 1930 年版,第 1—2 页。

② 云游客:《江湖丛谈》1936 年第 2 集,载黄宗汉《天桥往事录》,北京出版社 1995 年版,第 133 页。

③ 《说相声者之亟宜取缔》,《益世报》1922 年 3 月 18 日第 7 版。

是对这种精英文化的颠覆,它们如同巴赫金所说的广场语言中的反赞美体裁一样,即那些诅咒、脏话、咒人话,对官方的正统语言、社会、文化构成了解构的威胁,在狂欢化的氛围中,到处都是自由、坦率的广场话语,尽情地狂欢。天桥的各种说唱艺术及其狂欢化的广场语言,对民国北京传统的古典娱乐(如京剧)与现代文明娱乐(如电影、文明戏、舞蹈等)构成了冲击,处处洋溢着平等、自由、随意的狂欢化意识。就天桥商贩群体来说,他们的语言也大多带有广场语言的性质,比如民国时期天桥八大怪之一的"大兵黄"靠卖糖为生,以骂街招人,"他占据着一块空地,天天骂,逢骂必被人们包围得水泄不通"①。这同样也是对日常社会秩序的解构。

更重要的是,广场语言"还造就了一个特殊的群体,一个不拘形迹地进行交往的群体,一个在言语方面坦诚直率、无拘无束的群体"②。就天桥来说,这个群体既包括在天桥撂地卖艺的艺人群体,也包括到天桥游逛的全体游客。有人曾这样描绘民国时的天桥游客:"天桥是个贫民窟,同时也像一个各种人型的容受湖。四下的人行道上黑压压的头,潮浪般的向这里流,……流来的并不静止下来,仍是打这湖的此岸流向彼岸。"③言语的自由与身份的平等,是天桥吸引游客的一大原因。在张恨水的小说《啼笑因缘》中,富家子弟樊家树与在天桥卖艺的关家父女抛开身份差异平等交往,处处以江湖规矩为行事指南。许多从其他地方来京的文人或知识分子也都要到天桥游逛一番,以领略地道的北京味道。如顾颉刚在 20 世纪 20 年代就常往天桥看戏,国都南迁后,仍经常到天桥游逛,他在 1933 年的日记中写道:"偕又曾及自明自珍乘汽车到西直门,换电车到天桥,游天坛及陶然亭,访石评梅墓。到煤市街泰丰楼吃饭。送二女上电车,与又曾游东交民巷,到金利书庄、吴县会馆、琉璃厂,遇寅恪。到先农坛,到天桥市场看杂耍。"④显然,天桥虽以平民文化著称,但到此游玩的并不全是社会的底层人民,而是有着大

---

① 张次溪编著:《天桥丛谈》,中国人民大学出版社 2006 年版,第 147 页。

② [苏]巴赫金:《拉伯雷的创作与中世纪和文艺复兴时期的民间文化》,载《巴赫金全集》第 6 卷,钱中文译,河北教育出版社 2009 年版,第 211 页。

③ 慈:《天桥素描》,《市政评论》1935 年第 3 卷第 16 期。

④ 《顾颉刚日记:1933—1937》,台北:联经出版事业股份有限公司 2007 年版,第 93 页。

众娱乐意识的全体市民。

以上未能论及天桥广场狂欢的全部表现形式，但我们只要抓住了天桥狂欢化的广场属性，也就能理解天桥的平民文化为何能在民国的社会、经济、文化等生态中保持长期的繁荣。就城市空间结构来说，天桥市场是对北京商业娱乐空间控制的反抗，是对传统的戏园、现代化的商场的对立面的彰显；就文化意义而言，天桥的平民文化是对旧京高雅文化、封建等级文化与西方现代文化的对立、抗衡。中世纪欧洲教会对人们思想、行为的约束与中国帝制时代皇权对国人的控制、民国政府对北京商业娱乐空间的管制有相似之处。人们只有在节庆的广场中才能享受暂时的平等与自由，狂欢节的广场取消了一切等级与不平等，社会等级、财产、职位、身份等差异都被抹平，人们自由接触、交往，摆脱了日常的礼仪规范，从而对权力、权威形成了解构。以拉伯雷为代表的文艺复兴时代的作家找到了民间诙谐文化来对抗中世纪官方文化的思想控制，这种狂欢化的民间文化使天桥产生了类似的功能，从而使天桥在与传统的、高雅的、现代的娱乐空间的竞争中一直保持着稳固的优势地位，使其在北京的宫廷文化、会馆文化、戏园文化、庙会文化日益衰微的情况下在平民广场上延续着传统娱乐、商业的内在气质，同时又抵抗了电影院、舞厅、商场等现代化空间的入侵。天桥以广场为舞台，以狂欢化为基本特质，以民间文化为根本特征，最大限度地发扬了本民族的商业、娱乐文化。

因此，以"杂吧地"来命名天桥，显然只注意到了天桥作为下层人民聚集场所的空间混杂性，而没有凸显出天桥的广场狂欢与平民文化对于北京官方正统文化、高雅文化与新兴的现代化文化的抗衡所获得的强大生命力。当然，无论是从"小"天桥来窥视"大"北京，还是从整体的北京出发来分析作为个案的天桥，都能得出天桥的平民文化代表着北京地域文化特征的结论。因而，北京天桥与天津的"三不管"所代表的平民娱乐空间就有了不同的象征意义，虽然天津的这个平民市场也以平民文化为特色，但并没有成为当地地域文化的符号象征。近代的天津以外国的租界文化为总体特征，平民文化虽有发展却未能占据主流，而是被外来的异域文化所裹胁，未能获得长足的发展。只有北京的天桥在北京现代化进程中躲过了城市规划的空间控制,成功地在古都文化的余荫下发展出了广场狂欢的民间文化,并抵御了现代商业娱乐文化的入侵,形成了具有民族特征的、代表北京城市符号的地域文化。因此,顾颉刚在体验到天桥的平民艺术后才发出了这样的感慨:"与介泉到天桥吃饭。同至先农坛。出,至天桥升平茶园看戏两齣(出)。……今日在天桥享平民艺术的娱乐,为真正北京人了。"①因此,与到现代电影院看电影、到跳舞场跳舞、到香厂新世界看各种西方娱乐表演相比,天桥的平民娱乐方式才真正体现了地道的北京生活方式与北京文化。天桥不仅是北京底层百姓的娱乐场所,也是那些具有平民娱乐意识的社会中上层人士的消闲之地。天桥的广场属性与对平民狂欢意识的弘扬,使其成为近代北京消费娱乐场所中的一个混合空间,含纳了不同群体,成为近代北京平民文化、地域文化的标志。

小　结

本章考察国都北京的几种传统与现代的消费、娱乐空间的此消彼长,体现了北京政府的城市规划、空间控制给北京的商业空间结构带来的影响。"首善之区"的政治地位要求国都北京在商业领域引入现代化的消费、娱乐新形式,以更新帝都北京的古都形象,因此现代化的商场、商业新区在政府的规划下纷纷建成。另外,随着时代的变迁、社会经济结构的变化,北京传统的庙会等商业空间逐渐没落,而南城的天桥却趁着政府规划与市场迁移的便利迅速发展起来。总之,在进入国都之后,北京的商业、娱乐空间在地域上重新分布,在空间结构上传统与现代共存。

如果说,国都北京的城市空间开放与公共空间的拓展打破了帝都北京的空间秩序与它象征的帝制制度与帝都旧文化,那么,国都北京消费、娱乐空间的变迁也因其含纳了特定的生活方式而体现着北京独特

---

① 《顾颉刚日记:1913—1926》,台北:联经出版事业股份有限公司 2007 年版,第 451页。

的城市精神与地域文化。从帝都到国都,庙会、集市等传统的间歇性、移动式的消费娱乐空间随着新兴固定市场、现代商场的兴起逐渐从北京的消费市场中式微,帝都北京的消费、娱乐方式在世纪之交遇到了现代消费、娱乐的挑战,商场式购物与看电影、逛跳舞场等新式娱乐体验慢慢地丰富着北京市民的日常生活。尽管国都北京在城市空间上已部分呈现出现代城市的特征,现代化的商场先后拔地而起,甚至还出现了香厂新市区这样完全按照西方现代都市模型建造起来的新兴消费娱乐区,然而,与沿海的上海等商埠城市相比,这些由西方引入的现代商业空间、消费、娱乐观念与生活方式并没有占据北京本地居民日常生活的全部,相反,传统的庙会、集市、天桥市场等消费空间与逛戏园、捧角儿等娱乐方式仍在国都北京保有着顽强的生命力,构成了北京特有的城市精神与地域文化。正如张中行所说的那样:"我总以为北平的地道精神不在东交民巷、东安市场、大学、电影院,这些在地道北平精神上讲起来只能算左道,摩登,北平容之而不受其化。任你有跳舞场,她仍保存茶馆;任你有球场,她仍保存鸟市;任你有百货公司,她仍保存庙会。"①与"摩登"的上海相比,国都北京的消费娱乐空间呈现出中西并存、传统与现代相交融的局面,相应地形成了地域色彩分明又包容中西的北京文化,其背后,有着复杂的社会文化方面的原因。

在帝制时代,北京就是一个消费城市,不是一个生产型城市。进入国都以后,这种情况并没有根本改变。北京的消费市场始终有稳固的消费人口维持着,即便是在政局动荡的情况下仍是如此。20世纪20年代,北京《益世报》在描绘北京的娱乐市场时说:"近来经济界十分紧急,又值各机关大闹裁员,各游戏场中宜有萧条景象矣。乃事实上有大谬不然者,推其原因,盖北京之日逛游戏场者,专有一部分人,如阔少、遗老、女人、游民等,除此外便无所事事,故游戏场中,初不特在各处办事者之光顾,即为已足也。"②可以说,北京特殊的人口结构决定了北京消费娱乐市场的繁荣程度与发展方向。出版于民国时期的都市地理小

---

① 张中行:《北平的庙会》,载姜德明编《如梦令:名人笔下的旧京》,北京出版社1997年版,第308页。
② 《游戏场中一瞥》,《益世报》1922年7月4日第7版。

书《北平》曾将北京的人口划分为逊清的遗老、旗人、民国以后退休的官吏、当代握有重权的官吏、寄居北京的阔人、文人学子以及普通市民七类,①这七类人基本构成了支撑北京消费、娱乐市场的主要群体。就消费倾向而言,由前清延续下来的消费、娱乐习惯仍在遗老、旗人与本地市民等群体中传承着,维持着传统消费、娱乐市场的经营,而其他群体则是现代商业与娱乐方式的追随者,成为促进北京现代商业空间的发展动力。因此,在国都时期,本土与外来、中国与西方、传统与现代两种消费、娱乐方式、商业空间都得以在北京共存;当国都南迁后,官员、文人学子大量南下,随着北京人口结构的变化,北京的现代商业、娱乐空间迅速萧条,而传统的消费、娱乐空间仍得以延存,特别是天桥这个平民市场还能保持繁盛。北京特殊的政治环境与社会文化所形成的人口结构与消费娱乐习惯是近代北京现代商业、娱乐空间未能充分发展的主要原因。

---

① 倪锡英:《北平》,上海:中华书局 1936 年版,第 154—159 页。

第五章　改造故都与城市空间重构

　　有一位近代文人在描述他初次来到故都北平的感受时说："我还记得,第一次在北平街上散步时,那远远的坐落在北海的白色喇嘛塔,就像一个亲密友人,站在我旁边。如果走上塔的四周,被绿树组织成的北平市,便如一片碧绿的大海,展在眼前,而那废宫的杏黄琉璃瓦,则似金子样在绿海上闪烁绮丽的花朵。"①在他看来,北平给人的印象就像是一件艺术品,杰出的城市规划、古老的建筑与良好的自然环境在北平得到了完美的融合。林语堂的分析则更为具体、细致,他在谈及北京的城市特色时说:"有三个重要因素,结合起来便赋予了北京独有的个性:自然、艺术,以及人们的生活。大自然提供了良好的自然环境;人类艺术体现于装饰北京的那些塔楼、宫殿;人们的生活方式、贫富状况、风俗习惯和节庆活动决定了城市生活是舒适、闲逸、富有朝气,还是充满了斤斤计较的,赚钱狂似的商贩们的喧嚣与粗俗。幸运的是北京的自然环境、艺术与人们的生活协调地结合在一起。北京的魅力不仅体现于金碧辉煌的皇朝宫殿,还体现于宁静得有时令人难以置信的乡村田园景象。"②林语堂所说的自然环境与艺术是北京的空间符号,以及在这种空间结构下的市民生活方式,它们构成了北京独有的个性。然而,林语堂笔下的那个兼具艺术美与乡村田园景象的北京是特定历史时期的北京,质言之,就是没有受到现代化侵蚀、保留了帝都特色的老北京。老北京的这些城市元素与空间意象随着中国现代化进程的深入而逐渐淡化,但就我们所考察的近代北京而言,在帝都、国都、故都的三个历史

---

① 无名氏:《梦北平》,载姜德明编《如梦令:名人笔下的旧京》,北京出版社 1997 年版,第 442—443 页。

② 林语堂:《辉煌的北京》,载《林语堂名著全集》第 25 卷,东北师范大学出版社 1994 年版,第 4—5 页。

阶段,正是老北京的历史黄金时期:自然的北京(北京的自然环境)、艺术的北京(北京的城市建筑)与人民的北京(北京人的生活方式)在中国现代化进程的大潮中,在与现代化的交汇碰撞中,艰难地保留了传统北京的特性。

前面三章我们分别从北京封闭空间的开放、公共空间与商业娱乐空间的变迁三个角度考察了民国时期北京作为新国家都城在现代与传统两种力量碰撞中的新变,以及在这个变迁历程中各群体对于新的时代的国都变迁的态度与他们在文化观念上的争论与变化,从中我们可以窥见北京在从帝都向国都的转变过程中空间形态的变化及其对人们思想观念、生活方式的影响。

1928 年,北伐完成,国都南迁,北京作为首都的殊荣瞬间消失,失去了原有的发展动力,北京的城市身份问题顿时浮上历史的前台,成为人们争论的焦点。在国都南迁之初,北京的社会舆论曾对国都选址问题展开过激烈争论;尔后面对国都迁至南京的现实,北京由原来的国都降格为北平特别市,在失去了首善之区的光环后只能落个故都的名分,人们又纷纷设法对北京进行重新定位。

北京从国都变为故都之后,失掉了原有作为国家政治中心的核心地位,城市的发展动力自然也面临着更新,直接表现为国家财政投入的不足而导致的城市现代化进程的延宕。迫于这种形势,北京官方与民间舆论都不约而同地重新定位北京的城市地位,在北方的军事中心、经济中心与国家文化中心的争论中最终将文化中心作为北京的发展方向,利用北京丰富的历史文化资源,将北京塑造为以旅游、教育、文化等资源来推动城市发展的国家文化中心。如此一来,故都北京的现代化建设策略与国都时期相比就产生了相应的变化:保护城市历史资源的呼声压过了原来为塑造国都形象开展的现代化建设,维护城市空间结构的稳定代替了原来的城市空间改造运动,发展城市旅游资源与建造国家文化中心的宏观政策使这一时期北京的现代化建设融入了更多的传统文化因素。最终,北京卸去了国都的光环,在故都十年中逐渐成为一个供人游览、凭吊的"文化古城"①。民国时期出版的旅游手册《北平》中曾说："但是我们在现在称呼它的时候,往往好称曰'故都北平',这因为北平在最近的过去时期间,曾做过我国的都城的缘故。"②故都与国都的身份差异,也决定了北京的发展命运与前景,从国都到故都的转变,不仅使城市空间形态在现代化的进程中出现了不同的变化,社会舆论也对北京提出了新的要求。本章将梳理北京由国都向故都转变的过程及其加之于北京城市空间、民众观念、生活方式的影响,考察故都北平的空间生产逻辑与北平作为一个古城的文化生产与文学记忆。

第一节　国都南迁与城市身份认同

一　国都南迁前的北京社会

北京正式被撤去国都位置改为北平特别市是在 1928 年 6 月 28 日,而在此之前的几年里,北京就因军阀割据而陷入动乱之中。1926 年春,皖系军阀段祺瑞因"三·一八"惨案的影响而倒台,冯玉祥的国民军在直、奉联军的逼迫下退至北京西北郊的南口,紧接着,直、奉联军又对南口的国民军发动进攻,将国民军彻底赶出京畿一带,退往绥远。战后,直、奉两军在北方诸省割据,北京政府内阁频频更迭改组。1926 年底,奉系军阀张作霖被拥为安国军总司令,北京随即处于奉系军阀的统治之下。由于北洋政府对于政权的争夺而导致的社会动荡已使国都北京显现了颓势,不复民国初年的生机与活力。

京畿频繁的军阀混战严重影响了北京的城市发展与日常生活秩

---

① 在中国,能够称为"文化古城"的城市有安阳、西安、洛阳、开封、南京、杭州、北京等地,这些城市基本都是历史上的朝代都城,拥有丰富的历史文化资源。本书中将故都北平称为"文化古城",借用了邓云乡的界定:在时间上,上自 1928 年张作霖撤出北京与北洋政府的倒台以及随之而来的国都南迁,下迄 1937 年"七七事变"之后北京沦陷,此时北京易名北平,中国的政治、经济、外交重心移至南京,此后的北京只得以其固有的宫殿、坛庙等历史建筑与教授、拥护传统文化的老先生们、接受新思想的年轻学生等智识群体,以及大量的大、中、小学与公园、图书馆、古玩铺、旧书铺等文化场所,来发挥它的影响力。因此,与原来国都时期的"首善之区"相对,名之为"文化古城"。参见邓云乡《文化古城旧事》,河北教育出版社 2004 年版,第 1 页。

② 倪锡英:《北平》,上海:中华书局 1936 年版,第 13 页。

序,贫民骤增,商业凋敝。据统计,1924 年,北京极贫者 22130 户,次贫者 16970 户。① 到 1927 年,极贫者达到十万余名,次贫者也有七万余名。② 社会购买力的下降与战乱所导致的交通阻隔,又使北京的商业结构遭到极大的冲击,1927 年年底,奉、晋战争发生后,京汉、京绥两路即停止商运约一月有余,北京的物资供应大受影响。③ 自民国初年繁荣起来的商业区域在此时也逐渐萧条,前门商业区的"戏园、饭馆大半关门,鸡鸭鱼虾畅销米面仍然增价"④。顾颉刚记于 1926 年的日记也证实:"前门一带商铺,除瑞蚨祥、同仁堂等数家外,完全关门。市场惟电影场未停。"⑤其他诸如东安市场、王府井商业区、西单商业区也都受到无形影响,就连传统的庙会市场也不如以往繁盛,京郊著名的妙峰山庙会因受社会动荡的影响而游人罕至,"据西郊人传说,今年不似去年,贫者难于路费,富人又怕抢匪"⑥。

此时由张作霖所主导的安国军政府由于财政困难,军费开支浩繁,于是巧立名目征收苛捐杂税,其中以奢侈捐的征收影响最大,征收品类涵盖金银、精制织物、古玩珍宝、精细皮货、上品羽毛骨革、贵重器具用品、钟表玩具、化妆物品、贵重木器、贵重饮食品及滋补药品十类。⑦ 不过,奢侈捐遭到了京师总商会的坚决反对,商会以"京师市面,原恃各机关薪俸款项流通,以资救济,乃近以军事影响,各部署欠薪又复各年累月,商家营业,乃呈不堪之局"⑧,向张作霖呈文,要求免征奢侈捐,最终官方做出让步,取消奢侈捐,转由商会按月缴月捐 5 万。⑨ 此外,北京政府又开征煤油特捐,"每桶煤油二十八斤征洋五角,贫民及洋车夫

---

① 《北京贫民之确数》,《益世报》1924 年 11 月 12 日第 7 版。
② 《京师贫民之总数》,《顺天时报》1927 年 11 月 27 日第 7 版。
③ 《不堪回首之都市冷淡气象》,《顺天时报》1927 年 10 月 20 日第 7 版。
④ 《北京市面生意之状况》,《顺天时报》1927 年 5 月 26 日第 7 版。
⑤ 《顾颉刚日记:1913—1926》,台北:联经出版事业股份有限公司 2007 年版,第 738 页。
⑥ 《京西妙峰山开放庙会》,《顺天时报》1928 年 5 月 20 日第 7 版。
⑦ 吴价宝:《1928 年京津地区奢侈税的开征与废除》,《兰台世界》2013 年第 1 期。
⑧ 《总商会呈帅府文》,《益世报》1928 年 1 月 20 日第 2 版。
⑨ 《奢捐问题大体解决》,《益世报》1928 年 3 月 23 日第 2 版。

均各不堪负担"①。庞杂的捐税与动荡的政局共同加剧了北京商业的恶化,从 1927 年 10 月至 12 月的三个月间,北京歇业商号共有一千六百余家之多,②到 1928 年年初,传统商业如绸缎庄急剧衰落,市场上食品跌价,"煤商不敢存货,乡人来京籴粮,布商大赔其本"③。就连五族商业银行、华兴厚洋货店等实力雄厚的外国资本也相继倒闭。

娱乐场所方面,北京处于国都时期的大饭店、旅馆曾异常发达,"每月均有增添之家,大街小巷,栉比林立,且新开者多是楼房高耸,电灯辉煌,曾几何时,竟又门前冷落车马稀,而生意已一落千丈。近两三月来,栈房停业者甚多,而未停之家,半者敷衍而已。前门之中国、东方两饭店,店伙被裁三分之二,电灯亦减少五分之三"④。此外,妓院、戏园也较之前大为冷落,据《晨报》的调查,北京旧有妓院"头二三四等共为五百三十九家,妓女约在四千人,其附此为生活者不下万人。讵料由去年冬季至此五个月中,完全关门停业者四十三家,因无妓女而闭门仍纳门捐者一百三十三家,妓女销捐者竟达一千三百多人";而北京的主要娱乐场所戏园也日渐萧条,在 1924 年,"北京大小戏园二十七家,大半昼夜开演。现在常演者不过十家,且昼夜开演者竟无一家。面中和花乐开明鹄立,亦时演时辍(每星期演二三日),能持久之戏班,不过三家"。⑤

与此时贫民人数增多相对应的则是北京总人数的减少,据 1928 年初的调查,当时的人口与 1927 年 8 月相比减少了 11400 人。⑥ 减少的这部分人口,大多是被政府机构裁撤而被迫离京谋生的各级官员群体,以及包括大学教师、文化人在内的大批南下的知识群体。

北京作为民国的国都,集中了国家为数众多的行政机关,因之也寄养了大量的官员与办事员。张作霖入驻北京之后,政府财政空虚,最后不得不裁撤政府机关的冗余人员以节约财政支出。较早开始裁员的是

---

① 《都市人民之怨声载道》,《顺天时报》1928 年 5 月 10 日第 7 版。
② 《三个月歇业店铺》,《晨报》1928 年 1 月 19 日第 7 版。
③ 敏公:《春节后商况之调查》,《晨报》1928 年 2 月 17 日第 7 版。
④ 《联翩歇业中之各商实地调查》,《晨报》1928 年 1 月 18 日第 7 版。
⑤ 敏公:《四项营业之调查》,《晨报》1928 年 3 月 7 日第 7 版。
⑥ 《北京户口最近详数》,《晨报》1928 年 1 月 21 日第 7 版。

外交部，"十科一处共减一百六十余名，无论实缺与否应即一律停职"①。随后，"陆军部裁去五百余人，留二百余人，财政部裁六百余人，交通部原有一千二百人，只留四百人"②。翌年，司法部又裁去四个科室，"所有各该科由科长以至录事，均须停职听候甄别作用，计被裁者有五十余人"③。北京官员群体的锐减直接导致了北京社会消费能力的下降，北京原有的商业、娱乐场所在相当大的程度上依靠官宦阶级及其家属这个庞大消费群体的维持，因此，官员群体数量的减少进一步加剧了北京商业、娱乐事业的萧条。

此外，对北京人口结构造成重大影响的是知识群体④的离京南下。如果说民国政府裁撤职员是出于财政的压力，那么北京庞大知识群体的南下除了经济窘迫的因素，更重要的还是北洋政府在北京实行的高压统治。经济因素方面，由于政府财政的压力，北京的高校日常经费经常无法按时拨付，"国立九校本年因经费支绌，已分别提前举行考试，惟考试之后，仍拟上课二星期，截至六月十日，即行放假"⑤。非但正常的教学秩序无法维持，甚至许多高校教师的薪俸亦不能按期发放。政治上的高压所造成的社会气氛则直接逼迫北京的知识群体离开北京而另寻安身之所。

1926年3月18日，段祺瑞执政府向在天安门前集会的学生、群众开枪，当场打死47人，鲁迅在惨案发生后所作的《记念刘和珍君》一文中称当时的北京为"非人间的浓黑"；同年4月，《京报》社长邵飘萍因"勾结赤俄，宣传赤化"的罪名被枪杀；同年8月，《社会日报》的主笔林万里因撰文抨击张宗昌被杀；1927年4月28日，在张作霖的授意下，李大钊等19名进步人士被处以绞刑。一连串枪杀知识分子的极端事件使京城笼罩在极度灰暗的氛围之中，人人自危，政府又加紧控制。

---

① 《外交部昨日实行发表裁汰部员》，《顺天时报》1927年5月7日第7版。
② 《北京各机关大刀阔斧之裁员》，《顺天时报》1927年7月2日第3版。
③ 《司法部裁撤四科》，《晨报》1928年4月23日第7版。
④ 本书所指的知识群体，主要指当时北京高校的教师与学生，以及众多报纸、杂志等机构的广大从业者。王建伟的《逃离北京：1926年前后知识群体的南下潮流》(载《广东社会科学》2013年第3期)细致地考察了这一时期北京知识群体离京南下的始末。
⑤ 《九校将提前放假》，《益世报》1927年5月25日第7版。

《顺天时报》记载:"迩来京城市面上谣言纷起,兼有学生被捕之事发生,遂致揣测百出,街谈巷议颇形复杂。致为警察当局者大为注意,疑有党人在京,煽惑治安之举动,故于日来派令各区队,巡警侦探等四出活动,防范情形甚为严密。"①此时尚在清华任教的梁启超在写给其家人的信中描述"京津已入恐慌时代,亲友们颇有劝我避地日本者"②。《现代评论》也记载,当时的北京,"政府方面除了捕人,久已把学校置诸不闻不问之列。学校方面,教员能走的已多半向他方面另谋生计,学生要逃的逃了,不必逃而留下的,也多半无课可上。除了每次学生被捕之后,残余的学校当局,出来保释之外,报纸上也少有其他的消息"③。在 1926 年前后,大量的高校教员南下至上海、广东、南京、厦门等地,如北大国学门的沈兼士、顾颉刚、张星烺、魏建功、孙伏园、章廷谦、容肇祖、陈乃乾、潘家洵、黄坚、丁山、鲁迅等人集体南下至新成立的厦门大学。与学生、教授群体南下相伴的,是一些发挥重要舆论作用的刊物的南迁,如创刊于 1924 年的《现代评论》《语丝》都于 1927 年迁至上海,相应的撰稿、编辑出版人员也随之南迁。④

《现代评论》对北京当时的窘境曾有一个形象的描述:

> 向称首善的北京,到现在不仅无善可说,并且是毫无生气,一天比一天的衰残下去。你看那政界!头一等政客都到别处"公干"去了,只剩下那些三四等的流氓在这里厮混。政治台上一时得意的顾内阁这几天零星的辞,大有婉转求去而不可得之势。各衙门局所的经费都是积欠二十个月左右,那些磕头虫铁饭碗的参事司长们车马衣服等等都不像从前那样炫赫,每日到衙门以"谈天,看报,喝茶画到"为生活的小官僚们,一日三餐狠都发生许多困难,看他们成群结队,上下衙门,破衣破鞋,好像化子一般,恐怕不久自然要各奔前程去了。你看那学界!前几年那些应运而生,

---

① 《谣诼中之北京》,《顺天时报》1927 年 3 月 25 日第 7 版。
② 《梁启超全集》第 21 卷,北京出版社 1999 年版,第 6271 页。
③ 《北京国立九校的前途》,《现代评论》1927 年第 6 卷第 36 期。
④ 王建伟:《逃离北京:1926 年前后知识群体的南下潮流》,《广东社会科学》2013 年第
3 期。

好像雨后苍苔似的私立大学,一个一个的关了门,本来是越早越好,没有什么可惜。惟独国立各校是国家培养人材的地方,到现在也是为穷所迫,许多教员们"因故离京",自谋生路去了。寒假以后,学是开了,课也上了,但实际上教员的缺额有三分之一,到校的学生也过不了三分之一,而实在到那寒冷空廊教室之中去的人更是为数无几。什么"最高学府","弦诵辍响","教育破产"等等话头,也都没人说了,完全是坐以待毙的神气。商家们自去年大兵到来,强使军用票以后,店铺关门闭户,"修理炉灶","清理账目",已经不少,到了阴历新年,亏累倒闭的又有许多,再加上这样捐那样税,就是那些勉强开门的字号也是叫苦连天,说"这个年头儿,买卖真干不得了!"北京本不是一个生产的地方,经济的运用,一经停顿或迟滞,大多数卖苦力的穷人就因此失业,他们一天三顿杂合面的窝窝头已经有许多的发生问题。你看京师向来未有的凋敝的现在,究竟是谁之过?①

以上正是北京在军阀割据统治下的形象写照。因此,尽管当时的北京在名义上仍是民国的国都,但实质上已失去了国都所应有的首善之区的气象,市面凋敝,秩序混乱,非但原来的城市建设计划未能有效实施,②掌握北京城市最高管理权的内务部甚至为了发放部员的薪俸而变卖皇城的城砖与天坛的古柏,使"狠可为中国文化制度的表征"的古物,竟然做了内务部员的牺牲品。③ 因此,为了改善北京的城市状况,有人在《晨报》上发表文章,探讨改良城市之法,"责诸负整理京都市政之责者,对已有之现状,须加维护,未来之发达,又当妥为筹划"④,意欲挽回北京作为国都的尊严。然而,到 1928 年上半年,当国民革命军开始北伐之后,北京作为国都的地位在政治层面因为南京蒋介石的主张而受到威胁,且舆论又开始讨论国都问题,比较北京、南京、武汉作

① 召:《凋敝的北京》,《现代评论》1927 年第 5 卷第 118 期。
② 主管北京城市建设的市政公所在朱启钤离任后多次改组,公所督办亦因时局关系频繁更换,影响了北京城市建设计划的实施。
③ 《内务部的破坏热》,《现代评论》1927 年第 5 卷第 120 期。
④ 陈廷祯:《城市发达之研究》,《晨报》1928 年 5 月 11 日第 10 版。

为国都的可能性,有国都南迁之议。① 总的来说,当时的北京作为民国国都的地位已出现了摇摇欲坠的征兆。

二　迁都中的北京舆论

1928 年 4 月,蒋介石宣布北伐,6 月北伐完成,南北实现统一,国民政府将首都迁往南京,改北京为北平特别市政府。尽管国家层面的首都问题已尘埃落定,然而社会舆论尤其是北京的舆论在国都南迁前后却引发了激烈的争论。

主张国都南迁的主要是南京方面的舆论,他们主要依据孙中山当初留下民国应建都南京的遗训。他们的主张,意在破除北京作为民国国都在历史上所积累的弊端,即长期以来外国势力对北京政权的干预,这些外国势力大多集中于北京东交民巷使馆区,平日即对中国的政府频频干预,在迁都问题上亦持反对意见,这恰恰成为南京方面舆论的把柄,他们把外国势力对国都问题的干预看成是对中国内政的侵犯,而"国民政府决不能因列强承认或不承认那种恫吓或引诱就跑到北京去的",相反,"外国的公使应该追随中国的国都,中国的国都不应该随着外国公使的住所"。②

但北京的舆论却对此持有反对意见,他们以北京对于中国政治、军事、经济的重要意义反对迁都南京,他们认为,在确定国都问题时,应"以新兴中国为眼目而加以推论,若以所谓公使馆区域及区区各国驻屯兵为前提而讨议首都问题,则由提倡不平等条约改订之态度言之,岂非一种矛盾乎",因此,讨论首都问题"应以于政治的、经济的、交通的、教育的、防备的各方面求重点为主"③,循此逻辑,国都应仍定于北京。甚至远在南方的两广政府也认为从国家安全的角度考虑应定都北京为宜,向南京政府发电表达诉求。④

同时,北京的《益世报》又连续发表文章,从政治、军事等方面细致

---

① 张其昀:《中国之国都问题》,《东方杂志》1927 年第 24 卷第 9 号。
② 召:《北京的公使团与国民政府》,《现代评论》1928 年第 8 卷第 184 期。
③ 《首都问题》,《顺天时报》1928 年 6 月 20 日第 2 版。
④ 《粤军政要人会议主张建都于北京》,《顺天时报》1928 年 6 月 17 日第 2 版。

地剖析北京作为国家首都的合理性,认为不能以"北京受外交强暴的压迫,无法解脱,官僚腐败积习太重"等作为废除北京国都的理由。①进一步,该文作者又从世界政治格局的角度强调北京地位的重要性,"以为今日以后世界的政治争点,恐怕就在远东部分,我中国与日本、俄罗斯适当其冲,北京又是三国集中之地,如果率尔南迁,是应自损远东政局上的主力地位,与荷史东迁南渡的失败不是一样吗?"②接着,作者又强调了定都北京在军事、国防上的意义,"以北京当北部的前线,平时可以杜绝一般野心家的侵略,一旦有事,也可以一致对外,当关设险,不致南北立成分裂之局,关系非常之大"。若将首都南迁,则"内损东北与西北的控制力,外使黄海渤海权,满、蒙领土均受莫大的影响"。③

随后,《益世报》又刊发了北京师范大学地理系白眉初教授的长文《国都问题》,系统地从城市历史、地理、军事、现状四个方面将北京与南京作为历代国都的历史进行比较,最终得出了"以建都北京为宜也"的结论。④ 白眉初教授的观点大体代表了当时北京知识界对于国都问题的总体看法、立场,甚至当国都南迁已成为事实之后,仍有学者撰文从历史、地理、文化、政治方面论述"不可轻易迁都"。⑤

与知识分子对国都问题的客观分析相比,北京的市民及各团体、行会反对迁都则有着现实的考虑。虽然他们也以"海外形势迥非昔比"为由质疑孙中山建都南京的遗训,⑥或也像知识分子那样从北京的地势、历史角度论述建都北京的必然性,但他们更重视的是迁都后给北京带来的现实消极影响。在他们看来,迁都必然造成北京原有官署建筑、政府行政资源的浪费,导致丰富的文化遗产、大量学校与其他文化机关的衰败,如果迁都南京,"北京旧有官署,将因废弃而倾夷,南京新设机

---

① 商逸:《国都问题》,《益世报》1928 年 6 月 19 日第 6 版。
② 商逸:《国都问题(续昨)》,《益世报》1928 年 6 月 20 日第 6 版。
③ 商逸:《国都问题(续昨)》,《益世报》1928 年 6 月 21 日第 6 版。
④ 白眉初:《国都问题》,《益世报》1928 年 6 月 24 日第 3 版。
⑤ 徐际恒:《与国府诸君子商榷国都问题》,《益世报》1928 年 7 月 2 日第 3 版。
⑥ 《北京市民反对迁都于南京》,《益世报》1928 年 6 月 29 日第 7 版。

关,将因急需而创建",而"文化机关,总有财力,恐非一时所能创造"。① 他们更担心迁都会破坏北京依赖其国都的政治地位所形成的社会经济以及赖此而生的广大北京市民,北京如果失去国都地位,"转瞬之间即有沧桑之变,势必演成工商失业,民众游离,而欢腾之实未现,倒悬之苦立生"②。《益世报》也发文称:"北京本非商埠,又无农产,数百年来所有市民,皆因政府驻在此,直接间接互相关联,始能维持大计,近年以来,政变屡起,北京商民已困苦不堪言状,设再实行迁都,真不啻断绝全城百三十余万市民之命源也。"③

然而,迁都并没有因为北京舆论的反对而缓行,当首都迁往南京之后,北京方面仍未放弃将国都迁回北京的努力。迁都后一个月,北京各银行为了自身利益又极力向南京政府争取将首都迁回北京,"若国都移宁实现,则在北平之各大银行,当蒙直接非常之影响,是以无论如何,亦当设法阻止,国民政府若仍照从前将国都置于北平,则必以力之所能而为财政的援助,苟不顾一切必欲将国都移宁,则以后决不予财政上之援助"④。而全国总商会关于建都北京的主张尤为激烈,甚至在蒋介石来北京期间当面向其呈文,从北京的地势、交通、历史等方面历述不可迁都的种种理由,加以北京"宫室之宏丽,衙署之繁多,学校之林立,古物文化之荟萃,以及公私建设之周备,商贾行旅之辐辏,犹其余事,故废弃北平,至为可惜"⑤。甚至在迁都一年后,北京商民仍向蒋介石上书请愿,表示自国都"迁宁之后,全市百业废坠,民生困穷,渴望迁回北平",以慰民生。⑥

北京舆论对于国都南迁之争,也折射出北京各阶层对于北京即将失去国都地位的心理变化。无论是知识阶层从政治、历史、国防等层面对北京的宏观把握,还是市民团体与商业行会对北京的现实关注,都体现了北京市民对于北京国都地位的依赖以及对北京可能失去国都地位

① 《京兆各团体电国府吁恳奠都北京》,《益世报》1928 年 6 月 25 日第 2 版。
② 《旅店商会上总商会节略反对迁都》,《北京日报》1928 年 6 月 21 日第 3 版。
③ 《北京市民反对迁都于南京(续昨)》,《益世报》1928 年 6 月 30 日第 7 版。
④ 《银行界力争首都仍置于北平》,《顺天时报》1928 年 7 月 25 日第 2 版。
⑤ 《全国商会联合会对迁都提案之原文》,《顺天时报》1928 年 8 月 27 日第 7 版。
⑥ 《全市商民迁都北平大请愿》,《北平日报》1929 年 7 月 8 日第 7 版。

的集体恐慌。一个毋庸置疑的事实就是,一旦北京的国都地位不保,北京原有的政治地位、社会经济、民计民生都将无以为继。

然而,迁都并没有因为北京舆论的反对而中止,国都地位的丧失也确如人们所预料的那样,对北京社会各界造成了巨大的冲击。早在国都正式南迁之前,北京就因迁都一事而引起社会慌乱,大量政府官员顿失生计,梁启超在1928年6月23日致梁思顺的家书中写道:"北京一万多灾官,连着家眷不下十万人,饭碗一齐打破,神号鬼哭,惨不忍闻。"①北京市面也因此急遽萧条,据《顺天时报》所载:"北京方面,为因迁都问题,现已引起社会上大多数人民之恐慌,尤以一班官场中人物为最悲惨,其次即属于商家。昨闻前门外各大饭馆,如泰丰楼等,因终日无顾客来临,铺内开支又钜,故已纷纷停止买卖,以资减省用费。其余各项商店,日来暂停营业者,亦极络绎,致商工人失业者骤形增多。并闻一班以北京为根据地之伶人等,因京城市面情形已非,对于迁都一层,虽亦大为悲观,但于目前之吃饭问题,尤属迫切,故此现已纷纷商拟□□,一二名伶偕众离京,先赴天津唱戏,以维其目前之生活,此外尚有八大埠中南省籍之妓女等,亦俱各整备行装,俟铁路交通恢复后,即拟离去北京,赴津沪等处谋生。市面上商业,因此益形冷落。"②在国都南迁的6月,仅半月内关门的商店竟达1652家。③

1928年6月28日,北京被改为北平特别市,国都正式南迁至南京,北京市面一落千丈,商业凋敝,据媒体统计,在迁都后的一个多月,北京城内的"银行业关闭二家,金银号关闭六家,绸缎洋货庄关闭十三家,西药行关闭四家,中药铺关闭十九家,兑换所关闭七家,靴鞋店关闭十九家,布铺关闭二十一家,饭馆业关闭二十二家"④。娱乐事业亦陷入困境,大量的戏园因经营困难被迫向政府申请减少戏捐,而曾繁盛一时的八大胡同的娼寮也相继停业。⑤ 国都南迁也导致了北京人口的减少,据统计,当年9月的人口数较上月减少一万三千余人,全市贫民计

---

① 《梁启超全集》第21卷,北京出版社1999年版,第6299页。

② 《迁都问题喧传中北京市面状况》,《顺天时报》1928年6月16日第7版。

③ 《北京半月来停业商店何多》,《顺天时报》1928年6月19日第7版。

④ 《七月内之北平市各商店关闭总数》,《顺天时报》1928年7月29日第7版。

⑤ 《市面萧条中娱乐场所大受影响》,《顺天时报》1928年9月5日第7版。

十八万九千名;①据 10 月份的统计,全市总人口为"一百二十六万七千五百八,户数人口较前减少"②。城市公共事业亦受影响,"电灯公司前途极可危,收入锐减,近又闹煤荒",以致影响正常供电。③ 在郁达夫写于 1934 年的游记中:"北平的内容,虽则空虚,但外观总还是那么一个样子。人口增加,新居添筑,东安西单两市场,人海人山;汽车电车的声音,也日夜的不断。可是,戏院的买卖减了,八大胡同里的房子大半空了,大店家的好货也不大备了,小馆子的顾客大增,而大饭庄的灯火却萧条起来了,到平之后,并且还听见西山都出了劫案,杀死了人。"④北京原来鼎盛的教育事业也陷入困境,国都南迁后,"北平国立各校,又复陷于不生不死之境,现离开学之期虽仅二三星期,而迄今仍无确实办法,以致良师改就他职,数万莘莘学子,亦惶惶不可终日"⑤。亦有人这样描绘北京在迁都之后的变化:"向以官吏及差役,为其吃饭生活者,则其饭碗已皆被人打碎矣;以商贾谋生者,则买卖冷清,不堪赔累停产关门,徒伙遣散,皆变为失业之游民;工人方面,因制造品滞销,停止工作;车夫苦力等,则鲜少雇佣之主,其无技能本业者,更乏谋生之道,因是穷人益为增多。据公安局调查,北平市贫民,计有二十三万人口。"⑥检阅这一时期的媒体报道,多对北京冠一"穷"字,足见北京失去国都地位后的窘境。

三　对城市身份的再认同

面对北京失去国都地位与成为故都的现实,北京政府机构相应做出调整,取消原来的京都市政公所与京师警察厅双头管理的模式,制定了《北平特别市组织法》,由何其巩担任首届北平市市长,在政府机构方面,设立公安局、财政局、土地局、社会局、卫生局、教育局、工务局及

---

① 《最近之北平市户籍人数调查》,《顺天时报》1928 年 9 月 14 日第 7 版。
② 《北平最近户口统计》,《顺天时报》1928 年 10 月 31 日第 7 版。
③ 《北平全城将成黑暗世界》,《顺天时报》1928 年 9 月 26 日第 7 版。
④ 《郁达夫自传》,江苏文艺出版社 1996 年版,第 207 页。
⑤ 《对于新北平市之感想》,《顺天时报》1928 年 8 月 20 日第 2 版。
⑥ 杞人:《进化欤退化欤——北平市之新气象》,《顺天时报》1929 年 1 月 1 日第 10 版。

秘书处。①

与政府机构的调整相比，舆论也开始思考北京在失去国都政治地位后的出路，重新定位北京的发展方向。有人在报纸上呼吁："当局及北平市民若不对新北平市将来之繁荣，充分加以考虑，使他纵即失去首都资格，而犹不至大改旧观，而北平之前途，必将冷落至不堪回首的地步。"②于是，北京的城市身份问题一时成为舆论的焦点。

作为帝制时代的帝都，北京一直是国家的政治中心，民国以后又继为国都，并因首善之区的特殊政治地位而经历了特殊的现代城市建设道路，使有形的城市空间遗产与现代市政建设实现了最大程度的共存，帝都时代所建造的宫殿、衙署、林苑、城墙等历史遗迹大部分得以保存。民国后又兴建了大量的高等学府、现代博物馆、图书馆等文化机关，再加上北京长期作为政治中心所形成的消费城市性质，都成为重新定位北京城市身份的物质资源。

当北京失去政治中心的地位后，北京本地舆论逐渐接受了这一现实，有人认为，若北京仍为国都，"假令不幸，政治上无希望，乱源日大，则都城所在，实于民众有害无利，反不如与政治远离，免为一年一战之目的地，尤为稳妥也"③。更有人认为，就应该减少北京在"政治上的重要分量，凡一切涉及政治边际的事业，能够不以北平为中心，悉予避开"，"北平不是政治中心，就应该把政治的架子都拆到适合的程度才是，不应该尚有许多兵队，许多捐税，许多机关，弄得到北平非边障而盛设戍防，非工商业中心而有伟大工会"④。北京的知识分子也从自身的境遇主张削弱北京的政治地位，曾在北大任教的刘半农就表示："在南北尚未统一的时候，我天天希望看首都南迁之说可以实现。我的意思是：这地方做了几百年的都城，空气实在太混浊了；而且每有政争，各地的枪炮，齐向此地瞄准了当靶子打，弄的我们心神纷乱，永无宁日。若有一天能把都城这劳什子搬到别处去，则已往的腐败空气，必能一廓而

---

① 《北京特别市政府将分设七局一处》，《顺天时报》1928 年 6 月 28 日第 7 版。
② 《对于新北平市之感想》，《顺天时报》1928 年 8 月 20 日第 2 版。
③ 《岂有所谓迁都问题欤》，《京报》1929 年 1 月 7 日第 2 版。
④ 《需要的是平安洁净》，《京报》1929 年 2 月 17 日第 2 版。

清;大人先生们要打仗,也可以另挑一个地方各显身手。于是乎我们这些酸先生,就可以息心静气地读书,安安闲闲地度日,说不定过上数十年之后,能把这地方改造的和日本的京都,英国的牛津、剑桥一样。"①

因此,当北京在几百年的历史上第一次失去国都的政治地位后,如何利用原有的城市资源为北京提供发展动力就成为人们思考的问题。统观这一时期的舆论,大体有将北京发展为北方的军事交通中心、工商业中心、旅游中心与国家的文化中心等几种观点。

将北京发展为北方交通、军事中心的主张主要是依据北京所具有的天然区域优势,有人指出,"北平北倚蒙古、热河为屏蔽,东有山海关、渤海为门户,左倚山西,右联东三省,但使运输联络、道路修治,可成为北方交通之中心地"②。还有人指出,"北平位置,军事上在所必争,昔日已然,至今尤甚。一,因逼近满蒙,非重兵不能震慑,北平之基础不固则满蒙危,满蒙危则边祸急。二,因雄踞中枢,平汉、津浦、平奉、平绥四铁路为其放射线,例诸车轮,四铁路辐也,北平毂也。故北平为军事重镇,实可收以重驭轻之效"③。交通、军事中心的主张虽已脱离政治中心的发展理念,但仍需要国家在政治层面的支持,且交通、军事中心的建设也不能有效地繁荣北京市面,因此这种呼声未能引起重视。

就将北京发展成北方的工商业中心而言,北京在这方面既具有先天的优势,也更具可行性。北京自古以来就是一个消费城市,商业发达,物资丰富。出版于 1929 年的《北平指南》指出,北京的特产丰富,"不论国产洋产,无产不备,粗货细货,无货不销。今虽国都南迁,而历朝相传之国器、异器、贡品、御品、欧美珍奇玩好,与夫王公世家搜藏希世之宝、名贵之物,仍蕴藏于北平市,千年聚之不全,百年散之不尽,偶现于市,足为全市生色者比比皆是,所谓萃天地之精,聚世界之华,北平诚足以当之,岂一朝一夕新兴之市埠所能比拟哉。至于百余万市民所赖以生活之布帛粟粒,以及一切日常必需之品,莫不仰给于商运,其他则虽破布、烂纸、缸片、木屑,锱铢不值,粪土不若之物,亦皆各有专行收

---

① 刘半农:《北旧》,载《半农杂文二集》,上海良友图书印刷公司 1935 年版,第 161 页。
② 陈屯公:《新北平》,《京报》1928 年 9 月 21 日第 5 版。
③ 曾彝进:《奠都南京后北平之繁荣策(二)》,《顺天时报》1928 年 8 月 13 日第 7 版。

买,故北平商业,目下虽云萧条,苟能于工业上加以提倡指导,应用科学,利用机器,改良出品,增加产量,由津沽以输出欧美,由张绥以贯通蒙古,俾各种大小工业制造场所日臻发达,农产有所用,则商有所通,北平市之繁荣讵可以近年之状况为止境哉?"①《顺天时报》也表达了相似的观点,曾任袁世凯总统府秘书的曾彝进在该报上撰文称:"北平地势,负山面海,因山之利,则有门头沟、房山、斋堂之煤,龙烟之铁,昌平、顺义之金铜锰;因海之利,则有津沽之鱼盐,渤海之轮舶。矿产既如此丰盈,交通又极称便利,天以大利惠我北平,而北平市民却未知领受,亦可慨矣。且也北连蒙古,位置在长城脚下,可为内地与蒙古贸易之枢纽,口外所产毛、革、牲畜、粮食之输入内地者,可以北平为制造场,为集散地,内地所产茶叶、布匹、洋矿杂货之输出蒙古者,可以北平为过载场。此外如北平固有之雕刻、珐琅、织毯、园艺等特殊工艺农业,若利用科学,力求进步,其发达亦未可限量,是则北平诚有为北方大工商市场之价值。"②《京报》也发文力主发展北京的工业,认为"手工业者,正为大工业之前导,而在北平尤为全市富源,且为特有之工业,非他国所能竞争"③。

因此,结合北京所具有的交通、区位的先天优势以及自身的工商业贸易基础,将北京发展成北方的工商业中心以振兴北京市面的设想是可行的。值得注意的是,舆论将北京发展为工商业中心的倡导,致力于发展北京的现代化工商业,将北京由一个消费城市转变为一个生产城市,进而带动北京的现代化进程,若此计划得以实施,故都北京定当是另一副面貌。然而,这一主张并未获得政府的大力支持,进入故都阶段后的北京,舆论鼓吹最力还是将其建设成国家旅游中心、文化中心。

将北京发展为旅游中心与文化中心体现了一种全新的城市身份认同,真正摒弃了北京作为国都的政治色彩,发掘出了北京的独特价值。

北京有近千年的建都史,拥有壮丽的建筑,城市古物荟萃,人文遗产丰富,再加上气候适宜,因而有人主张北京仿照"瑞士、日本等国,每

---

① 北平民社编辑:《北平指南》,北平民社1929年版,第9—10页。
② 曾彝进:《奠都南京后北平之繁荣策(一)》,《顺天时报》1928年8月12日第7版。
③ 《繁荣与手工业》,《京报》1928年11月5日第2版。

岁游资之收入,以数千万计,北平有此天然及人为之美,若周为布置,欧美人士来游者,定必增多,游费一项收入,亦属不资,市面亦可藉此稍有生气",因而前内政部长薛笃弼曾有将北平改为东方文化游历区之议。① 北平市政府于 1934 年制定的《北平游览区建设计划》亦表示,"北平为六百年来集全国精华而缔造之国都,宫殿之伟大庄严,园林之宏丽清幽,名山异泉遍布西北,荒刹古庙随处皆是,不仅为东亚文物之总汇,亦世界名胜之伟迹","施行招致外宾观光之理想地域,将舍北平市莫属"。② 此外,国立北平研究院史学研究会在其编辑的期刊《北平》中亦表示:"现在国都虽说已经南迁,而北平的学术空气经数百年的酝酿孕育,仍为全国的文化中心。世界游历人士,来观光者,不到北平,就可以说没有到过中国。"③其观点也极力主张将北京打造为北方的旅游中心以振兴北京社会。

关于将北京建设为国家文化中心的呼声也甚嚣尘上,有人在《顺天时报》上发文指出:"北平虽不为政治之中心,然尚可为文化之中心。盖学问之地,宜与政治中心地及中外麇集之大工商地隔离,学子文人始能专心一志于学问,不为富贵利禄之念所萦扰。以此点言之,北平最为适宜之文化中心地。况北平学校林立,设备较为完善,历史遗物,书贾印刷业者,均不胜指数,将来全国学者必集中于此,而各省学生,亦将担登负笈,群趋于此焉,则北平商况,将大有赖于是矣。"④有人从文化中心的经济功能加以申议:"吾人为维持北平之繁荣计,为发展教育计,屡唱以北平为文化中心之说,盖北平苟为文化中心,则全国学子,将集中于北平,其学膳等费,均足沾溉北平金融,而南京政府,亦必每月拨付教育费若干,直接间接,均足维持北平之繁荣。此为吾人为维持北平繁荣计而主张以北平为文化中心之所以也。"⑤《京报》也持相似的观点,认为北京具有创建文化中心的优势,"壮丽之建筑,佳美之气候,蓊蔚之树木,便利之交通,加以种种文化设备,本极完全,如稍加补葺,且可

① 《北平拟建设文化游历区》,《北平日报》1928 年 11 月 7 日第 6 版。
② 《三十年代北平市政建设规划史料》,《北京档案史料》1999 年第 3 期。
③ 《发刊词》,《北平》1932 年第 1 期。
④ 《北平市前途之预测》,《顺天时报》1928 年 7 月 16 日第 2 版。
⑤ 《北平近来可喜之现象》,《顺天时报》1928 年 10 月 8 日第 7 版。

为东方世擘。此实最现成之计划也"①。亦有人补充道："北平建都垂八百年，一切建筑，均有历史上之价值，而历朝所储之古物宝藏，多萃于是，但使保守整理得宜，考古之士将群趋于是，可成为东方文化之中心地。"②甚至有人直接"陈请政府指定北平为北方文化区、大学区"③。

将北京建成游览城市、国家文化中心的舆论主张是在北京失去国都地位后对北京城市身份的重新认识与定位，是结合北京既有城市资源与当时社会现实的理性主张，因而在舆论上达成了一致。与军事中心、工业中心等需要大量的财政投入相比，建设旅游、文化中心的提议更符合当时北京所面对的社会形势，因而得到了官方的认可，并在故都时期得到了切实的贯彻。国都南迁给北京的城市发展带来了阶段性的阵痛，政治地位的丧失与城市发展动力的缺位也逼迫北京做出相应的调整。从国都到故都，丢掉了首善之区地位的北京在转型中重新定位了自己的城市身份，对北京城市身份的新认识也决定了北京城市发展的新动向，下文我们就将分析在这种新思路下北京发展策略的调整及其对城市空间、"故都"形象形成的影响。

第二节　文化旅游中心建设与故都城市空间生产

将北京发展为文化旅游中心虽然在民间舆论与官方两方面都达成了一致，但如何在短期内将北京从国都的光环中解放出来，使之在故都的名义下强化文化层面的建设，毕竟没有现成的先例可资参照，因而短期内亦无明显的成绩。对此，刘半农曾在 1929 年抱怨道："后来首都果然南迁了。算至今日，已经南迁了一年半了。在这一年半之中，我们也时常听见要把北平改造为文化区域或文化都会一类的呼声。结果呢，将来亦许很有希望罢，截至现在为止，却不见有什么惊人的成绩。"④在

① 《以四种中心改造北平》，《京报》1928 年 11 月 11 日第 2 版。

② 陈屯公：《新北平》，《京报》1928 年 9 月 21 日第 5 版。

③ 曾彝进：《奠都南京后北平之繁荣策（五）》，《顺天时报》1928 年 8 月 16 日第 7 版。

④ 刘半农：《北旧》，载《半农杂文二集》，上海良友图书印刷公司 1935 年版，第 161—162 页。

国都南迁的前几年,北京正处于艰难的转型之中,国都时期的辉煌一时无以为继,新的文化古城建设仍在艰难的探索之中,以致有人这样描绘当时北京的状况:"破落户的北平,满街满巷,只见打小鼓(收买旧货者)的穿梭往来,一种萧条而不景气的神态,令人不胜感慨系之。虽然,那所堂皇的宫殿点缀着北平的景色,而热闹情形,不可复求。"①

即便如此,北京的民间与官方都在如何创建文化旅游中心方面积极探索,一时间舆论争鸣,社会舆论从不同的角度探讨北京创建文化旅游中心的可行性,与此同时,北平市政府也开展了建设东方文化旅游中心的尝试与实践。回顾、梳理北平的社会舆论与官方建设实践,将有助于我们理解故都文化古城的形成及其在物质空间上的呈现。

与国都时期城市建设所遵循的"观瞻所系"、构建国都形象的政治原则不同,进入故都时期后,无论是构建旅游中心还是创建全国文化中心的舆论,无一例外的都是立足于招徕游客与外来人口,以拉动北京的消费进而起到繁荣北京市面的目的。因此,进入故都后的最初几年,关于将北京建设成文化旅游中心的舆论,都将着眼点落到了如何利用、改造北京既有的城市资源上。在缺乏国家财政大力支持的情况下,通过发掘北京所独有的城市历史遗产,将国都时期的城市发展立足于国家政治中心的机制,逐渐向依靠城市自身的结构调整而获取发展动力的方向转变。

在发展文化旅游中心的理念下,北京在帝都时代所遗留下来的宫殿建筑、皇家林苑、王府衙署等一切文化古迹,都成了故都北京改良市面、振兴经济的救命稻草。在国都时期,由于城市现代化建设的需要,北京原有的文化古迹遭到了一定程度的破坏,皇城基本被拆除殆尽,由于发展交通的需要建设了环城铁路、有轨电车,对城墙、城楼、牌楼等古迹亦进行了部分拆改。尽管当时亦有舆论进行反对,但多出于封建迷信的考虑,保护古物在国都时期还未成为一种集体的文化自觉。进入故都时期,由于文化古迹成为北京的独特城市资源,保存古物以获取城市发展动力随即成为人们的共识。《晨报》曾发文指出,北京的"名胜

---

① 知微:《北平》,《礼拜六》1934 年第 556 期。

古迹应重新整理。凡业已破坏之古迹应从新建造，务求保存原来构造，以资欣赏与研究，其未破坏者，则应设法保护，务使不至湮灭"①。另一位名叫朱辉的市民在呈给政府的《建设北平意见书》中则更具体地指出："旧建筑物有保存价值者，应保持北伐军克复北平当时之式样面目而保存之。故北平旧建筑物，如各种城墙、城楼、宫殿、坛庙、旧皇家寺院、三海、景山、颐和园、万寿山、各种牌楼、库房、王府及旧时一切皇家建筑，所谓官公产等等，汇集成册，衔同中央驻平机关，联合文物维护团体，按册一一根据民族历史、东方文化学术、美术、艺术、革命纪念各性质，实地审查，何者当存，何者当去，择其有价值者，备案呈请中央，制为定案。即其无保存价值之旧建筑，若无预定较善之改设计划，须严厉禁止拆改。"②当然，故都时期舆论提倡保存古物的初衷，究其实质，实为构建文化旅游中心之现实途径之一，保存古物的目的是更好地利用这些文化古迹，进而服务于文化旅游中心的建设。

因此，舆论又对如何利用北京的文化古迹展开争鸣。有人主张进一步开放皇家林苑为现代公园，"旧有名胜处所，一律开放，除已开放之故宫、社稷坛、先农坛、北海、颐和园外，余若南海、中海、太庙、景山等处，一律开放，为平民之公园"③。有人则主张将故宫博物院仿照古物陈列所的经营办法，收费营业，"由北平捐资二三百万元，仿武英、文华二殿办法，全部见新，陈列整齐，利用广告，招致游人"④。这位论者还建议创办"北平和平纪念文化工艺博览会"，陈列古物，同时将"北平附近名胜，如明陵、万里长城、玉泉山、颐和园等，亦量加修理，以此号召，必能招集多数中外游客"⑤。可见，故都时期舆论对于保存古物的提倡尽管有传承文化的考虑，但其根本目的是利用古物的历史文化价值来招徕游客、发展经济，使故都北京脱离市面萧条、经济困顿的窘境。

尽管保存古物已成为故都舆论的共识，但故都的城市建设亦不能

---

① 《应该使北平成为世界公园》，《晨报》1934 年 8 月 29 日第 2 版。
② 朱辉：《建设北平意见书（上）》，《北京档案史料》1989 年第 3 期。
③ 陈屯公：《新北平（四）》，《京报》1928 年 9 月 24 日第 5 版。
④ 曾彝进：《奠都南京后北平之繁荣策（六）》，《顺天时报》1928 年 8 月 17 日第 7 版。
⑤ 曾彝进：《创办北平和平纪念文化工艺博览会案（一）》，《顺天时报》1928 年 8 月 22 日第 7 版。

完全停止,《晨报》亦认为"于整理古迹之外,必须使其具备现代都市之设备"①。《京报》则发文认为,北京除了要保存古迹以招徕游客,同时还应注重改良交通、广筑道路、建筑大规模招待场所等事项。②此外,还有人认为欲使北京成为旅游中心,还应具备"邮务电报电话事务之确实迅速,治安之维持,市中之清洁"等必要条件,③特别是关于交通方面,尽管北京已在国都时期创办了有轨电车,但远郊地区的景点如香山、颐和园等处却无公共交通工具到达,因而有人提倡"为完成北平市为游览区起见,为繁荣北平市面起见,市内公共汽车的创办,不容迟缓"④。

与国都时期的城市建设一样,故都北京发展现代市政建设也必然会与传统的城市空间形成冲突,不过,在故都时期,舆论对于如何处理保存传统古物与发展现代市政建设之间的关系似乎更加理性了,注重城市建设的中西文化融合已逐渐成为人们的共识。

比如,就北京的城市建筑而言,有人主张"此后商铺建筑,略仿罗氏医院、燕京大学办法,均用华洋折衷式,以保旧都面目",这样既可以保留中国传统建筑的特色,"可以壮观瞻,又不失西洋建筑之长"。⑤有人则进一步指出,"东方建筑之主要美观点,在于屋顶,故修缮修改时,仍宜充分维持艺术性、美术性"⑥。《晨报》对于北京城墙的态度最能体现融合文化古迹与现代市政建设的努力,该报称:"平市城墙固宜保存,但长此废置,不知利用,亦属失策。筑造电车路,最为合宜。欧美各国都市多有高架电车,所费甚巨。我们用城墙,事半功倍。且循城墙行驶,所经过皆属重要街市,洵极便利。且高架电车与地上电车公共汽车,互相衔接,任何目的地皆可到达。"⑦利用城墙兴建电车的设想突破了国都时期为修筑铁路而打通城墙的思路,也没有修建环城铁路必须

---

① 《应该使北平成为世界公园》,《晨报》1934年8月29日第2版。
② 《如何是为北平人筹划出路》,《京报》1928年11月9日第2版。
③ 《以北平为游览地之要件》,《顺天时报》1928年11月30日第2版。
④ 唐应晨:《平市创设公共汽车刍议》,《市政评论》1935年第3卷第8期。
⑤ 曾彝进:《奠都南京后北平之繁荣策(六)》,《顺天时报》1928年8月17日第7版。
⑥ 朱辉:《建设北平意见书(上)》,《北京档案史料》1989年第3期。
⑦ 《应该使北平成为世界公园》,《晨报》1934年8月29日第2版。

拆改沿途城楼瓮城的弊端。这种观点将保护古物与发展现代交通相融合的思路来利用城墙，与中华人民共和国成立后梁思成保护北京城墙的观点有异曲同工之妙。①

创建文化旅游中心，除了保存历史文化古物以吸引游客，文化设施的建设也是其必要条件之一，因此，在保存、利用古物以外，舆论还就如何建设北京的文化设施提出建议。《京报》发文建议设立文化展览会，定期展出"所有故宫、古物陈列所、历史博物馆所储存之珍物"②，以营造北京的历史文化氛围。市民朱辉则主张将原有的文化古迹改造为现代文化场所，"天坛可充中山专祠，太庙可作革命历史博物馆，国子监改充学术研究院"③。曾彝进则建议将前清所遗留之王公府第改为文化场所，"后门外之恭王府，东城之怡王府、睿王府，西城之礼王府、郎贝勒府，现均急于求售，索价极廉，若由市民集资购买，改为研究所、学会、俱乐部等，亦可招致无数学者，居住北平，俾无愧其为文化区之实"④。

在国都时期，即有大量的公、私立大学机构落户北京，如影响较大的国立九校等，云集了众多著名教授与来自国内各地的学子，构成了国都北京重要的文化之维。我们在前文描述了国都南迁所引发的北京高校教授与学生群体的南下潮流，国都北京的文化之维因之受到影响，就连北京大学这样的高校也面临困境。据顾颉刚日记证实，1933年2月15日，"北大开课已第六日矣，今日去，乃不见有教职员，学生寥寥，所遇无几，上余课者亦仅六人。此真亡国气象"⑤。北大尚且如此，其他高校与私立学校的境况就更难保证了。在故都时期，即有舆论建议重整北京的各级学校，"一面将原有的各校加以整顿扩张，并作完全的设备，聘良好的教授，一面另设各种职业学校，利用固有的官舍，充当校址，以资培养普通实业人才，并酌予成绩优良的私立学校，以相当的补

① 1949年后梁思成为保护北京城墙，曾提出了利用城墙修建"环城立体公园"的想法，参见梁思成《关于北京城墙存废问题的讨论》，《新建设》1950年第2卷第6期。

② 陈屯公：《新北平（三）》，《京报》1928年9月23日第5版。

③ 朱辉：《建设北平意见书（上）》，《北京档案史料》1989年第3期。

④ 曾彝进：《奠都南京后北平之繁荣策（六）》，《顺天时报》1928年8月17日第7版。

⑤ 《顾颉刚日记：1933—1937》，台北：联经出版事业股份有限公司2007年版，第15页。

助费,藉示奖励办学之意,则庶几使北京成为全国学生荟萃之地,文化之区"①。还有人提出在北京原有的大学基础上,继续添建新大学,"北方国立各种大学,均设于北平,又各种专门研究所、各种学会及一切文化机关,亦设于北平"②。学校之外,亦有人主张在北京设立全国教育讨论会、全国学校成绩观摩会、大规模之图书馆与全国考试院,③还有人建议"指定平市为全国考试地点,举凡一切考试文官也,法官也,警官也,军官也,俱于平市举行,则文化之风益盛,而文化区之势益固"④。如此一来,尽管故都北平已不是国家的政治中心,却可通过添设国家级的学术文化机构使之成为国家的文化中心。

舆论对于北平建设文化区的诸种设想也体现了当时社会对北平市政建设的新要求,即不再像国都时期那样要求北平单纯地向外国都市学习现代市政建设,以维护国都的光辉形象,而是注重在城市建设中突出北平的地方特色,发挥历史文化城市的优势,在维护传统城市空间符号的总体框架下发展现代市政,进而服务文化旅游区的建设。换言之,人们不再寄希望于耗费巨资将北平建设为一个现代化的都市,而是希冀北平凭借自身的历史文化、城市资源成为东方的文化中心。如此一来,对故都北平而言,传统就比现代更显珍贵。城市身份的转变与社会心理的变化就这样影响了城市空间的变迁路径。

在社会舆论为构建国家文化旅游中心积极献计献策的同时,进入故都时期后,北平市政府也开始了创建文化旅游中心的尝试与实践。实际上,早在国都南迁前夕,一位名为张武的留学博士曾向北京政府上呈过一份《整理北京市计划书》,当时刊登在由市政公所主办的《市政月刊》上。这份"计划书"借鉴了当时西方的"桑港改造计划",即将北京城改造为一个中央都心与若干个环绕中央都心的小都心,以故宫三殿、三海及中央公园为中央都心,以东、西单牌楼、四牌楼及九门为小都心,使城市呈放射状发展;同时,在区域功能上,将正阳门内外、东、西长

---

① 《迁都后之北京繁荣策》,《顺天时报》1928 年 7 月 9 日第 7 版。
② 曾彝进:《莫都南京后北平之繁荣策(五)》,《顺天时报》1928 年 8 月 16 日第 7 版。
③ 陈屯公:《新北平(三)》,《京报》1928 年 9 月 23 日第 5 版。
④ 黄子先:《繁荣平市之我见》,《市政评论》1934 年第 1 卷第 1 期。

安街、三殿、三海及故宫一带划为美术区,将正阳、宣武、崇文三大街及其中间一切区域,以及东、西单牌楼大街、东、西四牌楼大街、东直门大街、西直门大街、后门大街及鼓楼以东街市等地划为商业区,将永定门内外接近地边地区划为工业区,其余区域定为居住区;另外,为了便利交通,将所有城墙全部拆除,将原来的前门火车东、西车站外移至东、西便门,并在永定门外建一总站,并利用售卖所拆城砖的费用在城墙原地建设新式建筑,将所有重要官署以及图书馆、美术馆及议会机关均搬迁至此。① 这是根据北京的国都身份所制定的一个典型的按照西方现代城市模板规划的方案,体现了浓厚的政治中心色彩,也没有考虑到城市古物的历史文化价值,是一种纯粹的现代化城市改造计划。当然,由于国都地位的丧失,这个计划亦未能施行。

失去国都政治地位的故都北平不可能按照《整理北京市计划书》的模式进行建设,北平政府对北京的城市定位与改造形成了与舆论构建文化旅游中心相一致的趋向。北平市政府成立后,随着舆论对于北平城市身份的重新体认与构建文化旅游中心的提倡,北平市政府对于城市发展的方向也逐渐明晰,作为一个地方性的城市,利用故都独特的历史文化资源以发展旅游事业建设一个文化城市,成为北平市政府的施政方向。

1928 年 6 月,北京由国都降格为北平特别市,何其巩任首届市长。何其巩上任之后,即广泛征求社会舆论关于繁荣北平的建议,听取了舆论将北平建设为文化区、军事区、工商业区的意见,并将这三种繁荣北平的方略向南京中央政府汇报,"但求明示趋向"②。最终,何其巩接受了当时社会舆论以北平为文化中心的主流观点,亦认为北平"原有学校,多属最高学府,讲艺之风,逾于邹鲁,加之故宫之文物,焕然杂陈,各图书馆之册籍,庋藏丰富,其足以裨益文化考证学术之资材,几于取之不尽,用之不竭,而文人学士之乔寓是邦者,亦于斯为盛,市府要当整理社会,修废起顿,以期革除旧染,溶发新机,使秩序宁静,环境改观,以为

① 张武:《整理北京市计划书》,《市政月刊》1928 年第 25 期。巧合的是,1949 年后北京的城市发展与上半个世纪的这个计划具有类似之处。

② 《何其巩电京请示维持北平繁荣》,《顺天时报》1928 年 9 月 30 日第 7 版。

国家振兴文化之辅助"①,遂将建设文化旅游中心作为维持北平繁荣的计划之一。1931 年,北平政府又向南京中央政府上呈了一份《繁荣北平计划草案》,进一步明确了建设文化区的计划,并向中央请求财政支持。②

要将故都建设为文化城,首当更新城市的文化形象。何其巩甫一上任,就以"世界各国,均有国花之规定,用以代表其民族精神之特点",而北平"因受封建势力之熏陶,心理上之缺点甚多,矫正之方,一面固应努力于物质建设,而心理建设,尤为必要。人类爱美,乃其天性,秋日养菊尤为北平市民普通的习惯,为求补助其心灵,故以菊花为北平市花,亦即为建设新北平计划心理建议方法之一种"③。城市空间总是体现着一定的文化心理,街道的命名亦是如此。北平政府鉴于城内的街巷名称雅俗杂见,于是"将含有封建思想及鄙俗过甚、毫无意义者,酌加变易,或取同音文雅字样",共修改九十余处。④ 确立市花与更改街道名称虽于城市的空间形态上无直接影响,但确是更新城市精神、文化面貌的重要维度,也是建设故都迈出建设文化中心的第一步。

同时,北平政府还加强了北平的文化事业建设。国都南迁不久,北平市政府即成立了北平文化博览会筹备处,⑤意欲扩大北平的文化影响力。随后,北平政府鉴于"平市繁荣亟待规划者尚多,文化博览会仅为繁荣计划之一种,遂决计加以扩充,改设平市繁荣计划委员会,延揽全市富有市政学识经验者,如曾彝进、徐悲鸿、瞿宜显、赵国源、张允高"等 21 人为委员,并将文化博览会筹备处应办事宜,划归该会管理。⑥ 文化博览会选址在故宫三大殿、天安门、三海等周边建筑举办,以充分发挥北平历史古迹的文化影响力,所展览物品包罗万象,分门别类,既有中国传统的瓷器、绘画、雕刻、刺绣、书法碑板、金石,亦有西方

---

① 何其巩:《今后北平之建设》,《益世报》1928 年 10 月 12 日第 2 版。
② 《繁荣北平计划草案》(1931 年 4 月),出版者不详,国家图书馆藏。
③ 《菊花为北平市花》,《北京日报》1928 年 11 月 10 日第 3 版。
④ 《市政府改定本市街巷名称》,《北京日报》1928 年 12 月 16 日第 3 版。
⑤ 《北平文化博览会在市政府设筹备处》,《顺天时报》1928 年 9 月 7 日第 7 版。
⑥ 《市政府将开文化大博览会》,《顺天时报》1929 年 1 月 24 日第 7 版。

最新的照相、电影、乐器等。① 此外，国都时期曾主导北京城市建设的市政公所首任督办朱启钤经过宦海浮沉后，回到北平创办了中国营造学社，广罗人才，著名建筑学家梁思成亦在被邀之列。该社以研究中国传统古建筑为主旨，并在 1931 年内举办了圆明园遗物陈列会、美术工艺品展览会两场文化展览会，成绩卓著，以致时人感叹道："人人果以建造'文化之都'为目的，锲而不舍，则文化北平之运命，视政治的北平为悠久而灿烂。"②

正如社会舆论所指出的那样，要把北平建设为国家的文化旅游中心，就必须着力保护北平现有的历史文化古迹，因此，保存古迹就成为创建文化旅游中心的重中之重，这一观点经由舆论的倡导也在北平市政府中达成了共识。北平市政府政分会主席张继在接管故宫博物院时表示："西安、洛阳、金陵等处，地上文明，保存甚少，尽变为地下文明，如河南洛阳地下，为中国文明宝库，希望北平在数百年后，文明多在地上保存，不在地下湮没。"③1929 年 6 月，何其巩卸去市长之职，张荫梧继任，张继又在有蒋介石出席的新市长宣誓就职典礼上阐述保存北平古物之重要，认为北平"为七百年文化之中心地"，北平之建设"要有七分建设三分破坏，不应以三分建设七分破坏，或竟不建设只从事干破坏"，指出"创造新中国新文明应对旧文明特别加以保护"，并"请主席及张市长负担此维护旧文化之重任"。④

实际上，张继代表的保护古迹以保存传统文明的主张在何其巩、张荫梧两届北平政府都得到了切实的贯彻。在创建文化旅游中心方略的指导下，北平市政府成立后随即出台了一系列保存古物的措施，要求各处坛庙屋墙不得拆毁。⑤ 市政府还成立了北平坛庙管理处，管辖北平各坛庙，并将保护北平坛庙古迹呈请国府内政部，认为事关维护文化，要求设法保护，最后北平市政府下令，除令行公安局协助保护外，"合

---

① 《北平博览会纲要（一）》，《顺天时报》1929 年 1 月 31 日第 7 版。
② 《北平新气象》，《国闻周报》1931 年第 8 卷第 14 期。
③ 《收回故宫系光复古物》，《北平日报》1928 年 11 月 19 日第 6 版。
④ 《七分建设三分破坏，整顿平市文化》，《顺天时报》1929 年 6 月 28 日第 7 版。
⑤ 《市府明令保存古迹，维护文化》，《京报》1928 年 12 月 1 日第 6 版。

行布告军民人等,一体注意爱护,不得稍有拆毁"①。另外,在国都时期,北京的许多名胜古迹多被学校、机关团体占用,据顾颉刚的日记证实,在 1924 年,"慈慧殿均住北大学生,火神庙为商人公会,吉祥寺全为中法学校占用"②。为此,北平特别市繁荣设计委员会主席委员陶履谦草拟保存名胜古迹办法,要求凡北平市区内名胜古迹一律不得驻兵,不得被任何机关征用,如已驻军队或已作机关用者,由市政府一律商请迁让。③ 与此同时,北平市政府又要求将国家古物保管委员会总会由南京迁至北平,以进一步强化北平保护古物的力度。④ 随后,为了将保存古物落到实处,北平市政府又拟定了《北平名胜古迹古物保存规则》,向社会公布,并分令公安、教育、社会、工务各局遵照执行。⑤

社会舆论的提倡与北平市政府的积极执行,使保存文化古迹在故都北平形成了一种社会共识,以至于官方对古物的拆改行为亦不能为社会所接受。媒体曾报道北平第二任市长张荫梧为贯彻革命精神、打倒封建制度起见,命令工务局将中华门、地安门、西安门、东、西长安门装设铜钉之大红门一律拆卸,工务局即派令工程队将西长安门正洞两扇大门拆卸,移运至工务局工程队内保存,然而,"河北省政府方面不赞成此举,并北平各界人等,多持反对态度,因此市政府不得不收回此项成命"⑥。最终工务局又将西长安门正洞已拆卸的两扇大门重新安设如初。

北平社会舆论与官方保存古物的努力,目的在于招徕游客繁荣北平市面,特别注重利用文化古迹吸引外国游客。1929 年 2 月,故都的文化旅游中心建设初见成效,吸引了由 400 多人组成的世界游览团第一次来华旅行,领略东方文化古城的魅力。⑦ 随后,大量的外国旅行

---

① 《保存古迹》,《北平日报》1928 年 12 月 1 日第 6 版。
② 《顾颉刚日记:1913—1926》,台北:联经出版事业股份有限公司 2007 年版,第 473 页。
③ 《保存名胜古迹》,《北平日报》1929 年 2 月 14 日第 3 版。
④ 《古物保管总会移设北平》,《北平日报》1929 年 1 月 28 日第 3 版。
⑤ 《市府拟定规划保存古迹古物》,《顺天时报》1930 年 2 月 10 日第 7 版。
⑥ 《平市府服从舆论停止拆卸皇城各门》,《顺天时报》1929 年 12 月 20 日第 7 版。
⑦ 《世界观光团抵平后,市政府予以种种便利》,《顺天时报》1929 年 2 月 7 日第 7 版。

团纷至沓来，可见北平的文化旅游中心已初具规模。然而，"九·一八"事件暴发后，日本侵入东北，南京政府鉴于华北局势紧张，决议将故宫中珍藏的古物运至南方的安全地带，1933 年初，故宫的大量古物分批南迁，故都北平的"文化城"建设因之减色。① 尽管原藏于故宫的"国宝"南迁并未从根本上动摇北平的文化底色，城内的宫殿、城墙、坛庙、皇家林苑仍昭示着北平作为东方历史故都的神韵，但日军压境东北所造成的局势紧张使北平构建文化旅游中心的努力遇到了现实的阻力。为了给北平注入发展的新活力，当时有人评议道："古物迁运以后，故宫博物院，便索然无生气，三贝子花园，珍禽异兽，渐见减少，往日车马喧闹之地，遂无人过问，此虽细故，实为平市衰落之危机，若一任失衡，处处如此，势必日趋衰落而至于消亡。有市政之责者，第一在于能利用其天然之美，与固有之物，发扬光大，地方治安，市街洁静自亦极关重要，凡所以足为文化游览区域之障碍者，宜尽力排除之，至于教育机关之维持改进，建筑物之修整，历史遗留物之保存整理，地方政府以外，还有赖于中央政府之扶持。"② 可见，发展文化旅游中心仍是帮助北平走出因局势紧张而陷入的困境的唯一出路，这也是袁良主政北平时所出台《北平游览区建设计划》的根本原因。

袁良早年曾留学日本，对日本的现代城市建设有真切的体验，回国后于 1933 年 6 月接任北平市长，当时正值中国与日本签订《塘沽协定》不久，③ 华北局势依然紧张，北平处于日军的军事威胁之下。鉴于北平局势的新变，袁良所领导的北平政府依然开出了建设文化城市的药方，"九一八以后，本市更一变而为国防前线，地位之重要，十倍于曩昔，自应加意积极进行，冀以建设力量，造成东方一最大之文化都市，使

---

① 关于故宫古物南迁与北平"文化城"的建设，参见季剑青《20 世纪 30 年代北平"文化城"的历史建构》，《文化研究》第 14 辑，社会科学文献出版社 2013 年版。

② 壮克：《北平市的特殊性》，《市政评论》1934 年第 1 卷第 1 期。

③ 《塘沽协定》是中日双方的停战协定，签订于 1933 年 5 月 31 日，规定中国军队退至延庆、昌平、高丽营、顺义、通州、香河、宝坻、林亭口、宁河、芦台所连之线以西、以南地区，中国实际上承认了日本对东北、热河的占领，也丧失了部分华北主权。

国际方面共同注意,寓国防于市政之中"①。袁良在一次公开谈话中也表示:"我们的国家危急到这种地步,必要得到国际的许多方面的同情,才可希望有几微的助力,不然可就不容易了。我们今后发展文化区、建筑文化区是惟一的责任。"②如果说"九·一八"事变之前的北平文化旅游中心建设是为了吸引游客,是出于繁荣地方经济的现实考虑,那么在外军压境之下的北平文化城建设则体现了北平政府欲以构建北平历史文化城市的国际声誉来抵抗军事破坏的努力,对北平的文化之维更加重视。因此,北平政府在《北平游览区建设计划》中强调:"九一八事变以后之北平,已成为国防重镇,在今日不言北平之国防建设,而倡游览区之议,似不免有本末倒置之嫌,但一考游览区建设之意义,实与国防建设互相为用,不特毫无矛盾冲突,且亦不容稍有轻重缓急之分也。盖就外交方面言,招致外宾观光我国,实为宣扬我国文化、增进国际了解之唯一方策。"③同为招徕外宾,袁良主政时期的文化旅游城建设却具有全新的国际视野,使故都北平在失去政治中心地位之后,力争通过文化城的建设而在国际社会上获取更高的地位。这也表明,故都北平在政治上虽已被边缘为一个地方性城市,但在文化层面上,其却通过建设东方文化古城向国际性城市转变,故都与国都的身份差异亦于此体现。

与故都最初几年的古物保护行为相比,袁良主持的北平文化城市建设则是一项全面、系统的市政工程,包括《北平游览区建设计划》《北平市沟渠建设计划》与《北平市河道整理计划》,意欲从整体上改善北平的城市面貌,其中又以《北平游览区建设计划》与构建故都文化旅游中心尤为密切。该《计划》的重点,在原来故都保护古物的基础上,还制定了一个为期三年的古物整理、修葺计划,包括内外城城垣、东南角楼、城楼及箭楼、牌楼、天坛、孔庙、国子监等古迹,总预算为55万元,城

---

① 《北平市政府为建设北平市政拟筹款办法致行政院驻平政务整理委员会呈》(1934年9月26日),载《三十年代北平市政建设规划史料》,《北京档案史料》1999年第3期。

② 《1935年北平市长袁良对市政府及各局处干部的新年讲话》(1935年1月),《北京档案史料》2005年第4期。

③ 《北平游览区建设计划》(1934年9月),载《三十年代北平市政建设规划史料》,《北京档案史料》1999年第3期。

墙、城楼占总预算的近一半。

　　由于修葺古物的经费缺口巨大,于是袁良又积极往返于北平与南京之间,力争中央政府支持北平的文化旅游中心建设,并获得了中央"三百零九万之事业费",在中央财政的支持下,北平市政府旋即成立"故都文物整理委员会",总揽文物修葺事宜。① 修葺古物分期进行,第一期工程以整理游览区域为主,②侧重修葺城内的城墙、城楼与牌楼等古物,工程预算,东南角楼,修缮费定5万元,西直门箭楼2万元,城内牌楼3万元,西安门地安门6千元,内外城城垣5万元,城楼箭楼10万元。③ 故都的文物整理主要是恢复文化古迹的旧观,同时又辅以现代的建筑新技术,如修缮前门外五牌楼工程,将牌楼的"石墩取出后,连木柱一并改建洋灰钢骨,以期永固,其上部之装饰品,一如旧观"④。(见图5-1、图5-2)

图5-1　五牌楼旧貌

图片来源:马芷庠:《北平旅行指南》,经济新闻社1936年版,第3页。

---

① 《故都文物委员成立》,《市政评论》1935年第3卷第3期。
② 《故都文物整理之一页》,《市政评论》1935年第3卷第6期。
③ 《故都文物整理之一页》,《市政评论》1935年第3卷第7期。
④ 《前外五牌楼行将恢复旧观》,《市政评论》1935年第3卷第12期。

图5-2　新修水泥柱之五牌楼

图片来源:马芷庠:《北平旅行指南》,经济新闻社 1936 年版,第 3 页。

　　故都文物整理将现代技术应用于整理、修复古物的方式也得到人们的认同,有人赞许说:"所以袁良作这件事,我们不能不赞他勇于负责。最近山东的孔庙,浙江的六和塔,也都采用中国营造学社的方法重修。从此以后,著名的古建筑都不至于栋折梁崩(新法以钢筋水泥代木料,再加彩画。表面与旧建筑毫无不同,而比木料坚固经久),并且以后新兴的大建筑,也不至于再用从前不中不西的幼稚款式,贻笑世界。这确是近年文化上的显著进步,而其起点则在于北平也。"①其实,这种中西融合的建筑方法并不是袁良政府的原创,早在国都时期,美国人司徒雷登在创办燕京大学时就有类似的思路,他在回忆设计燕京大学的建筑时说:"我们决定按一种经过修改的中国建筑式样来建造燕京的校舍,建筑学便成了一个实际问题。过去我除了注意到杭州西湖附近异常优美的宝塔和有着美丽自然环境的寺庙外,对中国的建筑艺术我一直是不怎么留意的。但是,一到北京我就被那里许多非凡的建筑物吸引住了——所有的参观者都是这样。北京西山一带的宫殿和寺

---

　　①　瞿兑之:《北游录话》,载《铢庵文存》,辽宁教育出版社 2001 年版,第 213 页。

庙,飞檐连绵,色彩绚丽,说明这一艺术达到了它的最高境界。不过,在我看来,高超独特的地方,是它的对称性和线条安排。在这一点上,再也没有比通往紫禁城的天安门更好的例子了。……在燕京,我喜欢在建筑上采用中式的外部结构同现代化的内部装修相结合的办法,想以此作为中国文化和现代知识精华的象征。"①不过,在有些人看来,司徒雷登这种调和中国传统建筑文化与西方现代建筑技术的努力只是削足适履,十分牵强,当时的南开大学哲学教授冯柳漪在一次与钱穆的对谈中说:"燕大建筑皆仿中国宫殿式,楼角四面翘起,屋脊亦高耸,望之巍然,在世界建筑中,洵不失为一特色。然中国宫殿,其殿基必高峙地上,始为相称。今燕大诸建筑,殿基皆平铺地面,如人峨冠高冕,而两足只穿薄底鞋,不穿厚底靴,望之有失体统。"②尽管如此,司徒雷登对燕京大学建筑的设计还是开拓了一条在现代化进程中保存古都北京空间符号特性的新思路,中国传统建筑艺术与西方现代建筑技术的结合也成为近代北京城市空间的主体风貌。

北平的文化城建设,以游览区建设为切入点,以文物整理工作为途径,此项工程实施以后的北平,"数月来,各名胜古物之颓废缺陋者,无日不在积极修葺中"③。第一期工程修缮了天坛、角楼、箭楼、城内的各牌楼、城门,郊外的颐和园内桥梁、明陵亦整理完竣。④ 整理古物也得到了社会舆论的认可:"北平是中国首屈一指的文化区,加之现在又有故都文物整理委员会的修建,所以除了原有的各大学及大图书馆外,各处的古迹都是改建的很新鲜的,再有公共汽车与电车来联贯交通,北平的前途将会成为是世界的乐园了。"⑤还有人这样赞许道:"东方文化城的北平,马路城垣上的牌楼与箭楼,负责工务的当局,注意都市的美术

---

① [美]约翰·司徒雷登:《在华五十年——司徒雷登回忆录》,程宗家译,北京出版社1982年版,第82页。

② 钱穆:《八十忆双亲师友杂忆合刊》,载《钱宾四先生全集》第51卷,台北:联经出版事业股份有限公司1998年版,第157—158页。

③ 《繁荣平市与诱致政策》,《市政评论》1935年第3卷第21期。

④ 《旧都文物整理第一期实施工程概览》,载北平市政府秘书处第一科统计股编《北平市统计览要》,北平市政府秘书处第一科编纂股1936年版,第5页。

⑤ 张麦珈:《北平的新姿态与动向》,《市政评论》1935年第3卷第20期。

化,加以修葺,焕然一新,博得中外市政专家的好评。"①民间舆论在肯定北平政府古物整理计划的成绩的同时,也对北平的游览区建设提出了更高的要求,即不简单地满足于保护、修缮文化古迹,而是要求北平仿效罗马、巴黎、日内瓦等国际旅游城市,"采用欧洲各国诱致外来旅客之政策,由国家举办规模宏大之旅行事业机关,一切由国家编制擘划"②,要求北平在整理古物的基础上加强与之配套的游览设施建设,这就对北平市政设施的现代化建设提出了新的要求。

　　进入故都时期的北平,在现代市政建设的力度上虽不能与国都时期同日而语,但也没有完全停滞,城市的局部现代化建设始终伴随着保护古物、建设文化旅游中心的进程。北平的现代市政建设也在稳步推进,交通繁忙的西单牌楼安装了先进的交通灯,"俾行人均能辨识该项标示,其灯光现红白两色,为之西单牌楼添一美丽光景也"③。然而,故都北平的现代化建设不可能采取上海那样全盘西化的方式,而是在构建东方文化旅游中心的宏愿下,徘徊于保护文化古迹与现代市政建设之间,"一面要修理古代建筑,一面要建筑近代化的路"④。因此,欲在故都北平实现城市的现代化就格外艰难,以至于主导北平三年市政计划的市长袁良也感慨:"吾人图将一切市政,达到现代化的目的,'现代化'一语,言之非艰,而行之则非易"⑤。北平的现代化之所以"非易",除了要服务于文化城的建设、受保护古物掣肘,北平传统的社会结构亦对之形成了无形阻力。比如,北平市政府为了发展市区交通,实现游览区计划,决定在市区兴办公共汽车,以补电车运力不足,但"当局为维护电车营业,保障人力车夫生活,故路线力避与电车道重复,且人力车众多地区如骡马大街、西河沿一带,将不驶行公共汽车"⑥。且"公共汽

①　林柳风:《近代都市之美术化》,《市政评论》1936年第4卷第2期。
②　《繁荣平市与诱致政策》,《市政评论》1935年第3卷第21期。
③　《映于照相机之北平新形象,西单牌楼之交通标示灯》,《顺天时报》1928年11月23日第7版。
④　《1935年北平市长袁良对市政府及各局处干部的新年讲话》(1935年1月),《北京档案史料》2005年第4期。
⑤　袁良:《平市工作总检讨》,《市政评论》1935年第3卷第10期。
⑥　《平市筹办市营公共汽车》,《市政评论》1935年第3卷第9期。

车开行时,票价将绝对较贵于电车与人力车价,使原来乘电车人力车者,不致改乘公共汽车,致影响电车、人力车营业"①。可见,北平开通公共汽车的目的仅是为了配合城市游览区的建设,只方便了由城内至香山等远郊景点的交通,"营业收入倍极旺盛"②,而城内的交通却并未因公共汽车的开通而根本改观。

综观故都北平的文化旅游中心建设,我们可以清晰地看出北平在国都南迁后明显异于其他城市的现代化进程,即通过在现实中保存历史古物、在文化上返归传统来获取城市发展的动力。无论是社会舆论还是政府的施政方向,都将建设文化旅游中心作为拯救失去国都政治身份的故都北平的一剂良药。有学者就指出:"迁都不只是向来人们所谓北京城市的危机,同时也是发展的转机与新生的契机。"③就政治地位而言,故都北平已沦为一个地方性城市,城市地位大弱于往昔,于文化层面看,北平由帝制时代所遗留下来的历史文化古迹足可使之在新的国际环境中跻于东方文化中心的地位,如此一来,在城市身份的转换之中,北平的发展就获得了全新的文化动力,不过,现代化在故都北平也就遇到了相较于国都时期更大的阻力。表现在城市的空间形态上,故都的城墙、城楼、皇家宫苑、坛庙、牌楼等古迹得到了力度空前的保护,许多损坏的古迹也得到了良好的修复,因此,传统北京的城市空间结构在故都时期继续得以稳固。故都北平的现代市政建设虽未完全停滞,但在构建文化旅游中心的呼声中,北平的现代化建设只是建设文化旅游区的陪衬,而没有成为建设现代北平的主流。因此,在故都十年,北平仍然较大程度地保留着传统城市的空间外观,这一切,都应归因于放大了传统文化力量的文化旅游区建设规划及其指导下的城市空间生产。

---

① 《举办平市公共汽车各项计划》,《市政评论》1935 年第 3 卷第 10 期。
② 《公共汽车营业旺盛》,《市政评论》1935 年第 3 卷第 18 期。
③ 许慧琦:《故都新貌:迁都后到抗战前的北平城市消费(1928—1937)》,台湾学生书局有限公司 2008 年版,第 428—429 页。

第三节　作为游览空间的故都天安门广场

如果说中华民国的建立是近代天安门广场空间变革的一个转折点,使帝制时代的封闭广场逐渐向现代广场转变,那么 1928 年的国都南迁又使天安门广场的命运发生了转折。

国都南迁后,北京由国家的政治中心降格为地方性城市,失去国家政治中心地位后的北平市政府决定将北平建设为国家的旅游城市、文化中心城市,用官方的意志重新定位了北平的城市发展方向。在国都时期曾作为新兴政治制度象征的空间改造运动逐渐停止,在国都时期主导北京城市建设的京都市政公所被取消,天安门广场失去了推动改造、建设的官方力量,空间形态趋于平稳。天安门广场及其周边建筑在故都时期都被当作中华民族传统的文化遗产加以对待。在这样的背景下,天安门广场的政治功能随之减弱,北京失去了国家首都的地位,天安门也就失去了承载政治符号的功能,瞬间由国家、民族的象征转变为一座单纯的古代建筑,由政治、权力符号转变为文化符号。在作家的眼中:"黄色和绿色的琉璃瓦,盖在天安门城楼的头上,由上空俯瞰着前面铺石的旧御道,石狮和盘龙的大石柱,夹峙在彩牌坊左右,象征着东方古国的壮丽与伟大。"①

在故都时期,无论是从官方意志还是从民间舆论来说,天安门广场的政治符号功能都减弱了,作为中华民族的文化象征功能则空前增强,因此,国都时期对天安门广场的空间改造此时显然难以为继,人们甚至要求保护天安门广场的空间形态,以适应其历史古迹的文化属性。

一个典型的事件是,北平市政府主管市政建设的工务局准备拆除天安门前的石板路,以改善天安门地区的交通状况,此事见诸报端后,迅速引发人们的关注与反对,舆论认为天安门前的白石甬道"有历史及建筑学上美术关系,必须特别保存",并要求工务局"划出保留,不使

---

① 张恨水:《天安门的黄叶》,载《张恨水散文》第 2 卷,安徽文艺出版社 1995 年版,第 249 页。

拆毁,以维古迹"。① 这显然是把天安门当成了中华传统文化的象征,而不是国家的政治符号。此事也引起了北平市古物保管委员会的注意,并与北平市工务局交涉,最后的办法是"在石板道及电车轨道之间另辟沥青新路,由东西长安门绕经南行,原有石板仍旧不动,期于保存古迹、便利交通两无妨碍"②。

在故都时期,天安门广场及其周边的空间改造虽未完全停滞,但已不像是国都时期那样的拆改模式,尽管此时天安门周边的皇墙也开辟了几个门洞以利交通,③但这种局部空间改造的目的仍是服务于北京建设东方文化旅游中心。在北平市政府建设国家文化中心与实施文物保护的官方话语中,故都时期北平市政府对天安门广场的空间改造与建设就不再着力于对原有空间的拆改,更多的是维系已开放的广场空间的形态。

1934 年,北平市政府专门设计、规划了《北平游览区建设计划》《北平市沟渠建设计划》与《北平市河道整理计划》等三个方案,在保护北平固有文化古迹的基础上对北平城进行改造,意欲将北平建设为国家的文化中心。在这种背景下,北平展开了新一轮的市政建设,与民国初年的空间改造不同,此时的城市建设不再注重于北平的政治身份,而是服务于北平地方的文化古城建设,突出了北平作为地方城市的文化属性。

故都天安门广场的改造与北平建设游览区、文化古城的总体规划相符。北平市工务局"以天安门前广场堆积数十年来废料甚多,该地位处通衢,观瞻所系,顷呈已准市政府决利用此地广大空地改建儿童运动场,既可便利游人憩息,并能增加锻炼儿童身体之所"④。不久,工务

① 《宣武门城楼天安门石路,古物保管会请勿拆除》,《大公报》(天津)1930 年 5 月 21 日第 4 版。

② 《函古物保管委员会北平分会:为拆除宣武门瓮圈暨天安门前另辟沥青新路于保存城楼及石板甬道均无妨碍函复查照由》,《北平特别市市政公报》1930 年第 48 期。

③ 《北平市工务局关于拆除东西长安门及东西三座门两旁花墙开辟黄墙门洞的呈(附图纸)和市政府的指令等》(1935 年 10 月 19 日),北京市档案馆藏,资料号:J017-001-01140。

④ 《二期文整工程定明春兴工,石渣路积极翻修,天安门前建儿童运动场》,《益世报》(天津)1936 年 11 月 16 日第 8 版。

局又将天安门周边浇筑了沥青混凝土路,在广场内安装了电灯,添修了花池。[①]

可以看出,此时北平市政府对天安门广场的整修、改造不再凸显其原来作为国家政治象征的符号功能,而是突出其作为一个城市广场应有的物质属性,拓展了天安门广场的公共交往、观光旅游等新功能。经过北平政府的改建,天安门广场逐渐由国都时期的国家象征向现代公共广场转变,成为一个供平民百姓消遣的游览空间。

与官方的空间改造相同,此时民众对天安门广场的心理认同与现实印象也发生了变化。在故都时期,天安门广场上的学生运动、群众集会与国都时期相比大为减少,更多的是游玩、观光的人群。五四运动所开创的、容纳群众政治集会的公共广场,变成了观光游览的休闲场所散见于这一时期的文学作品与回忆录记录了天安门广场的变化:"今中华门至天安门,丹垣之旁,尚多古槐,蟠枝攫挐,苍鳞班驳,虽零落不成行,犹堪作美荫。"[②]还有人将天安门广场描绘成一个城市公园:"市中区的天安门前,红墙、白桥、碧波、绿槐,灰色柏油路侧,遍植着绿叶扶疏的榆叶梅,寿枌,丁香,谁能不承认她的美丽,和公园媲美的大自然的启人快感。"[③]张恨水小说中的主人公也常到天安门广场进行休闲:"一直走到天安门来,这里是坚硬的石板路,雨越洗,越是清洁,走到广场的中间,朝南一望,那一片花圃,夹着一条御道,很有些画意。"[④]

因此,故都时期的天安门广场成了北平这个文化古城的旅游胜地,其休闲功能在这一时期得到了拓展。西方人莫里逊的描述也可为佐证:"在1949年革命胜利以前,天安门平时很平静,那里树林成荫,一些小贩向参观者和过往行人兜售点心。"[⑤]卸去沉重的政治符号之后,天安门广场终于开始了向现代广场的转变。

---

①　《北平市工务局关于整理天安门前道路等工程设计书、工程做法说明书及施工图》(1937年10月7日),北京市档案馆藏,资料号:J017-001-01675。

②　铢庵:《故都见闻录》,《申报》1932年9月5日第19版。

③　振公:《天安门成纳凉胜地》,《星华》1937年第1期。

④　张恨水:《天河配》,贵州人民出版社1986年版,第234页。

⑤　[澳]赫达·莫里逊:《洋镜头里的老北京》,董建中译,北京出版社2001年版,第12页。

　　从帝制时代的都城到民国时期的国都,再到国都南迁后的故都,天安门广场的象征功能几经变化,其空间形态亦随之而变,有人曾评论道:"考天安门前之建点缀,自明永乐营造北京宫殿起,至今已五变矣。……清末,光绪辛丑回銮,大清门(今中华门)内左右朝房仓库坍破,以砖泥封砌窗门,用原灰仍画成窗门状,俗名曰'样朝房',此二变也。民初,拆样朝房,启左右两长安门,准人民行,此三变也。社稷坛改公园,天安门前筑马路,植花木,以至太庙开放,天安门前,已俨然一公共花园,此四变也。今则指挥灯,柏油路,汽车站,及新筑之图案式花圃,明春在松柏香槐交翠之间,衬以百花如绣,成绿化之天安门,乃五变也。"①

　　国都南迁虽使北平失去了国家政治中心地位,天安门所象征的新兴政治体系也被文化象征所取代,但天安门广场区域作为中华民族心理认同的功能却得以存续。尽管故都时期的北平政府欲将北平建设为东方的文化游览中心,天安门广场的建设也朝着服务于建设国家文化中心的方向转变,但天安门广场作为民族、国家的象征功能还是部分地保留了下来,这个经过数百年逐渐形成的政治、意识形态空间体系与象征功能在故都时期虽有减弱,但并未完全消失。

　　故都初年,北平市政府将天安门之间的道路定名为中华路,将东西长安门之间的道路定名为中山路,东长安门直至东单牌楼,定名为东长安街,自西长安门至西单牌楼,定名为西长安街。② 空间的命名体现了意义的赋予,天安门广场区域的道路命名表征了其在国都南迁后象征功能的微妙变化。尽管北平已不再是国家的政治中心,但天安门广场仍然承载了一定的政治象征功能,比如,原本位于正阳门的孙中山铜像因战乱遭到破坏后,迁到天安门重新奠基,并举行了隆重的奠基仪式,③天安门广场以纪念性空间的形式延续了它的政治象征功能。

　　在故都时期,尽管国家的政治中心已南迁至南京,但北平的民众还

---

　　①　崇璋:《天安门前已五变》,《实报》1942 年 2 月 5 日第 5 版。

　　②　《北平市政府关于改定天安门一带名称案的指令》(1928 年 8 月 27 日),北京市档案馆藏,资料号:J001-001-00001。

　　③　《北平总理铜像奠基典礼》,《申报》1929 年 2 月 26 日第 10 版。

是频繁地到天安门广场进行游行、集会、演讲。作为北平唯一的一个大型的室外开放空间，天安门广场比中央公园、古物陈列所等公共空间形式更适宜人群的集合，再加上天安门是中华民族文化符号的历史遗存，当北平市民需要表达爱国热情与民族情绪的时候，天安门广场自然就成了他们的目的地。例如："北平市各团体，本定于昨日上午十时，在天安门举行追悼前方阵亡将士大会，但因事前未得戒严司令部同意，故未能举行。昨日上午七时许，天安门附近一带，即由内六区警察保安队、骑车队严加戒备，天安门双扉紧闭，临时断绝交通，东西城交通之第三路、第五路电车中山公园及天安门两电车站亦临时取消，在东西长安门停车，一时空气甚为紧张。"①因此，北平市政府试图建设的现代城市广场在特定的时期又成了不同力量交织、碰撞的权力空间。1935 年，北平学生举行示威游行，"公安局戒备尤严，盖南有前门，北有天安门，皆素日学生集合之地，故该地警卫，三五步即一岗"②。1937 年，日军入侵北京，天安门广场作为象征中华民族政治、文化的符号，成为日本人推行殖民统治的政治工具。老舍曾在《四世同堂》中描述大量的北京中小学生被日本人组织到天安门前游行的情景，日本人还在天安门城楼上插上太阳旗以象征对北京的统治，类似的举动正好触动了以瑞丰为代表的中国人的民族尊严。天安门广场再一次成为被高度控制的政治空间。

　　进入故都以后，天安门广场所承载的符号功能比之前更丰富了，故都初年的文化城建设赋予了天安门广场的休闲、展示功能，拓展了开放空间的公共性，但天安门的历史文化属性又让天安门广场成为群众游行、官方管制的角力空间，因而未向现代广场的方向继续发展。

　　广场这种新型的公共空间形式在近代中国的城市有着不同的表现形态。1900 年，俄国人根据西欧尤其是巴黎的城市规划在大连的市中心规划修建了尼古拉广场；1904 年，日本侵入大连，又修建了敷岛、长

---

　　①　《平追悼阵亡将士，大会未开成，天安门一度戒备》，《益世报》（天津）1933 年 4 月 10日第 3 版。

　　②　《北平全市学生大举示威游行》，《申报》1935 年 12 月 19 日第 8 版。

者等开放广场，日本人修建的广场内置了凉亭、假山、花园和雕像。①
这些都是殖民势力按照他们的政治需要新建的广场。近代上海没有像
天安门广场这样规模的城市广场，但熊月之认为近代上海的跑马厅与
城市公园充当了部分广场的功能。② 南京虽有类似北京的宫殿广场作
为空间基础，但近代南京的广场更多是在官方的新规划下设计的，缺乏
丰富的社会、文化内涵。③

　　相比之下，天安门广场在近代的空间变迁更能表征近代中国的社
会、政治、文化的变迁。综观天安门广场在近代以来的发展演变，始终
承载着特定的政治与意识形态功能，从明清天安门代表帝制皇权的殿
堂广场，到民国初年共和时代的群众集会广场，再到故都时期修建的休
闲广场，天安门广场一直都与民族、国家、政治、文化等密切关联。它在
多数的时候只是一个政治舞台，在这个舞台上，不同阶层、身份、种族的
人群为了不同的利益相互角逐，不同时期的政权几乎都对天安门广场
采取了相似的空间控制策略，因而，天安门广场的"公共性"受到了压
制，总是处于被控制的状态之下，也就没有发展出城市广场应有的公共
交往、娱乐、休闲等功能，没有成为百姓日常交往的公共空间。

　　在近代北京"天安门—紫禁城"这一核心权力空间体系中，清朝的
皇家园林与宫廷建筑被改造为中央公园、古物陈列所等新型城市公共
空间，与这两处公共空间相比，天安门广场的公共性（物理空间的敞
开，无需门票）则更为突出，空间的开放与政治、文化功能的转换、更
新，使近代天安门广场完成了由帝制时代宫殿广场向现代城市广场的
艰难转变，并为 1949 年以后改造天安门广场奠定了基础。

　　通过本章的简单梳理，我们大致可以见出故都时期北平的城市空
间生产逻辑以及故都文化城形象的形成轨迹，这也是北平在故都十年
能继续保有古城的城市意象的物质原因。与此同时，在思想文化领域，

---

① 　傅崇兰、白辰曦、曹文明等：《中国城市发展史》，社会科学文献出版社 2009 年版，第
730—731 页。

② 　熊月之：《从跑马厅到人民公园人民广场：历史变迁与象征意义》，《社会科学》2008
年第 3 期。

③ 　吴聪萍：《略论 1927—1937 年南京市政府对秦淮空间的治理和改造》，《学海》2009
年第 5 期。

出现了一大批书写故都北平的文字,包括各种城市旅游指南、文学作品等,使故都文化城的形象在更广阔的空间领域中深入人心。下一节我们将考察这些文化书写对故都北平的意象塑造及其文化影响。

第四节　故都北平的文化生产与文学记忆

故都北平的文化城形象直接受益于城市物质空间的改造,无论是社会舆论在北平失去国都地位后对于城市身份的重新定位,抑或是官方对于创建中国文化中心的提倡以及在此理念下对故都文物古迹的大力保护,都促进了故都文化古城形象的形成。然而,城市意象的最终形成还有赖于人们感官的具体感知,因此,无论是对于故都城市空间的改造还是文化古城意象的最终形成,都还有待于心理、文化层面的生产与传播。当故都北平的文化古城意象随着中国近现代的历史进程被现代化逐渐蚕食时,当千年古都在全球化的浪潮中慢慢淡化文化古城的空间意象而成为一个国际性的现代大都市时,我们就只能在故纸堆中寻找曾经活在历史长河中的老北京意象了。就故都十年而言,出版于这一时期的各种北平旅行指南与关于北平的文学书写,是当时构建、传播文化古城意象的重要文化维度,也是后世寻找故都北平的记忆之源。

一　旅游手册中的北平

在近代北京史上,曾经出现了像《北京市志稿》①这样论述系统详细、鸿篇巨制的地方志,足供了解北京城的方方面面,然而,且不论这种大部头的专史不易携带与普及,就是这种方志的书写方式也过于征实,一般读者难以接受;而诸如《北平风俗类征》②一类的非正史书籍,尽管对北平的民风民俗考证详细,是了解北平市民生活的普及读物,但这类书籍又过于务虚,对北平的城市空间意象则无力顾及。城市旅游指南

---

① 《北京市志稿》原名《北平市志稿》,由北平市政府于1938年秋季组织人员编写,原书编撰工作由吴廷燮主持,是近代北京官方修撰的第一部北京地方志,全书共分舆地、建置、前事、民政等十五个门类,后因时局不稳,书稿几经周折未能出版,中华人民共和国成立后由撰写者之一的夏仁虎先生将所保存的原稿上交国家,最后由北京燕山出版社出版。

② 李家瑞:《北平风俗类征》,商务印书馆1937年版。

恰恰弥补了这两类书籍的缺点。

学者陈平原曾感叹当代北京没有满意的旅游手册,他认为旅游手册是一个城市的名片,也决定了潜在游客对一个城市的第一印象,而理想的旅游手册应该是"既要实用,又要有文化,将游览与求知结合起来"①。实际上,在故都十年,就曾涌现过一批关于北平的旅行指南,这些"指南"既具有为游客服务的实用性,同时又兼顾了推广、传播北平浓厚文化底蕴的文化使命,成为向全国乃至世界宣传文化古都形象的重要媒介。

编辑城市旅行指南并非故都北平的创举,早在国都时期即有相关的城市指南面世,如《北京游览指南》(新华书局 1926 年版)、《增订实用北京指南》(商务印书馆 1923 年版),但这两种旅行指南都是由上海的出版机构编纂发行的。彼时享有国都地位的北京并不注意招徕外地的游客,凭着首善之区的国都身份,北京一直是国家的中心,因而也不必刻意向外界推广、宣传。国都南迁后,北平由国家中心降为一个地方性城市,城市身份的转变与创建文化旅游中心的舆论使宣传、推广北平自身的文化资源与旅游优势成了当务之急。《北平指南》应声而出。②

《北平指南》虽由民间出版社编纂发行,但也承载了官方的厚望,时任河北民政厅厅长的孙奂仑为之作序,谓之"采择周详,记载明晰,附以精美照片引人兴趣,嗣后游北平者手此一书,按图索骥"③。此外,蒋介石亲自为此书题字"自强不息",北平工务局局长华南圭为之题"助宣文化",足见官方对于宣传北平城市形象、地区文化的重视。同时,以城市"指南"带动北平的旅游事业也成为同期其他"指南"的编辑初衷,如出版于北平的另一本影响较大的《北平旅行指南》④的编者马芷庠在谈到编辑此书的原因时就说,"因市政当局极力繁荣旧都,扩大

---

① 陈平原:《"五方杂处"说北京》,见陈平原、王德威编《北京:都市想像与文化记忆》,北京大学出版社 2005 年版,第 537 页。

② 北平民社编:《北平指南》,北平民社 1929 年版。

③ 孙奂仑:《北平指南序》,载《北平指南》,北平民社 1929 年版,第 1 页。

④ 此书初版于 1935 年,后又多次再版,此处参阅的是吉林出版集团有限公司 2008 年版,新版书名易为《老北京旅行指南》。

整理游览区域。余深韪其议,而编是书之意遂决"①。由北平市政府编辑的《北平导游概况》也明确将目标定为吸引"欧美人士来游"。② 可见,以北平为对象的系列"指南"都是服务于建设北平文化旅游中心这个总体目标的。

作为宣传北平的旅行指南,《北平指南》的目标读者当然是潜在的北平游客,因此本书的内容也包罗万象,分地理、街巷地名典、法规、名胜古迹、政治机关与社会团体、交通、风俗习尚、食宿游览、题名录、附录10编,内容涵盖城市观光、交通、消费、娱乐、食宿、民风民俗等方方面面。综览这本指南,以北平的名胜古迹为介绍重点,书中所收的照片,几乎全是当时北平存留的文化古迹,而北京在国都时期兴修的电车、环城铁路等现代市政设施,均只介绍了其日常运行信息,民国初年对正阳门的改造、天安门广场的扩展等新城市景观也未加以呈现。可见,《北平指南》力图呈现的,与其说是一个现代与传统相交织的、处于转型中的城市,毋宁说是故意遮蔽北平的现代市政建设,进而凸显一个仍保存着丰富文物古迹的文化古城。

《北平指南》这种重传统、轻现代的呈现方式显然是对当时舆论将北平创建为国家文化旅游中心的积极回应。我们在上一节中考察了北平在建设文化旅游中心的过程中对于文物古迹的大力保护以及在服务于保护城市古迹这个前提下的现代市政建设。相应地,出版于故都十年的系列北平指南也遵循了这一原则,极力注重对北平文物古迹与文化资源的呈现,刻意过滤北京在清末民初所取得的现代市政建设成就。如编辑《最新北平指南》的作者直言此书的目的是"纪北平一隅胜迹与文化风俗人情"③,而全书在内容上又"特别注重北平胜迹之由来,各娱乐场之情形,及关于北平古今考、风俗"④。由北平中华印书局发行的《简明北平游览指南》⑤亦采取了相似的叙述方式,着重介绍的是北平

---

① 《马芷庠先生初版自序》,载《老北京旅行指南》,吉林出版集团有限责任公司2008年版,第1页。

② 北平市政府编:《北平导游概况》,北平市政府1936年版,第1页。

③ 田蕴瑾:《自序》,载《最新北平指南》,自强书局1935年版,第7页。

④ 田蕴瑾:《编辑大意》,载《最新北平指南》,自强书局1935年版,第10页。

⑤ 金文华:《简明北平游览指南》,中华印书局1933年版。

的文物古迹、文化机关、消费娱乐场所等,且该书因内容扼要、篇幅短小而颇受欢迎,屡次重版。由北平市政府编辑发行的《北平导游概况》内容亦全为城内及近郊的文化古迹,非但没有呈现北平的现代化市政设施,就是其他交通、娱乐、消费等事宜也只字未提。

在北平官方创建文化旅游中心、开展文物整理计划的同时,北平市政府秘书处组织编纂了一部《旧都文物略》与之呼应。这部由汤用彬、陈声聪、彭一卣三位先生编著的城市指南,在编辑立意上带有明显的官方色彩,时任北平市长的袁良在该书的序言中谈到编辑意图时说:"主旨在发扬民族精神,铺叙事实,藉资观感。文则辩而不哗,简而能当,诚一时合作。览古者倘手兹一编,博稽往烈,固不止于为导游之助,而望古兴怀,执柯取则,或亦于振导民气,发扬国光,有所裨乎?"①显而易见,北平市政府不仅希冀此书能向世人推荐北平的文物古迹,还意图借此对外推广这些古物所承载的中华传统文化,进而为北平这个文化古城增加色彩。此书的编辑人员在阐明全书的主旨时也说:"一方阐扬文化,发皇吾国固有深厚伟大精神;一方刻画景物于天然,或人为之庄严绵丽境域;斟酌取舍,刻意排比,一一摄取真景,辅以诗歌,俾个中妙谛,轩豁呈露,阅者既感浓厚兴趣,而于先民规范,执柯取则,亦资以激励奋发。"②因此,全书的内容亦侧重于北平古物的介绍,分城垣、宫殿、坛庙、园囿、坊巷、陵墓、名迹(上、下)、河渠关隘、金石、技艺、杂事12个门类,书中还罗列了近400张照片,都是当时由专门人员实地拍摄的,其中关于风景与历史文化古迹就占了约300张。

与以上几种北平指南服务于城市旅游的目的不同,由中华书局发行的都市地理小书《北平》则是"专供中等学校学生学习地理时参考自习之用"③。尽管此书的编者在"编辑例言"中声称采取了"地方志"的编写方式,像其他北平指南一样介绍北平的城市沿革、文化古迹、旅游

① 袁良:《旧都文物略序》,载北平市政府秘书处编《旧都文物略》(1935),北京古籍出版社2000年影印版"序"。
② 北平市政府秘书处编:《例言》,载北平市政府秘书处编《旧都文物略》,北京古籍出版社2000年影印版。
③ 倪锡英:《北平》,中华书局1936年版。此书为上海中华书局出版的"都市地理小丛书"之一,其他还有《上海》《青岛》《南京》《广州》《西京》等册。

景点,但在写作手法上则"力求生动,记载务使具体,俾读者翻阅本书,宛如读游记小说,而能得一深刻之印象"①,近于一种文学化的表达。在介绍城市风光的同时,作者还将目光投向了北平的日常生活:"北平的生活,可说完全是代表着东方色彩的和平生活。那里,生活的环境,是十分的伟大而又舒缓。不若上海以及其他大都市的生活那么样的急促,压迫着人们一步不能放松地向前,再也喘不过气来。"②作者对于北平城市形象的观察与摩登的上海对比:"在北平大街上,Neon light 的广告可以说是绝无仅有。无线电和铜鼓喇叭的声音也是寂然。街道间老是那么静穆的。不比上海的市街间,充满了五光十色,以及种种嘈杂的声音,使人头痛欲裂。这种现象,就是表示北平的生活,是十分稳定与平和,还没有染上现代大都市的掠夺竞争的丑恶状态。"③除将北平的古朴与上海的现代相比外,为了凸显北平的古城意蕴,《北平》也采取了其他北平指南相似的叙述策略,即在内容上侧重介绍北平的文化古迹而过滤了北平现代化的城市元素,相比之下,"都市地理小丛书"其他几册如《广州》《杭州》《青岛》《南京》等都将当时的城市建设加以重点呈现,称赞其城市现代化的成就。

　　总之,系列北平指南类书籍中所呈现出的北平,是一个经过了筛选、过滤的文化古城,这个古城明显地褪去了昔日的国都光环,而专以北平所独有的文物古迹、城墙、宫殿、林苑、坛庙、景点、娱乐场等城市空间符号来吸引世人的眼光。最终,北平指南中的北平显现为一个传统古都式的游览城市,而不是一个经过国都时期艰难的现代化建设的转型城市。当然,这种呈现手段与政府提倡建设文化旅游中心的政策有关,也与故都十年城市空间改造的实际大致相符,亦即,故都北平改变了国都北京的城市建设方向,现代化的建设受到空前压抑,传统城市的空间格局、形态得到大力维护。这种城市建设新方向下的故都北平在系列北平指南中得到了呈现与放大,并在北平建设文化旅游中心的呼声中广为传播,成为构建北平文化古城意象的重要媒介。

---

① 倪锡英:《北平》,上海:中华书局1936年版,第1页。
② 倪锡英:《北平》,上海:中华书局1936年版,第151页。
③ 倪锡英:《北平》,上海:中华书局1936年版,第153—154页。

二 从国都到故都的文学书写转变

然而,旅游手册中呈现的北平形象还只是直观、平面的,正如有人指出的那样:"近年北平市政府也曾经出版过《北平导游概况》及《故都文物略》之类,不过偏于表面的叙述过多,游人拿了这本书,还是不足于用的。"①任何一个城市,要想深入了解其独特的城市性格与精神,还要借助于文学作品的描绘。如果说作为旅游手册的北平指南呈现了一个直观、平面的文化古城意象,在北平成为故都后表现出对传统北京意象的浓厚兴趣与对现代北平的故意遮蔽,那么故都十年对北平的文学书写除了经历了从赞颂现代北京转向认同传统北京之外,观察视角也从政治、国家层面向文化、地方的层面转变,肯定传统北京空间符号的意义与价值,并深入北平市民的日常生活,在地方、国家、国际的城市身份比较中寻找、赞颂故都北平的传统古城意象。

董玥曾分析了"新知识分子"、民俗学者与老舍对于北京的书写,呈现了不同叙述视角下的北京城市形象。② 如果我们忽略北平文学书写者的身份差异,而将关注重心放在因国都南迁造成的城市身份转变对于北平文学书写的影响上,则更能在历史的对比中发现文学北平的独特之处。

与国都时期北京的城市空间改造以现代国家与现代市政为模板一样,故都时期对北京的文学书写也表现出对现代市政与现代都市生活方式的迫切渴望与向往,并对帝制时代遗留下来的城市空间符号与生活习俗表示鄙夷。在国都时期,人们大多从政治地位的象征性来审视作为民国首都的北京,在心理认同上强烈要求新北京同旧帝都决裂,并向现代化的都市迈进。

因此,国都文学对北京的描述常常采取了国际城市与现代都市作为参照系,在与这两种城市模型的比较中看待北京。比如,陈独秀曾写过一篇名为《北京十大特色》的短文,以一位从欧洲归来的国人眼光审

---

① 瞿兑之:《北游录话》,载《铢庵文存》,辽宁教育出版社 2001 年版,第 199 页。

② 董玥:《国家视角与本土文化——民国文学中的北京》,载陈平原、王德威编《北京:都市想像与文化记忆》,北京大学出版社 2005 年版,第 239—268 页。

视北京与国外城市的区别,其中提到:"汽车在很狭的街上人丛里横冲直撞,巡警不加拦阻";"刮起风来灰尘满天,却只用人力洒水,不用水车";"城里城外总算都是马路,独有往来的要道前门桥,还留着一段高低不平的石头路";"分明说是公园,却要买门票才能进去";"安定门外粪堆之臭,天下第一!"①显然,在与国外现代都市的对照下,北京的这些城市意象都是落后的标志,名为"特色",实为贬低与讥讽。那些从海外归来国人习惯性地将北京与外国的国都相比,当他们走在北京"荒凉污秽的街头"时,仍"不断的做'人欲横流'的梦,梦见巴黎的繁华,柏林的壮丽,伦敦纽约的高楼冲天,游车如电",在他们眼中,"北京是一片荒凉的沙漠"。②在国都时期,呼唤现代市政以提升北京的城市形象成为时人的共识。著名报人邵飘萍曾因为北京街头的粪车横行而导致几个外国人都套着鼻罩在北京的街道上行走而批评北京市政府不修市政,并感叹"一个首都所在的地方,街道坏到这步田地"③。相较而言,北京在现代转型过程中新建的现代化元素就受到文人们的欣赏。据沈从文回忆:"初来北京时,我爱听火车汽笛的长鸣。从这声音中我发见了它的伟大。"④人们总是拿现代都市的市政标准来衡量北京,一位从上海来京的文人曾批评,"在北京走夜路,实在是令人不痛快的一件事:大街上是两行昏昏的电灯,小巷中则甚至于连煤油灯都没有一盏"⑤。即便是对北京的现代化建设时人也常常抱以较高的期待,比如,北京的电车经过艰难的筹备开行之后,人们仍在与上海、天津、香港的电车对比中批评北京电车的票价过于昂贵与电车设施的落后。⑥

---

① 陈独秀:《北京十大特色》,载姜德明编《北京乎(上)——现代作家笔下的北京》,生活·读书·新知三联书店 2005 年版,第 4 页。

② 章依萍:《春愁》,载姜德明编《如梦令:名人笔下的旧京》,北京出版社 1997 年版,第65 页。

③ 邵飘萍:《北京的街道及公共卫生》,载姜德明编《如梦令:名人笔下的旧京》,北京出版社 1997 年版,第 54 页。

④ 沈从文:《怯步者笔记》,载姜德明编《北京乎(上)——现代作家笔下的北京》,生活·读书·新知三联书店 2005 年版,第 59 页。

⑤ 彭芳草:《关于北京》,载姜德明编《如梦令:名人笔下的旧京》,北京出版社 1997 年版,第 133 页。

⑥ 丁西林:《北京的电车真开了》,载姜德明编《如梦令:名人笔下的旧京》,北京出版社 1997 年版,第 61—64 页。

就对城市空间符号的选取而言,国都时期文人对表现北京的文物古迹缺乏热情,我们很少读到他们赞扬北京古迹的作品。这些古迹作为帝都时期的空间符号为他们所不屑,他们也不认为文物古迹是北京的文化财富,相反,文人们都在他们的北京书写中将之过滤了,甚至有人对这些帝都时代遗留下来的空间符号大加批评,认为北京的跨街牌楼"妨碍交通",而作为皇权象征的紫禁城,"每当在北海万佛阁远眺时,看见一片黄瓦,仿佛什么死尸都在那里跳舞一样"①。在徐志摩的眼中,"在灰土狂舞的青空兀突着前门的城楼,像一个脑袋,像一个骷髅"②。在他们看来,北京的城楼、宫殿等空间符号因为象征着帝制时代的糟粕而与作为民国首都所应倡导的新的时代精神相悖。

总之,北京的城墙、宫殿、皇家林苑、老戏园子等帝都空间符号极少成为国都时期文人们的关注对象,他们更关注北京作为"首善之区"所应有的现代都市设施与现代都市精神。因此,他们对中央公园这个由禁苑改建的现代公共空间表现出浓厚的兴致,同期开辟的北海公园也是他们着力描绘的对象。③

1928年,国都南迁带来的北京城市身份转变使文学中的北平形象出现巨大的变化。在国都时期,文人对北京的书写大都是对自己切身体验、生活观察的记录;国都南迁后,大量的学者、文人随之南下,他们大都在北京之外的地方书写他们对于北京的城市记忆。这时出现了一个奇怪的现象:尽管都是那个他们体验过的北京城,但存在于他们记忆中的北京形象却在北京失去国都地位之后悄然发生了转变。

北京国都政治地位的丢失也使文人们重新记忆北京、想象北京。与国都时期人们对北京现代市政设施的苛刻要求与对现代化的追求不

---

① 彭芳草:《关于北京》,载姜德明编《如梦令:名人笔下的旧京》,北京出版社1997年版,第132页。

② 徐志摩:《"死城"》,载姜德明编《北京乎(上)——现代作家笔下的北京》,生活·读书·新知三联书店2005年版,第179页。

③ 钱玄同:《中央公园所见》,载姜德明编《如梦令:名人笔下的旧京》,北京出版社1997年版,第1—2页;陈学昭:《北海浴日》,载姜德明编《北京乎(上)——现代作家笔下的北京》,生活·读书·新知三联书店2005年版,第126—129页;朱湘:《北海纪游》,载姜德明编《北京乎(上)——现代作家笔下的北京》,生活·读书·新知三联书店2005年版,第142—154页,等等。

同,故都北平反倒因为卸下了"首善之区"的政治符号重负后让文人们另眼对待,甚至有些不合常情地偏爱。就像周作人所表示的那样,北平"现在不但不是国都,而且还变了边塞,但是我们也能爱边塞,所以对于北京仍是喜欢,小孩子们坐惯的破椅子被决定将丢在门外,落在打小鼓的手里,然而小孩的舍不得之情故自深深地存在也"①。这种对北平的偏爱显然是在北平失去了首善之区的政治地位后表现出的怜悯与同情,带有一点敝帚自珍的味道。在故都十年,无论是仍居北平还是身在外地,文人们都不约而同地开始怀念在北京的生活,重新回忆北京。1936 年,《宇宙风》杂志征集回忆北京的文章,一时应者云集,怀念北京的文章蜂拥而至,以至《宇宙风》接连刊出了 3 期的北平专号,后来宇宙风社又将这些书写北平的文章合辑,名之《北平一顾》出版了单行本。

在故都时期,人们对北京的书写与国都时期相比有着明显不同,无论是对北平的现时描绘还是对国都北京的记忆,人们都不再将目光拘泥于北平的城市现代化程度,而是逐渐发现北平自身的城市特色。就是在与其他国内外现代都市的对比中,也不再以现代化作为唯一的评价标准,而是逐渐接受了北平作为传统古都的现实。张中行就坦承:"北平不比商埠,有洋房,有摩天楼,假若你到北平去找华丽的大楼,那你只有败兴。"②进入故都时期,人们似乎也认同了北平现代化程度不高的事实,"所有全国大都市之中,北平所听见的汽车与无线电声最少,所闻到的巴黎香粉味最少,白天所看见的横行文字的招牌最少,夜中所看见的霓虹灯广告也最少"③。然而,人们并不以故都北平的现代化程度低下而不齿,而是发现了北平自身的魅力。谢兴尧在回忆北京的中山公园时说:"有许多曾经周游过世界的中外朋友对我说:世界上

---

① 周作人:《北平的好坏》,载姜德明编《北京乎(上)——现代作家笔下的北京》,生活·读书·新知三联书店 2005 年版,第 15—16 页。

② 张中行:《北平的庙会》,载姜德明编《如梦令:名人笔下的旧京》,北京出版社 1997 年版,第 306 页。

③ 瞿兑之:《北游录话》,载《铢庵文存》,辽宁教育出版社 2001 年版,第 187 页。

最好的地方，是北平，北平顶好的地方是公园，公园中最舒适的是茶座。"①这样一来，人们心中北平就不再以现代都市为榜样，而是以自身的宫殿、林苑组成的田园城市见出特色，北平既有的文物古迹、宫殿园林在故都时期成为人们怀念的主要对象。人们不再纠缠于国都北京"无风三尺土，有雨一街泥"的街道，而是怀念代表"北平的精华"的天安门大街，"它的宽大，整洁，辉煌，立刻就会使你觉到它象征一个古国古城的伟大雍容的气象"②。进入故都时期，随着国都身份的失去，国都所承载的国家形象、民族情感也随之卸去，北平的古城形象在文人们的记忆与描绘中日渐清晰。

三　文化古城的构建

当北平失去了国都的政治光环之后，其自身所承载的各种符号功能也随之消失。就城市的建筑、市政设施等空间符号来说，国都时期的"观瞻所系""首善之区"等意识形态功能已失其存在的合理性，人们转而注重北平作为一个地方城市的独特品格，味橄（钱歌川）曾指出故都北平的空间特征："中国的古物都荟集在北平，人民的风俗习惯亦寝寝乎入古。居处不肯革新，所以至今那些典型的住宅，还大都是没有楼的四合院。市政不肯革新，至今许多著名的胡同，还是满街的尘土。"③故都时期文人们的心理与当时的社会舆论的导向是一致的，亦即，在北平的城市身份转换中，文人们也找回了北平的真正身份——文化古城。

因此，在故都时期，"古城""故都""老城"等文化名称成为北京的代名词，取代了国都时期的"首善之区""群英所萃"等政治象征。人们开始在北平的身份转变中发现并接受了北平作为一个古城的独特性，正如钱歌川所说的那样："北平如果到处都是马路，那还成什么古都

---

① 谢兴尧:《中山公园的茶座》,载姜德明编《如梦令:名人笔下的旧京》,北京出版社1997年版,第322页。

② 朱光潜:《后门大街》,载姜德明编《如梦令:名人笔下的旧京》,北京出版社1997年版,第347页。

③ 味橄:《北平夜话》,河北教育出版社1994年版,第5页。

呢？北平的美,就美在一个'古'字上。"①既然"古"成为北平所独有的城市品格,那么,现代化这一曾加于国都北京的新城市标准就不再适用于北平,人们开始从各自的北京体验与回忆中重新认识、塑造北平。此时,北平的各种古迹,如白塔、城阙宫院、天坛、古老的松柏、城砖、护城河、旧书摊,重回文人们的视野并使其深深眷恋。吴伯箫甚至声称:"只要是你苍然的老城的,都在我神经的秘处结了很牢的结了。"②

当"古城"成为人们对于故都的新定位之后,人们便开始在北平的漫游与记忆中重新发现古城独有的魅力,"寻古"成为这一时期人们重新想象、塑造北平的主要方式。一位游览者这样写道:"慢步的踱过了中山公园、府前街,就到了本国古风的西长安街了,一片红色的中古式的垒墙,树枝是那样潇洒的飞飘在墙的上端,那样静穆的,优美的不知迷恋了多少旅人的心弦"③。西长安街在国都时期因紧邻天安门而常与国家的形象相关联,进入故都之后,全然成了代表中国古代优美建筑的符号了。贺昌群则全面地呈现了北平的古城魅力:"我说北平独有令人流连的去处,是有'历史癖'的人才容易感到。你如果要领略古代的制作,这里有周鼎殷盘,秦砖汉瓦;你如要想鉴赏书法名画,这里有唐宋元明各家的手泽;你如果要摩挲骨董,这里有的是,不过你得谨防假冒;你如要结伴清游,这城内有三海(中海南海北海)和中山公园,可以泡壶香片,坐在树荫下或水榭上,手持一卷,这样整天的时候便可悄悄滑过,要是五脏神起了风潮,也不用回家,就在茶桌上叫一盘'窝窝头'或面食,很可口;如果还有游兴,城外远郊近郭之地,如颐和园如西山,风景的幽秀也不下于西湖,还可以连带去凭吊圆明园的遗址。"④特别是人们将北平与现代化的上海相比时,更能显出北平古城的独特品性,"故宫的红色宫墙与绿色宫殿,天安门前与太和殿前的雄壮的建筑物

<hr />

① 钱歌川:《飞霞妆》,载姜德明编《北京乎(下)——现代作家笔下的北京》,生活·读书·新知三联书店2005年版,第497页。
② 吴伯箫:《话故都》,载姜德明编《北京乎(上)——现代作家笔下的北京》,生活·读书·新知三联书店2005年版,第242页。
③ 张麦珈:《北平的新姿态与动向》,《市政评论》1935年第3卷第20期。
④ 贺昌群:《旧京速写》,载姜德明编《如梦令:名人笔下的旧京》,北京出版社1997年版,第175—176页。

和伟大的场面,中山公园中的苍老的古柏,紫金(禁)城的一角与华丽浓艳的牡丹,这一切使你觉得你是在雄大中国的雄大故都里,你觉得你的前人的伟大,你的民族的伟大,你自己的伟大。南北长街的尘沙在你走过时虽不免常常光顾你,但你可以在这些一望无际的长的街道上从容地走,毫无左右前后的威胁。观音寺、大栅栏一带是几百年来北都的商业中心,然而那里的狭隘的街道、中国式的商店门面和前门大街的牌楼和城门楼,一切所给与你的味道都是中国的。上海有不少大的建筑物,黄浦滩上各银行的大洋房,跑马厅对面的二十二层的摩天楼,是初到上海的人所都应当先看的,然而这些建筑物所给我们的感觉,是洋化的、不亲切的。而北平的伟大建筑物则使我们觉得它是我们的,在血管里是与我们有关系的"①。正是北平的文化古迹与古都特征等一系列空间符号引发了文人们离开后的思古幽情,故都北平虽不再是国家的政治、权力中心,也具备上海那样的现代化条件,却因其古都的文化遗产成为中华民族文化的载体,使文人们产生了强烈的心理与民族情感认同。郁达夫在怀念北平时曾写道:"五六百年来文化所聚萃的北平,一年四季无一月不好的北平,我在遥忆,我也在深祝,祝她的平安进展,永久地为我们黄帝子孙所保有的旧都城!"②可见,北平虽失去了政治上的中心地位,却在文化心理上因其古城的新身份获得了人们的体认。

除了对城市空间符号的兴趣由现代市政向文化古迹转移,人们还在文化古城的记忆中怀念老北京的生活方式。在文人们的记忆与描述中,老北京传统的生活方式、民风民俗与文化观念成为故都北平的文化符号。张向天在回忆北京的生活时就指出:"到底北平这古城是座彻头彻尾的老城池,不但前门各处的城砖是老灰色,城内的旗民拘守着旧日王谢的生活,保守着老念头,就连在年节的岁时上,也是依然谨守旧制,大家通行旧岁。"③古城的特征还显现在日常生活的独特性上,"最

① 清晨:《巴黎和伦敦,上海和北平》,《新人周刊》1935年第1卷第36期。
② 郁达夫:《北平的四季》,载姜德明编《如梦令:名人笔下的旧京》,北京出版社1997年版,第209页。
③ 张向天:《忆北平的旧岁》,载姜德明编《如梦令:名人笔下的旧京》,北京出版社1997年版,第419页。

能显示这古城的风光的,是当日长人静,偶然一二辆骡车的铁轮徐转声,和骆驼铃的如丧钟的动摇声,或是小棚屋里送出来的面棒的拍拍声,在沉静的空气里███████████静"①。此外,老北京的饮食、天桥、戏园等都在故都时███████████,成为他们塑造北平这一古城不可或缺的文化███

特定的城市空间███████████成了特定的城市文化与城市精神,北平的古城空间██████生活方式区别于其他城市,故都北平所显现出的传统古城███化性格也与其他城市特别是像上海这样现代化的城市迥异,这███将北平与上海等城市的比较中表现尤为显著,齐如山在回忆北████化性格时就指出:"按北平这个城中,优良的风俗,确是很多,第█████纯朴,虽然做了七八百年的都城,但浮华的风气总很少,不像上海,他█码头不过百余年耳,其浮华叫嚣之风,已令人不能暂且忍受。"②上海与北平在当时的中国代表了中国文化的两极,前者激进、开放,后者保守、传统,这种区别也体现在它们对待外来文化的态度上,"上海对于世界文化的态度,是急忙地接受的,它接受得快而浮浅,接受一过后便遗弃若无此事。北平的态度则是迟缓地、批判地接受的,好像是由上海传给它的一样;但接受以后,则颇能给以回味咀嚼,有把它和合中国文化而融化起来的倾向。原来回味与咀嚼,非在从容舒适的空气里,是作不来的"③。北平在故都十年因为卸去了国都的身份而在建设文化古城的实践中孕育出了这种"从容舒适的空气",使之在外来文化的影响下能继续保存自身文化古城的特征。林语堂在将南京、东京与北平对比时也持类似的观点:"南京和东京一样,代表了现代化的,代表进步,和工业主义,民族主义的象征;而北平呢,却代表旧中国的灵魂,文化和平静;代表和顺安适的生活,代表了生活的协调,使文化发展到最美丽、最和谐的顶点,同时含蓄着城市生活

---

① 贺昌群:《旧京速写》,载姜德明编《如梦令:名人笔下的旧京》,北京出版社 1997 年版,第 175 页。

② 齐如山:《北平怀旧》,辽宁教育出版社 2006 年版,第 9 页。

③ 清晨:《巴黎和伦敦,上海和北平》,《新人周刊》1935 年第 1 卷第 36 期。

及乡村生活的协调。"①而在味橄的心目中:"我所感到的北平是沉静的,是消极的,乐天的,保守的,悠久的,清新的,封建的。"②林语堂对北平的文化精神也有类似的总结,在[⬛]一个宏大的老人,具有宏大而古老的[⬛]度的。它容纳古时和近代,但不[⬛]

什么是北平的"面目"?[⬛]
市空间意象所孕育的相应的城市[⬛]的物质文化与生活方式,又顽强地坚守[⬛]时期,无论是北平官方还是民间的舆论[⬛]头等大事,北平政府实施的游览区计划[⬛]的措施也得到了人们的广泛支持,许地山甚至认为:"[⬛]爱惜公共的产业做起,得先从爱惜历史的陈迹做起。"④因此[⬛]度而言,保护北平传统城市空间符号的目的不仅限于发展城市旅游业,还在于北平在失去国都的政治地位后重新被赋予了承载中华民族精神的定位,由国都的意识形态功能转向了故都的文化功能,城市空间在这一层面上就转化成了民族、文化的心理认同。也正因为这样,梁实秋就对现代化在故都北平渗透表示忧虑:"北平的市容,在进步,也在退步。进步的是物质建立,诸如马路行人道的拓宽与铺平是,退步的是北平特有的情调与气氛逐渐消失褪色了。"⑤梁实秋这种对于北京传统文化的留恋基本也代表了故都时期文人记忆北京的集体怀旧情绪。

与这些并非由北京土生土长的作家相比,北京的本土作家老舍对于北京的书写也有一个因北京城市身份变化而转变的过程。在老舍的早期小说《老张的哲学》(1926)中,故事的背景是北京北城外安定门附

① 林语堂:《迷人的北平》,载姜德明编《北京乎(下)——现代作家笔下的北京》,生活·读书·新知三联书店2005年版,第451页。
② 味橄:《北平夜话》,河北教育出版社1994年版,第2页。
③ 林语堂:《迷人的北平》,载姜德明编《北京乎(下)——现代作家笔下的北京》,生活·读书·新知三联书店2005年版,第452页。
④ 许地山:《先农坛》,载姜德明编《北京乎(下)——现代作家笔下的北京》,生活·读书·新知三联书店2005年版,第486页。
⑤ 梁实秋:《北平的街道》,载姜德明编《北京乎(下)——现代作家笔下的北京》,生活·读书·新知三联书店2005年版,第511页。

近的一个小镇,小说中也出现了许多真实的北京地名。但是,这部小说的老北京空间特色并不明显,除了故事地点在北京,并未对北京城市空间进行着意描绘,只有几处地方写到了北京的城墙、土路、护城河,但也只是一笔带过。《赵子曰》(1927)的情形也大致如此,故事发生在钟鼓楼后面的出租公寓里,小说中虽然提到了北京的庙会、街道、胡同等空间符号,但都没有做细致的书写。显然,由于当时北京的国都地位,新思想、新观念、新文化占据时代的主潮,因而老舍也没有意识到北京传统的空间符号对于北京的意义。

国都南迁后,老舍在辗转于济南、青岛等地时重新燃起了回忆故都北平的热情,这时,北京的传统空间意象与生活方式伴随着老舍自己的生命体验在他的笔下喷发而出。在老舍经历了创作上的低谷转而"求救于北平"的《离婚》(1933)中,老北京作为背景得到了有意的强化,小说一开始,作者便借张大哥之口说出了"世界的中心是北平",可见,老舍已经有意识地在将他笔下的人物与北京联系了起来。值得注意的是,《离婚》中开始出现了较多北京城市的细节描写,中海北海、西四牌楼、西单牌楼等古物,都在老舍的笔下反复出现,北京的古城形象逐渐清晰,具有老北京特色的骆驼队、街上背着大筐的妇女以及牌楼底下的地方小吃,如杏仁茶、枣儿切糕、面茶、大麦粥、芝麻酱面与烙饼等意象开始在小说中反复出现。到了《骆驼祥子》(1936),老北京得到了更大规模的呈现,老舍借助车夫祥子的独特视角与足迹,几乎勾勒出了那个时期北京城的全图。通过祥子的行程,老舍描绘了一个更加全面、丰满的老北京。这里有穷苦人民聚居的破旧脏乱大杂院,有富人居住的四合院,有风景优美的北海、御河、古老的城墙,有充满笑声、热闹的天桥,还有使全北京城都洋溢着地域风情的庙会等。老舍对老北京的这种热情在《想北平》中得到集中呈现,认为北平之所以独具魅力,除与伦敦、巴黎、君士坦丁堡等三座欧洲古城一样都保存有古物外,还在于北平是一座可以接近自然的田园城市。[①]换言之,故都北平能引发老舍怀念情绪的是北平的传统空间意象与生活方式。可见,老舍与其他京外的文

---

①　老舍:《想北平》,载姜德明编《北京乎(上)——现代作家笔下的北京》,生活·读书·新知三联书店 2005 年版,第 361—364 页。

人一样,也在北京的城市身份转变中重新将眼光转移到老北京的空间符号上来,并通过记忆重新建构、强化了北平的故都形象。

尽管大量的文人都在故都时期以各种方式怀念北平,书写着这座文化古城的传统魅力,也有人仍从现代化的角度,以现代都市的标准对北平进行了批评:"那从景山或北海塔上望下去的像印度游僧香盘里的烟晕,同工厂区里与海港上的黑烟比起来是不够迅速与急切,同乡村的炊烟比起来则不够素实,自然与纯洁;那些叫卖的同大都市比起来则缺乏力量,同小镇市比起来则缺乏实用;那些随路嬉戏买闲食的学童同上海电车里比起来则不够认真,同乡村比起来则缺乏健实;同那或明或暗的不平均的路灯,吊膀子用的特别的自行车上喇叭,洋车上出奇的铃铛。以及奇丑奇脏的土路接着柏油大道……处处代表着这个都市的畸形发展,而象征出那一种人的酸气!"①这种反面的批评恰恰反衬了北平不同于现代都市的古城精神,所谓北平的"畸形",正是它融传统与现代于一炉的外在表现。

北平失去国都地位之后,北平的文学书写经历了由对现代化的向往到返回传统的转变,在多方位的文学叙述中建构了一个文化古城的新形象,也与北平政府创建文化古城运动相呼应。正如一位台湾学者所说的那样:"正是这些笔触细腻生动、内容多元丰富的文人叙述,把北平的新形象,转化成可供全国读者体验与消费的城市资源,成为故都北平最具魅力、传布最广的另类指南。"②总之,文学北平与北平系列旅行指南一样,在北平的城市身份转变中,随着当时人们因北平失去国都身份后的文化心理变化,通过挖掘、凸显北平的传统古城空间意象、生活方式与文化观念,在中国社会发生重大变化的 20 世纪 30 年代,在北平基本保持了国都北京的空间面貌现实下,建构起了一个传统古都意象,成为当时想象北京、后世记忆北京的文化之源。

---

① 徐訏:《北平的风度》,载姜德明编《北京乎(下)——现代作家笔下的北京》,生活·读书·新知三联书店 2005 年版,第 343 页。

② 许慧琦:《故都新貌:迁都后到抗战前的北平城市消费(1928—1937)》,台湾学生书局有限公司 2008 年版,第 201 页。

小　结

从国都到故都,北京经历了自其为历代政权首都以来最大的一次身份转变,国都地位的丢失使北京在政治上沦为一个地方性城市,大量的政府官员、知识分子因之离京南下,北京失去了昔日的消费主体致使社会经济陷入萧条,城市也丧失了原来的发展动力。在对城市的重新定位中,北京官方与社会舆论在经过激烈的争论后,结合北京的文化历史遗产与面临的社会现实,将北京定位为国家的文化旅游中心。人们因北京城市身份的变化所形成的新的城市认同,影响了北京的发展方向,即由国都时期因"观瞻所系"的政治要求而建设的现代城市向保存文物古迹的文化古城转变,实质就是向帝都北京的空间结构返归,城市的现代化进程因之减缓,空间结构随之稳固。

进入故都时期,在城市身份变化基础上形成的国家文化中心建设计划,导致北京遵循着全新的城市空间生产逻辑,不再像国都时期那样强调通过现代市政建设更新国家形象,而是寄希望于保存本土的历史文化古迹来构建东方的文化古城,北京由一个政治城市转变为文化城市。于是,故都不再有大拆大改的空间开放工程,也没有大规模的现代市政建设,而是在国都北京的空间基础上,利用构建文化旅游中心的契机整理、修复了大量的文物古迹,使古都北京的历史空间符号得到了较好的存留,帝都的空间秩序得到了巩固。同时,北京的现代市政建设也服从于创建文化旅游中心这盘大棋,现代化在故都十年受到了抑制。故都北京虽由原来的国都降格为一个地方性城市,但在文化的维度上却获得了与原来的国都政治地位相类比的国家文化中心的地位,以中华文化中心的身份与世界对话,在文化的层面上代表中华民族的文化与精神。有了文化中心这一"资本",北平市政府就能顺利地争取到中央政府的支持,在远离政治象征的情况下得以全力建设国家文化中心,这是故都文化古城形象得以形成的现实基础。

相比国都时期在朱启钤主导下的现代化城市改造,故都北平的城市空间相对要稳固许多,基本上延续了国都时期的空间格局。由于城市身份的变化,体现在文学作品中的国都、故都形象也出现了明显的差异,由国都时期对现代化的赞扬与向往,转变为故都时期对文化古迹等传统空间符号的肯定与宣扬。故都的文学书写与古城想象,以及同期的旅行手册对于北京传统城市空间符号的宣传介绍,成为当时构建文化古城意象的重要媒介,使北京的文化古都形象在更大的空间范围内传播,也成为后世想象古都北京的历史资源。

文化古城的意象与氛围也形塑了北京市民独特的生活方式,这种生活方式明显地区别于现代都市依赖于声、光、电的快节奏生活,诸如日常出行、消费、娱乐等方面,近代北京的生活方式仍然与传统北京相连接,就像有人观察的那样:"从这古城的氛围里,他们先天的濡染到一种斯文。这斯文,在公寓掌柜吸长长旱烟管时可以见到,在洋车夫喝酸梅汤时可以见到,在店伙计提鸟笼逛北海时可以见到,在拾煤渣的孩子哼起'杨延辉坐宫院'时可以见到,在烤白薯的老人叫卖时可以见到……"①

本章对于北京城市身份的转变及其带来的社会、文化变迁的考察表明,无论是"文化城"或是"文化古城",抑或是"文化中心"的称谓,其背后都有着深刻的社会舆论、文化思想的根源,亦有着现实的城市建设行为的依托。故都北京的物质空间生产与文学北京的记忆、想象共同构建了北京文化古城的意象。

---

① 无名氏:《梦北平》,载姜德明编《如梦令:名人笔下的旧京》,北京出版社 1997 年版,第 442 页。

结　　语

清末民国(1898—1937)北京城市空间变迁的大致情形就是这样。

从帝都到国都再到故都,北京在近代城市身份的变化也相应地影响了城市空间的变迁轨迹。国家政治制度变更的历史潮流与北京的政治地位变换,是决定北京城市空间变迁的主因。换言之,不同时代的政治,是帝都北京空间结构的形成机制,又是推动其空间变革的根本动力。

列斐伏尔较早地注意到了空间与政治之间的关系,他敏锐地指出,空间是"国家最重要的政治工具。国家利用空间以确保对地方的控制、严格的层级、总体的一致性,以及各部分的区隔"。[①] 近代北京的城市发展史生动地诠释了政治权力利用城市空间控制地方社会、区隔人口的过程。帝都时期,北京的城市规划与空间结构成为封建国家显示其政治权威的符号工具,四重城墙的封闭格局与贯穿城市南北的左右对称的中轴线建筑群都彰显着帝王的无上权威与荣耀。帝都北京的这种空间特征也引起了马克斯·韦伯的注意,他在谈到帝都北京时说:"城市在这里——基本上——是行政管理的理性产物,城市的形式本身就是最好的说明。首先有栅栏或墙,然后弄来与被围起来的场地相比不太充分的居民,常常是强制性的,而且随着改朝换代,如同在埃及一样,或者要迁都,或者改变首都的名字。最后的永久性的首都北京,只在极其有限的程度上是一个贸易与出口工业基地。"[②]因此,帝都北京的空间造就了一个纯粹的政治城市,城市的生产、娱乐、商业等社会功能受到严格控制,城市居民的日常生活也在等级森严的空间区隔之下被帝国的制度规训着。

---

① [法]享利·列斐伏尔:《空间:社会产生与使用价值》,载包亚明编《现代性与空间的生产》,上海教育出版社 2003 年版,第 50 页。

② [德]马克斯·韦伯:《儒教与道教》,王容芬译,商务印书馆 1995 年版,第 62 页。

　　清末,列强入侵与现代化的引入撼动了清廷的统治。清政府政权的瓦解是在 1911 年,但早在 1906 年的预备立宪,上溯至 1901 年实行的清末新政,甚至更早的 1898 年的维新变法乃至第一次鸦片战争失败后发起的洋务运动,清廷政权内部的被动政治改革就已经预示了帝制政权已成强弩之末。因此,近代北京的现代化进程是随着清廷政权的式微而逐渐发生的。新式的现代学校在北京出现,电灯、电话等电气设施开始被北京居民所接受。封闭的城墙结构也因为火车的到来被打破,现代化带来的帝都空间结构的局部变化象征着中国延续了几千年的帝制皇权被世界工业化的大潮强烈地冲撞着,其坚实的权力土壤被现代性的激流慢慢地侵蚀。在帝都末期,尽管清廷仍极力垂死挣扎,但北京城市空间的变化还是表征了帝制权威即将被颠覆的命运。

　　然而,当清王朝灭亡后,北京的城市空间结构并未随帝制皇权的颠覆而解体,而是在相当长的历史时期内较大程度地保持着帝都的空间特征,没有迅即发展成一个成熟的现代化都市。进入国都时期,民国政府所代表的新兴政权对北京的改造是不彻底的,在开放城市空间与拓展公共空间的过程中,现代化受到了空前的压抑,其根本原因在于政治革命的不彻底性为帝都的城市空间结构留下了生存的土壤。有人谈论近代北京的政权更迭时说:"庚子所改变的,虽西洋化之输入,而根本未十分动摇。辛亥所改变的是革命色彩之加入,然后不久还是屈服。自辛亥至于戊辰十七年中,虽然奉的是民国正朔,而帝制色彩的确保存不少,官僚化的程度似乎不逊于前清。"①民国成立后,袁世凯称帝与张勋领导的复辟等事件,以及张作霖坐镇北京时的祭孔行为,都表明帝制的理念并未在民国军政大员的心中完全退去,而历届北洋政府对孙中山所力主的共和理念也只是阳奉阴违。因此,在国都北京的现代市政建设过程中,每当对象征帝制皇权的空间符号进行改造时,特别是在拆改城墙与城门时,守旧政治势力总会出来进行干涉、阻挠,且总能够奏效。作为新兴政权的代表,主导北京市政建设的京都市政公所为构建共和国家首都力主对城市进行现代化改造,以使之成为体现平等观念

---

　　①　瞿兑之:《北游录话》,载《铢庵文存》,辽宁教育出版社 2001 年版,第 199 页。

的现代化都市;而阻挡现代化进程的守旧势力则体现了帝制观念、皇权政治在北京的根深蒂固。两种力量、两种政治思想在北京城市空间这个容器中交织、碰撞、冲突,并显现于新的空间布局上。

国都北京的这种空间政治也决定着北京生产、商业、娱乐等社会功能的发展方向。与帝都北京一样,国都北京仍没有发展出工业化的生产方式,只是一个纯粹的消费城市,本土的传统手工业也没有得到较大的发展。在商业、娱乐领域,由国外引入的现代商场与娱乐项目未能在北京取得沿海商埠城市那样的成功,而是在与北京传统的商业、娱乐空间的竞争中艰难生存着,甚至出现了香厂新市区这样昙花一现式的现代商业区。更重要的是,生活在这种空间政治下的市民不得不保留传统的生活方式,被排除在国家政治生活之外,也就没有生长出韦伯所说的西方城市中拥有政治权利的市民阶层。① 因此,国都北京虽有开辟公共空间的宏愿,却终因政治氛围的保守与市民阶层的缺席而未能使新开辟的公共空间实现其应有的社会功能。总的来说,从戊戌变法到国都南迁的约30年里,北京在政治、社会生活上都还处在一个新旧交织的时代,在新的国际形势下,北京虽然对于现代化的力量进行了部分接受,但旧的一切还没有完全被清理干净,国都北京在政治、社会、经济、娱乐等各领域都出现了新与旧的交叠。

除了北京保守的政治氛围与落后的工商业基础所导致的新旧力量的交叠,外国帝国主义对北京的政策与北京市民对外国势力的激烈反抗也阻碍了北京的现代化进程。早在帝都晚期,北京东交民巷使馆区就成为帝国主义在华野心的象征,激起民众极大愤慨,义和团在清朝朝廷的默许下对其发动攻击,成为庚子事变的导火索之一。进入国都时期,外国资本又试图通过不平等条约介入北京的城市建设以谋取利益,引发北京民族主义情绪的强烈反抗。经过激烈的抗争,北京的现代市政建设全部由本国的财政解决,诸如北京电车这样耗费巨大的工程,外国资本也未能插足,像香厂新区也是由市政公所组织规划设计,由本土的民族资本建设完成的。这与上海、天津、大连等沿海城市的市政建设

① [德]马克斯·韦伯:《儒教与道教》,王容芬译,商务印书馆1995年版,第58页。

大多由外国资本投资并控制完全不同，北京的市政建设一直掌握在本国的资本手里。也正因如此，国都北京的城市建设没有按照外国现代城市的建设路径、模式发展，而是与本国的政治、民族情感、国家认同密切关联，从而使北京的现代市政建设带上了更多的本土特点，呈现出新与旧、传统与现代相交叠的空间形态，走出了一条不同于沿海商埠的现代化之路。

在故都时期，北京失去了首善之区的国都地位，加之于城市建设上的政治束缚得以解除，原有的空间政治也随之消解，维持北京既有空间结构的力量顿时消散。然而，故都北京并没有因此就走上沿海商埠城市那样的现代化道路，而是抓住了"文化"这根救命稻草，在失去政治保障后选择了返归传统以寻求发展动力，文化成为影响故都北京空间的决定力量，原有的城市空间政治被新的建设国家文化游览中心的计划所代替。北京不再是一个政治力量交锋的舞台，而将被建成一个展示中华传统文化的游览空间。

国家政治中心的南迁，也使得那些"在1919年和1925年曾经在政治上起过重要作用的大学生们，现在发现自己'英雄无用武之地'"[1]。曾经活跃于北京街头的学子只能回到校园，在建设文化古城的呼声中充当国家教育中心大军中的一员；在新文化运动中极力鼓吹新学、西方文化的学者，在故都时期即使没有远离北京，也选择了偃旗息鼓，士大夫讲学之风与中国传统文化随之复兴，实现了文化领域的回归传统。因此，在北京卸掉了政治的冠冕后，文化仍能继续发挥其"心房的作用"[2]，既能因之救济经济上的不足，促进城市的正常运转，又使北京在全国的思想文化领域扮演着主导者的角色。另外，足以称雄于国内其他城市的文物古迹在物质、空间符号上极具文化艺术价值，理所当然地转化为故都建设国家文化旅游中心的特殊资源，所以，北平市政府实施的文化旅游中心建设与故都文物整理计划，以及北平旅游手册对故都的文化宣传与文人的文学记忆，都将文化古迹看成能使北平重新焕发

---

① ［澳］菲茨杰拉尔德：《为什么去中国——1923—1950年在中国的回忆》，郇忠、李尧译，山东画报出版社2004年版，第154页。

② 瞿兑之：《北游录话》，载《铢庵文存》，辽宁教育出版社2001年版，第209页。

活力的捷径。在时人看来,返归传统,创建文化古城,是在政治之外找到的繁荣故都的力量。

然而,文化并不能与政治全然无关。英国学者伊格尔顿在梳理文化的观念时曾指出:"文化需要一定的社会条件。由于这些条件可能关系到国家,文化还会具有政治的维度。"①实际上,故都北平所要返归的传统文化也未能彻底脱离政治。北平创建国家文化旅游中心的一个重要初衷,就是试图利用文化古城的影响力提升北平的国际声誉,通过"文化"这一软实力影响华北军事局势,抵御日本对华北的觊觎,以期起到政治中心起不到的作用。另外,在城市建设上返归传统文化并抑制城市现代化建设,整理、修复帝都的空间符号,就意味着对传统空间政治的承认,传统文化所承载的意识形态与社会功能在城市空间的藏匿之下,以物质遗产的形式在故都时期得到保护与整修,并对现代化形成了顽强的抵抗。因此,故都北平向传统文化的返归是从原有的显性空间政治向隐性的文化政治转变,基于传统文化思想规划建造的帝都空间结构在故都时期得以延存,席卷全球的现代化在北京亦不得不向传统的文化政治妥协。

从国都到故都,北京对于传统的发扬与对现代的抑制,其背后都有着复杂的政治、文化根源,有学者在评价传统与现代在国都与故都的命运时说:"在国都阶段,心态保守的中央政权,多少起了压抑西化、追求时髦的作用,传统文化仍居社会主流;到了故都时期,北平把传统的文化当成繁荣城市的宝贵资产,在追求与拥抱西方进步物质文化的同时,却在价值观与城市意象上,保留中国文化的精神。有意思的是,这种充分开发传统精髓,以重新定位城市,赋予城市新生命的努力,只有当北京成故都之后,才获得充分发展。"②质言之,国都时期的封建政治思想残留与故都时期返归传统的文化政治,是近代北京城市空间之所以能呈现传统与现代相交叠形态的根本原因。

我们还可以在北京与其他城市的对比中见到近代北京城市空间变

---

① 　[英]特瑞·伊格尔顿:《文化的观念》,方杰译,南京大学出版社 2003 年版,第 11 页。

② 　许慧琦:《故都新貌:迁都后到抗战前的北平城市消费(1928—1937)》,台湾学生书局有限公司 2008 年版,第 24 页。

迁的特殊性。与北京受政治与文化双重支配的空间逻辑不同,近代上海则得益于外国资本的涌入与商业市场的发达,现代化在进入上海之后获得了长足的发展,摩天大厦、百货大楼、咖啡馆、舞厅、跑马场等空间符号成为近代上海的城市意象,以致有人宣称,"在二十世纪三十年代,上海已和世界最先进的都市同步了"①。而此时的北京却经历着返归传统以谋求转型的阵痛。近代巴黎的改造经验更具有可比性。在第二帝国时期,拿破仑三世授意奥斯曼主导了巴黎的改造计划,拆毁了大量的历史街区后,修建了大楼、城市广场、公园、教堂,扩建并改善了城市的基础设施,将巴黎改造成了一个全新的现代都市,从而与历史上的巴黎彻底决裂。大卫·哈维称这种决裂为"创造性破坏",其背后则是"经济、社会组织、政治与文化上的复杂模式,这些模式不可避免地改变了巴黎的面貌"②。当时的法国正处在第二次工业革命阶段,资产阶级与工人阶级开始走上历史舞台,大量的工人失业与资本过剩等问题困扰着刚刚获得政权的拿破仑三世,最后他选择了授意奥斯曼"通过城市化的方式,解决资本过剩和失业的问题"③。这是近代巴黎改造的根本动力。

　　相比之下,北京则由于保守的政治、文化观念的影响,资本无法产生有效的流通,也没有使自身增值并推动城市现代化进程的迫切需求,进而束缚了商业、社会生产、市民阶层与社会组织的发展,且北京的地方自治与行会对城市发展的影响也极为有限,因此决定近代北京城市空间变迁的根本因素是传统的政治观念与文化逻辑。帝都,国都,故都,三个不同的历史阶段,三种不同的城市身份,在政治上虽历经更迭但始终未能彻底革新,在文化上虽有西学涌入但又终究返归传统,使北京的城市空间沿着传统与现代相并存的轨迹演变、发展。在这种空间演变逻辑之下,近代北京的现代化建设虽有所突破,但城市整体上仍保

---

　　① 〔美〕李欧梵:《上海摩登:一种新都市文化在中国(1930—1945)》,毛尖译,人民文学出版社 2010 年版,第 7 页。

　　② 〔美〕大卫·哈维:《巴黎城记:现代性之都诞生》,黄煜文译,广西师范大学出版社 2010 年版,第 325 页。

　　③ 〔美〕戴维·哈维:《叛逆的城市——从城市权利到城市革命》,叶齐茂、倪晓晖译,商务印书馆 2014 年版,第 8 页。

持着传统空间结构,人们基本也保持着传统的生活方式。正如列斐伏尔所指出的:"如果未生产一个合适的空间,那么'改变生活方式'、'改变社会'等都是空话。"①因此,近代北京的城市空间结构依旧是传统北京社会、生活方式的巨大容器。同时,这种空间结构还形成了北京独特的地域文化形态。赵园曾指出:"对于北京,最稳定的文化形态,正是由胡同、四合院体现的。"②北京的胡同与四合院两种空间符号形成于帝都时期,进入近代之后又在现代化的冲击下保存了下来,成为北京地域文化形态的象征。这正是近代北京城市空间变迁在文化上的体现。

---

①　[法]享利·列斐伏尔:《空间:社会产生与使用价值》,载包亚明编《现代性与空间的生产》,上海教育出版社 2003 年版,第 47 页。

②　赵园:《北京:城与人》,北京大学出版社 2002 年版,第 21 页。

参考文献

一 资料类

（一）北京市档案馆馆藏原始档案

《北京电车公司关于改建修复西单东四牌楼问题函及内务部、市政公所等单位的复函》，资料号：J011-001-00041。

《北平市公安局关于贯彻电影检查法的训令》，资料号：J181-020-03092。

《北平特别市工务局、公用局关于催缴改建西单牌楼所用工料费给电车公司的训令》，资料号：J011-001-00102。

《京师警察厅关于函送修建东安市场计划、建筑表与京都市政公所的来往函及市政公所的布告等》，资料号：J017-001-00119。

《京师警察厅行政处关于罚办平安电影公司违章的公函》，资料号：J181-019-06936。

《京师警察厅行政处关于送修正东安市场暂行章程的函》，资料号：J181-018-07668。

《京师警察厅内右一区分区表送中天电影院违章营业等情一案卷》，资料号：J181-019-47861。

《市政公所待办大项工程意见书》，资料号：J017-001-00037。

（二）整理档案

《1935年北平市市长袁良对市政府及各局处干部的新年讲话》，《北京档案史料》2005年第4期。

《1936年北平市电影院调查表》，《北京档案史料》1998年第1期。

《北京先农坛史料选编》编纂组：《北京先农坛史料选编》，学苑出版社2007年版。

《国务院为派专员查办京师拆卖城垣的咨文》，《北京档案史料》1997年第6期。

《三十年代北平市政建设规划史料》，《北京档案史料》1999年第3期。

北京市档案馆、中国人民大学档案系方向编纂学教研室编：《北京电车公司档案史料》，北京燕山出版社1988年版。

刘苏选编：《五四时期陈独秀被捕档案选》，《北京档案史料》2011年第2期。

孙刚选编：《民国时期香厂新世界商场筹建与修缮史料》，《北京档案史料》2006年第4期。

中国第二历史档案馆编：《中华民国史档案资料汇编》（第三辑·文化），江苏古籍出版社1991年版。

朱辉：《建设北平意见书》，《北京档案史料》1989年第3期。

（三）报纸

《京话日报》，1904年8月16日—1923年4月5日。

《顺天时报》，1905年8月22日—1930年3月27日。

《北京日报》，1906年2月22日—1935年9月30日。

《大自由报》，1912年11月12日—1915年6月28日。

《北京中华新报》，1916—1921年。

《京话日报》，1916年。

《群强报》，1913年2月9日—1936年4月3日。

《益世报》，1917年1月28日—1948年12月25日。

《晨报》，1918年12月1日—1928年6月5日。

《京报》，1919年2月6日—1937年7月28日。

《北平日报》，1928年9月1日—1930年9月22日。

《北平晨报》，1930年12月16日—1937年10月15日。

（四）刊物

北平特别市公用局秘书室编：《北平特别市公用局季刊》，1929年。

北平特别市市政府秘书处编：《北平特别市市政公报》，1929—1930年。

北平特别市市政府秘书处编:《市政公报》,1928 年。

北平特别市市政公报编辑处编:《北平市市政公报》,1930—1937 年。

京都市政公所编:《市政通告》,1914—1922 年。

京都市政公所编:《市政月刊》,1926—1928 年。

京都市政公所编:《市政季刊》,1928 年。

市政问题研究会编:《市政评论》,1934—1948 年。

《现代评论》,1927—1928 年。

《宇宙风》,1936—1937 年。

(五)资料索引

《北京档案史料》编辑部编:《北京档案史料目录索引:1986—1997》,新
　　华出版社 1998 年版。

北京市图书馆编:《北京参考资料备检》(初编),北京市图书馆印行
　　1956 年版。

韩朴:《北京地方文献工具书提要》,中国书店 2010 年版。

首都图书馆编:《北京地方文献报刊资料索引:地理、名胜古迹部分;
　　1904—1949》,1985 年。

郗志群主编:《北京史百年论著资料索引》,北京燕山出版社 2000
　　年版。

赵晓阳:《北京研究外文文献题录》,北京图书馆出版社 2007 年版。

中国社会科学院经济研究所图书馆编:《北京地方文献书目》,
　　1990 年。

(六)著作

(清)富察敦崇:《燕京岁时记》,北京古籍出版社 1981 年版。

(清)吴长元:《宸垣识略》,北京古籍出版社 1982 年版。

(清)于敏中等:《日下旧闻考》,北京古籍出版社 2000 年版。

《北京游览指南》,新华书局 1926 年版。

《京都新竹枝词》,老羞校印 1913 年版。

秋生:《天桥商场》,北平日报社 1930 年版。

北平古物陈列所编:《古物陈列所二十周年纪念专刊》,1934年。

北平民社编:《北平指南》,北平民社1929年版。

北平市政府编:《北平导游概况》,北平市政府1936年版。

北平市政府秘书处编:《旧都文物略》,北京古籍出版社2000年影印版。

北平市政府秘书处第一科统计股:《北平市统计览要》,北平市政府秘书处第一科编纂股1936年版。

陈宗藩:《燕都丛考》,北京古籍出版社1991年版。

古物陈列所编:《古物陈列所游览指南》,1932年。

京兆公园管理委员会编:《京兆公园纪实》,1925年。

金文华:《简明北平游览指南》,中华印书局1933年版。

京都市政公所编:《京都市政汇览》,1919年。

京都市政公所编译室编:《京都市法规汇编》,1928年。

京师警察厅编:《京师警察法令汇纂》,1916年。

李家瑞:《北平风俗类征》,商务印书馆1937年版。

马芷庠:《老北京旅行指南》,吉林出版集团有限责任公司2008年版。

孟天培、[美]甘博:《二十五年来北京之物价工资及生活程度》,李景汉译,国立北京大学出版部1926年版。

内务部编译处:《内务法令提纲》,1918年。

倪锡英:《北平》,上海中华书局1936年版。

田蕴瑾:《最新北平指南》,自强书局1935年版。

吴廷燮等:《北京市志稿》,北京燕山出版社1998年版。

徐珂:《增订实用北京指南》,商务印书馆1923年版。

张次溪:《天桥一览》,中华印书局1936年版。

中央公园事务所:《中央公园二十五周年纪念册》,1939年。

朱启钤:《蠖园文存》,台北:文海出版社1968年版。

《繁荣北平计划草案》(1931年4月),国家图书馆藏。

(七)文学作品、回忆录

[澳]菲茨杰拉尔德:《为什么去中国——1923—1950年在中国的回

忆》，郁忠、李尧译，山东画报出版社 2004 年版。

［澳］赫达·莫里逊：《洋镜头里的老北京》，董建中译，北京出版社 2001 年版。

［日］芥川龙之介：《芥川龙之介全集》，罗兴典等译，山东文艺出版社 2005 年版。

［英］立德夫人：《穿蓝色长袍的国度》，王成东等译，时事出版社 1998 年版。

［英］立德夫人：《我的北京花园》，李国庆、陆瑾译，北京图书馆出版社 2004 年版。

［美］刘易斯·查尔斯·阿灵顿：《古都旧景：65 年前外国人眼中的老北京》，赵晓阳译，经济科学出版社 1999 年版。

［法］皮埃尔·绿蒂：《在北京最后的日子》，马利红译，上海书店出版社 2010 年版。

［英］唐纳德·曼尼、帕特南·威尔：《北洋北京：摄影大师的视界》，张远航译，中央编译出版社 2013 年版。

［英］威尔士、诺曼：《龙旗下的臣民：近代中国社会与礼俗》，刘君等译，光明日报出版社 2000 年版。

［澳］西里尔·珀尔：《北京的莫理循》，檀东鍟、窦坤译，福建教育出版社 2003 年版。

［意］伊塔洛·卡尔维诺：《看不见的城市》，张密译，译林出版社 2012 年版。

［美］约翰·司徒雷登：《在华五十年——司徒雷登回忆录》，程宗家译，北京出版社 1982 年版。

［英］庄士敦：《紫禁城的黄昏》，陈时伟等译，求实出版社 1989 年版。

爱新觉罗·溥仪：《我的前半生（全本）》，群众出版社 2007 年版。

顾颉刚：《顾颉刚日记》，台北：联经出版事业股份有限公司 2007 年版。

顾颉刚：《宝树园文存》，中华书局 2011 年版。

郭嵩焘：《伦敦与巴黎日记》，岳麓书社 1984 年版。

姜德明编：《北京乎——现代作家笔下的北京》，生活·读书·新知三联书店 2005 年版。

姜德明编:《如梦令:名人笔下的旧京》,北京出版社1997年版。

康有为:《康有为全集》,中国人民大学出版社2007年版。

老舍:《老舍全集》,人民文学出版社1999年版。

雷梦水等:《中华竹枝词》,北京古籍出版社1996年版。

李圭:《环游地球新录》,湖南人民出版社1980年版。

梁启超:《梁启超全集》,北京出版社1999年版。

梁实秋:《梁实秋雅舍小品全集》,上海人民出版社1993年版。

梁实秋:《雅舍谈吃:梁实秋散文86篇》,中国商业出版社1993年版。

林语堂:《林语堂名著全集》,东北师范大学出版社1994年版。

刘半农:《半农杂文二集》,上海良友图书印刷公司1935年版。

鲁迅:《鲁迅全集》,人民文学出版社2005年版。

齐如山:《北平怀旧》,辽宁教育出版社2006年版。

钱穆:《钱宾四先生全集》,台北:联经出版事业公司1998年版。

瞿兑之:《铢庵文存》,辽宁教育出版社2001年版。

容闳:《我在中国和美国的生活:容闳回忆录》,恽铁樵、徐凤石等译,东
    方出版社2006年版。

沈从文:《沈从文全集》,北岳文艺出版社2002年版。

陶亢德编:《北平一顾》,宇宙风社1936年版。

王韬:《漫游随录·扶桑游记》,湖南人民出版社1982年版。

王韬:《漫游随录》,岳麓书社1985年版。

味橄:《北平夜话》,河北教育出版社1994年版。

吴宓:《吴宓日记》,生活·读书·新知三联书店1998年版。

杨米人:《清代北京竹枝词:十三种》,北京古籍出版社1982年版。

叶祖孚:《燕都旧事》,中国书店1998年版。

俞平伯:《俞平伯全集》,花山文艺出版社1997年版。

郁达夫:《郁达夫自传》,江苏文艺出版社1996年版。

张恨水:《张恨水全集》,北岳文艺出版社2019年版。

周作人:《周作人回忆录》,湖南人民出版社1982年版。

周作人:《周作人日记》(影印本上),大象出版社1996年版。

二　研究类

（一）研究著作

［美］爱德华·W. 索亚：《第三空间：去往洛杉矶和其他真实和想象地方的旅程》，陆扬等译，上海教育出版社 2005 年版。

［瑞典］奥斯伍尔德·喜仁龙：《北京的城墙和城门》，许永全译，北京燕山出版社 1985 年版。

［苏］巴赫金：《拉伯雷的创作与中世纪和文艺复兴时期的民间文化》，《巴赫金全集》第 6 卷，钱中文译，河北教育出版社 2009 年版。

［美］大卫·哈维：《巴黎城记：现代性之都的诞生》，黄煜文译，广西师范大学出版社 2010 年版。

［德］尤尔根·哈贝马斯：《公共领域的结构转型》，曹卫东等译，学林出版社 1999 年版。

［法］亨利·勒菲弗：《空间与政治》，李春译，上海人民出版社 2008 年版。

［英］E. 霍布斯鲍姆、F. 兰格：《传统的发明》，顾杭、庞冠群译，译林出版社 2004 年版。

［美］吉尔伯特·罗兹曼：《中国的现代化》，陶骅等译，上海人民出版社 1989 年版。

［美］卡尔·休斯克：《世纪末的维也纳》，李锋译，江苏人民出版社 2007 年版。

［美］凯文·林奇：《城市意象》，方益萍，何晓军译，华夏出版社 2001 年版。

［美］李欧梵：《上海摩登：一种新都市文化在中国（1930—1945）》，毛尖译，人民文学出版社 2010 年版。

［美］理查德·利罕：《文学中的城市：知识与文化的历史》，吴子枫译，上海人民出版社 2009 年版。

［美］刘易斯·芒福德：《城市发展史——起源、演变和前景》，宋俊岭、倪文彦译，中国建筑工业出版社 2005 年版。

［德］马克斯·韦伯：《儒教与道教》，王容芬译，商务印书馆 1995 年版。

［英］迈克·克朗:《文化地理学》,杨淑华、宋慧敏译,南京大学出版社
　　2003 年版。

［美］帕克、麦肯齐:《城市社会学:芝加哥学派城市研究文集》,宋俊岭、
　　吴建华译,华夏出版社 1987 年版。

［美］施坚雅主编:《中华帝国晚期的城市》,叶光庭等译,中华书局
　　2000 年版。

［美］史明正:《走向近代化的北京城——城市建设与社会变革》,王业
　　龙、周卫红译,北京大学出版社 1995 年版。

［英］斯图尔特·霍尔:《表征:文化表征和意指实践》,徐亮、陆兴华译,
　　商务印书馆 2003 年版。

［英］特瑞·伊格尔顿:《文化的观念》,方杰译,南京大学出版社 2003
　　年版。

［美］西德尼·D. 甘博:《北京的社会调查》,陈愉秉等译,中国书店
　　2010 年版。

［美］张英进:《中国现代文学与电影中的城市:空间、时间与性别构
　　形》,秦立彦译,江苏人民出版社 2007 年版。

包亚明编:《后现代性与地理学的政治》,上海教育出版社 2001 年版。

包亚明:《现代性与空间的生产》,上海教育出版社 2003 年版。

北京大学历史系《北京史》编写组:《北京史》,北京出版社 1999 年版。

北京市政协文史资料研究委员会、中共河北省秦皇岛市委统战部编:
　　《蟂公纪事》,中国文史出版社 1991 年版。

陈明远:《文化人的经济生活》,文汇出版社 2005 年版。

陈平原、王德威编:《北京:都市想像与文化记忆》,北京大学出版社
　　2005 年版。

陈平原:《触摸历史与进入五四》,北京大学出版社 2010 年版。

陈平原:《记忆北京》,生活·读书·新知三联书店 2020 年版。

陈平原:《左图右史与西学东渐——晚清画报研究》,生活·读书·新
　　知三联书店 2008 年版。

成善卿:《天桥史话》,生活·读书·新知三联书店 1990 年版。

邓云乡:《文化古城旧事》,河北教育出版社 2004 年版。

邓云乡：《燕京乡土记》，上海文化出版社 1985 年版。

董玥：《民国北京城：历史与怀旧》，生活·读书·新知三联书店 2014 年版。

傅崇兰：《中国城市发展史》，社会科学文献出版社 2009 年版。

高兴：《中国现代文人与上海文化场域（1927—1933）》，上海文艺出版社 2012 年版。

葛兆光：《学术薪火——三十年代清华大学人文社会学科毕业生论文选》，湖南教育出版社 1998 年版。

韩光辉：《北京历史人口地理》，北京大学出版社 1996 年版。

何一民：《中国城市史》，武汉大学出版社 2012 年版。

侯仁之：《北京城市历史地理》，北京燕山出版社 2000 年版。

黄宗汉：《天桥往事录》，北京出版社 1995 年版。

季剑青：《重写旧京》，生活·读书·新知三联书店 2017 年版。

金受申：《老北京的生活》，北京出版社 1989 年版。

金耀基：《从传统到现代》，广州文化出版社 1989 年版。

梁思成、陈占祥：《梁陈方案与北京》，辽宁教育出版社 2005 年版。

林洙：《中国营造学社史略》，百花文艺出版社 2008 年版。

刘凤云：《北京与江户：17—18 世纪的城市空间》，中国人民大学出版社 2012 年版。

刘海岩：《空间与社会：近代天津城市的演变》，天津社会科学院出版社 2003 年版。

刘小枫：《现代性社会理论绪论——现代性与现代中国》，上海三联书店 1998 年版。

陆扬：《日常生活审美化批判》，复旦大学出版社 2012 年版。

罗荣渠：《现代化新论：中国的现代化之路》，华东师范大学出版社 2013 年版。

罗澍伟：《近代天津城市史》，中国社会科学出版社 1993 年版。

吕超：《东方帝都——西方文化视野中的北京形象》，山东画报出版社 2008 年版。

邱国盛：《中国城市的双行线：二十世纪北京、上海发展比较研究》，巴蜀书社 2010 年版。

舒新城：《近代中国留学史》，上海书店出版社 2011 年版。

树军：《天安门广场备忘录》，西苑出版社 2005 年版。

宋兆霖：《中国宫廷博物院之权舆——古物陈列所》，台北："故宫博物院" 2010 年版。

孙冬虎、许辉：《北京交通史》，人民出版社 2012 年版。

孙冬虎、王均：《民国北京（北平）城市形态与功能演变》，华南理工大学出版社 2015 年版。

孙江：《"空间生产"——从马克思到当代》，人民出版社 2008 年版。

孙绍谊：《想象的城市：文学、电影和视觉上海（1927—1937）》，复旦大学出版社 2009 年版。

陶孟和：《北平生活费之分析》，商务印书馆 2011 年版。

田静清：《北京电影业史迹》，北京出版社 1990 年版。

童强：《空间哲学》，北京大学出版社 2011 年版。

汪民安、陈永国、马海良：《城市文化读本》，北京大学出版社 2008 年版。

王彬、崔国政：《燕京风土录》，光明日报出版社 2000 年版。

王笛：《街头文化：成都公共空间、下层民众与地方政治，1879—1930》，中国人民大学出版社 2006 年版。

王笛：《茶馆：成都的公共生活和微观世界》，社会科学文献出版社 2010 年版。

王宏钧：《中国博物馆学基础》，上海古籍出版社 2001 年版。

王军：《城记》，生活·读书·新知三联书店 2003 年版。

王炜、闫虹：《老北京公园开放记》，学苑出版社 2008 年版。

王亚男：《1900—1949 年北京的城市规划与建设研究》，东南大学出版社 2008 年版。

王一川：《中国现代性体验的发生——清末民初文化转型与文学》，北京师范大学出版社 2001 年版。

吴建雍：《北京城市生活史》，开明出版社 1997 年版。

吴十洲：《紫禁城的黎明》，文物出版社 1998 年版。

谢纳:《空间生产与文化表征:空间转向视域中的文学研究》,中国人民大学出版社 2010 年版。

许慧琦:《故都新貌:迁都后到抗战前的北平城市消费(1928—1937)》,台湾学生书局有限公司 2008 年版。

闫树军:《天安门旧影 1417—1949》,解放军出版社 2009 年版。

杨东平:《城市季风:北京和上海的文化精神》,新星出版社 2006 年版。

余棨昌:《故都变迁记略》,北京燕山出版社 2008 年版。

虞和平:《中国现代化历程》第 1 卷,江苏人民出版社 2005 年版。

袁熹:《北京城市发展史》近代卷,北京燕山出版社 2008 年版。

岳永逸:《空间、自我与社会:天桥街头艺人的生成与系谱》,中央编译出版社 2007 年版。

岳永逸:《老北京杂吧地:天桥的记忆与诠释》,生活·读书·新知三联书店 2011 年版。

张次溪:《天桥丛谈》,中国人民大学出版社 2006 年版。

张复合:《北京近代建筑史》,清华大学出版社 2004 年版。

张謇:《张謇全集》,上海辞书出版社 2012 年版。

赵园:《北京:城与人》,北京大学出版社 2002 年版。

郑逸梅:《影坛旧闻》,上海文艺出版社 1982 年版。

中国电影资料馆编:《中国无声电影》,中国电影出版社 1996 年版。

周沙尘:《古今北京》,中国展望出版社 1982 年版。

朱剑飞:《中国空间策略:帝都北京(1420—1911)》,生活·读书·新知三联书店 2017 年版。

(二)期刊论文

陈鹏:《试论 1928 年迁都对北京的影响》,《北京社会科学》2010 年第 4 期。

陈文彬:《近代城市公共交通与市民生活:1908—1937 年的上海》,《江西社会科学》2008 年第 3 期。

陈蕴茜:《空间重组与孙中山崇拜——以民国时期中山公园为中心的考察》,《史林》2006 年第 1 期。

陈蕴茜：《空间维度下的中国城市史研究》，《学术月刊》2009 年第 10 期。

陈志科：《蔡元培与中国博物馆事业》，《中国博物馆》1988 年第 4 期。

崔金生：《香厂路和东方饭店》，《北京档案》2012 年第 9 期。

段勇：《古物陈列所的兴衰及其历史地位述评》，《故宫博物院院刊》2004 年第 5 期。

菲楠：《光绪三十三年京城上映电影之争》，《历史档案》1995 年第 3 期。

耿波：《旧北京天桥广场及其现代启示》，《西北师大学报》（社会科学版）2009 年第 4 期。

杭春晓：《绘画资源：由"秘藏"走向"开放"——古物陈列所的成立与民国初期中国画》，《文艺研究》2005 年第 12 期。

侯仁之、吴良镛：《天安门广场礼赞——从宫廷广场到人民广场的演变和改造》，《文物》1977 年第 9 期。

季剑青：《"私产"抑或"国宝"：民国初年清室古物的处置与保存》，《近代史研究》2013 年第 6 期。

李少兵：《1912—1937 年北京城墙的变迁：城市角色、市民认知与文化存废》，《历史档案》2006 年第 3 期。

李微：《娱乐场所与市民生活——以近代北京电影院为主要考察对象》，《北京社会科学》2005 年第 4 期。

梁思成：《关于北京城墙存废问题的讨论》，《新建设》1950 年第 2 卷第 6 期。

刘海岩：《电车、公共交通与近代天津城市发展》，《史林》2006 年第 3 期。

刘嵩崑：《杨小楼与"第一舞台"》，《北京文史》2006 年第 2 期。

鲁西奇、马剑：《空间与权力：中国古代城市形态与空间结构的政治文化内涵》，《江汉论坛》2009 年第 4 期。

秦素银：《蔡元培的博物馆理论与实践》，《中国博物馆》2007 年第 4 期。

邱运华：《北京文化现代形态的发生和论域研究——清末民初（1898—1936 年）的文化史意义》，《北京联合大学学报》（人文社会科学版）2014 年第 2 期。

汪民安:《空间生产的政治经济学》,《国外理论动态》2006 年第 1 期。

王建伟:《逃离北京:1926 年前后知识群体的南下潮流》,《广东社会科学》2013 年第 3 期。

王建伟:《南京国民政府时期北平的文化格局(1928—1937)》,《安徽史学》2014 年第 5 期。

王煦:《在传统与现代之间——1933 至 1935 年的北平市政建设》,《历史教学问题》2005 年第 2 期。

吴价宝:《1928 年京津地区奢侈税的开征与废除》,《兰台世界》2013 年第 1 期。

习五一:《近代北京庙会文化演变的轨迹》,《近代史研究》1998 年第 1 期。

肖建生:《熊希龄与热河行宫盗宝案》,《文史精华》1995 年第 1 期。

熊月之:《近代上海公园与社会生活》,《社会科学》2013 年第 5 期。

许纪霖:《近代中国的公共领域:形态、功能与自我理解——以上海为例》,《史林》2003 年第 2 期。

于小川:《近代北京公立市场的形成与变容过程的研究——以东安市场为例》,《北京理工大学学报》(社会科学版)2005 年第 1 期。

张天洁,李泽:《西方近代公园史研究刍议》,《建筑学报》2006 年第 6 期。

郑大华:《论中国近代民族主义的思想来源及形成》,《浙江学刊》2007 年第 1 期。

(三)集刊论文

季剑青:《20 世纪 30 年代北平"文化城"的历史建构》,《文化研究》第 14 辑,社会科学文献出版社 2013 年版。

金应元、田光远:《城南游艺园与新世界——二十年代北京两大综合游艺场》,《文史资料选编》第 19 辑,北京出版社 1984 年版。

林峥:《从禁苑到公园——民初北京公共空间的开辟》,《文化研究》第 15 辑,社会科学文献出版社 2013 年版。

[美]史明正:《清末民初北京城市空间演变之解读》,《城市史研究》第

21 辑,天津社会科学院出版社 2002 年版。

［美］史明正:《从御花园到公园——20 世纪初北京城市空间的变迁》,
《城市史研究》第 23 辑,天津社会科学院出版社 2005 年版。

钟泉超:《历史上的东安市场》,《纪念北京市社会科学院建立十周年历
史研究所研究成果论文集》,北京燕山出版社 1988 年版。

［美］周锡瑞:《华北城市的近代化——对近年来国外研究的思考》,《城
市史研究》第 21 辑,天津社会科学院出版社 2002 年版。

朱启钤:《王府井大街之今昔(附东安市场)》,《文史资料选编》第 12
辑,北京出版社 1982 年版。

(四)学位论文

曹文明:《城市广场的人文研究》,博士学位论文,中国社会科学院,
2005 年。

胡琦:《近代北京公园与市民生活关系研究》,硕士学位论文,首都师范
大学,2009 年。

姜瑶瑶:《1912—1937 年北京内城跨街牌楼变迁研究》,硕士学位论文,
北京师范大学,2007 年。

万稚文:《北京娱乐发展状况研究(1912—1928)》,硕士学位论文,首都
师范大学,2012 年。

薛春莹:《北京近代城市规划研究》,硕士学位论文,武汉理工大学,
2003 年。

鱼跃:《北京城市近代化过程中的香厂新市区研究》,硕士学位论文,首
都师范大学,2009 年。

赵阳:《从北京到北平:国都南迁与北方的社会舆论》,硕士学位论文,
中共中央党校,2010 年。

三 英语文献

Strand David, *Rickshaw Beijing: City People and Politics in the* 1920s,
Berkeley: University of California Press, 1989.

Esherick, Joseph, *Remaking the Chinese City: Modernity and National Iden-*

tity, 1900−1950, Honolulu:University of Hawaii Press,2000.

Kates,George N. , *The Years that Were Fat:The Last of Old China*, Cambridge:M. I. T. Press,1967.

Lefebvre,Henri, *The Production of Space*, Oxford:Blackwell Pub. ,1991.

Zhu,Jianfei, *Chinese Spatial Strategies:Imperial Beijing* (1420 − 1911), London and New York:Routledge,2004.

Dong, Madeleine Yue, *Republican Beijing: The City and Its Histories*, Berkeley:University of California Press,2003.

Castells, Manuel, *The Urban Question: A Marxist Approach*, London: Edward Arnold,1977.

Elvin, Mark and G. William Skinner, *The Chinese City Between Two Worlds*, Stanford:Stanford University Press,1974.

Saunders,Peter, *Social Theory and the Urban Question*, London and New York:Routledge,2005.

Bennett,Tony, *The Birth of the Museum:History,Theory,Politics*, London: Routledge,1995.

Wu,Hong, *Remaking Beijing:Tiananmen Square and the Creation of a Political Space*, Chicago:The University of Chicago Press,2005.

后　记

　　出版学术著作并不是一件让人兴奋的事。如今并不是一个崇尚读书的时代，书出得太快、太多，很多人（包括我在内）拿到一本书，常常翻一下目录与后记，就把书扔一边去了。这对作者来说，是一件丧气的事情。因此，这本原本毕业后两年就该出的书一直拖到现在，要不是中国社会科学出版社的编辑王丽媛博士在出版过程中鼎力相助，这本书还不知道什么时候才能出来。在此，特向她致谢！

　　这本小册子是在我的博士学位论文的基础上修改完成的。其实也没有做太大的修改，改不动了。记得以前听人说过，一个人的博士论文可能是他一辈子学术成就最高的成果，因为用力最深，毕业之后就不可能再有那样专注于一个问题的心境与精力了。诚哉斯言！我想补充的是，一个人的博士论文的后记应该也是他最用心的笔触，因为对于一个人来说，没有什么比读博更让人感触至深、记忆最真的经历了。毕业之后的工作与生活全是一地鸡毛，不值一提。于是我在这里把博士毕业论文的"后记"复制过来，作为博士学习生涯的见证，也算是对这本小册子的来龙去脉做个交待。

　　　　农村娃通过读书改变命运的很多，但像我这样因少年时期的躁动离开校园而又因青年时期的彷徨返回校园读书的可能还是少数。

　　记得那是1998年，出于对乡村闭塞生活的厌倦与对城市的向往，加上又不愿通过漫长的读书考大学来脱离农门，我故意在中考中答错试卷，使本来可以考上高中的自己名落孙山，早早地背着行囊从安徽西南部一个闭塞的小山村来到城市，像《平凡的世界》里的孙少平一样，独自一人到城市谋生。那时，我还是一个未满16岁的少年。几年间，我在北京当过小区保安，在工地刷过油漆，在江浙沿海城市的服装厂做过纺织工人,在体验现代都市生活的同时,也切身感受到了马克思所批判的工业生产方式对人的异化。为了抵抗这种异化,我尝试通过在打工之余学电脑、读书等方式来避免思想的僵化,试图跟上时代发展的节奏,我常常趁着吃饭的时间抢读一点《南方周末》,在加班到 11 点后的临睡前读一些古文。但这种业余学习的方式终究无法改变如机器人般的生活状态,于是,几经彷徨,重回校园读书以改变生活的念头逐渐在心中萌生。

2004 年,我向工厂的车间主任提出辞工,好心的主任知道我一向干活勤奋,从不偷懒,就加以挽留,当得知我有读书的想法后,就痛快地答应我的要求,工资分毫不扣,并勉励我好好读书。随后,我北上天津读书,参加全国高等教育自学考试。我选择了汉语言文学专业,一半是因为这个专业门槛较低,即便我没有上过高中也能通过阅读达到专业课程的最低要求,一半也是因为自身的兴趣爱好,想读一个大专文凭后当一位中学语文老师。只是我没有料到,这书一读就是十多年,一直读到了博士。

在这十余年里,我在天津、北京求学,往返于城市与故乡农村之间,感受着两种不同空间序列中的生活差异,目睹城市化进程一步步地席卷走了乡村的年轻人,体验乡间的田园生活秩序、价值观念被现代性逐渐打乱。在城市,为了去公共图书馆查资料,我需要坐地铁穿越大半个城市;在故乡,我可以在放牛的时候找一块阴凉地心无旁骛地读《中国古代文学作品选》。也许是从乡村到城市的空间转换与往来于城乡之间巨大的心理落差,使我既怀念难以回去的田园生活,又对即将到来的城市生活感到焦虑。特别是每当我漫步在北京的街头时,既倾慕于高楼大厦的玻璃幕墙内的居室可以在寒冷的冬季享受明媚的阳光,又嗟叹帝都夜幕中的万家灯火始终难有属于我的一盏。北京,离我这么近,又那么远。近年来,很多人都在热议中国的城市化进程如何影响乡村人民的命运,我在读书的十余年中也真切地感受到了这一进程中的各种紧张与焦虑,回不去的故乡与难以落脚的城市,成为我们这一代农村青年共同面对的选择困境。

　　现实生活的体验激发我试图从学理层面找到理论的解释与解决这种困境的可能，于是，我开始关注空间理论问题，思考现代都市的空间结构对于人们的现实生活与精神状态的影响。最终，将城市空间问题作为学位论文的选题方向。

　　幸运的是，我遇到了我的导师邱运华教授，在他的指导下，我将清末民国处于转型期的北京城作为学位论文的研究对象，欲窥中国城市现代化之源头。我硕士时就跟随邱老师求学，由于资质愚钝，学术功底又薄，硕士论文做得比较粗糙，毕业考博时也费了一番周折，蒙老师不弃，再次将我收入门下攻读博士学位。因此，我入学后一个主要的学习动机就是为了不让老师招我而后悔，不辜负老师当初成全我读博的恩情。我清楚地记得，硕士毕业后，得知我生活状态不佳，老师还特意为我推荐工作。当我提出跟他读博时，老师又慨然答应。若不是老师给我这个读博的机会，我现在也许还在京城漂泊，更不会有这篇学位论文。老师于我，恩同再造。

　　老师对学生很宽容，他从不干涉我们的学术兴趣，赋予我们极大的自主学习空间，鼓励我们按照自己的学术旨趣进行思考、研究。老师对学生又很严厉，在入学时，他就告诫我们要选定一个领域，并成为这个领域的专家，这既是对我们的鼓励，也是一种严格的要求，惭愧的是我离这个目标的距离还太远。为了鼓励我们，老师说他只做学术的守门人，言外之意就是如果我们不成器，就会被阻挡在学术殿堂的大门之外。老师又为学生做长远考虑，在论文选题时，老师要求我们考虑选题的延续性，使这一问题成为自己学术生命的起点；同时，又告诫我们不能空谈理论，主张理论问题最终要回到社会现实。这些建议都成为我论文选题、写作的指导方针。每当论文写作思路郁结时，我就回味老师的教导，以免偏离原来的方向。可以说，如果没有老师的指导领航，这篇论文也不会顺利完成。

　　论文从开题、预答辩到答辩，陶东风教授、王光明教授、黄卓越教授、赵勇教授、李建盛研究员、王德胜教授、郝志群教授、李庆本教授、邹华教授与汪民安教授都从不同的角度指出了论文中的问题，并提出了宝贵的建议。陶老师引领国内文化研究风气之先，对学生宽厚、负责,我们预答辩时,陶老师因手术未能参加,待身体稍微康复后,立即专门找我们指导论文。记得有一次,陶老师曾在邮件中勉励我说:"学术是一辈子的事情,谁是真正优秀的学者大家自有公论。"老实说,我对于是否具有一生都从事学术研究的能力还没有把握,更不敢自命为学者,我只是一个还没摸入学术门径的学生而已。但陶老师的话给了我莫大的鼓励,也鞭策我以一种更加平和的心态踏踏实实地学习。王光明老师君子耿介,对我们的论文仔细、认真审阅,并多次热心地为我推荐研究书目,使我受益匪浅。王德胜老师睿智、机敏,总能迅速地指出论文所存在的关键问题并提出建议。邹华老师宽厚慈祥,给我长辈般的温暖。

论文的写作得到了北京社科院文化研究所所长李建盛老师的亲切指导。本来,我可以跟随李老师沿着学位论文的思路继续研究北京的城市文化,只是现实与理想总隔着一层,家庭与学术始终难以兼顾,以致辜负了他对我的期望,深感内疚。庆幸的是,我曾有两次机会得以当面接受李老师的教诲,他高瞻远瞩地和我谈北京城市文化研究,给我启示,和蔼、开诚布公地与我聊人生选择,理解我的处境,给我宽慰。

感谢文学院的牛亚君书记、辅导员李颖老师对我学习、生活上的关怀。

感谢已故的天津师范大学张连科教授,是他的一堂课让我产生了攻读研究生的勇气与动力。

国家图书馆缩微文献处的王天政、崔凯与其他不知名的工作人员,一次又一次地为我提取缩微胶片,感谢他们的劳动。

师兄胡疆锋博士对论文提出了许多具体的建设性意见,刘胤逵博士、陈国战博士经常以不同的方式关注我的论文进展,蔡伟保博士、郭青林博士为我毕业后的去向出谋划策,一并致谢。

我的同门刘莉、程振翼,与我都是安徽同乡,既有同乡之谊,又有同门之情,实在是一种缘分。

感谢张志强、郭鑫、李秋霞、王玉环、钟婷婷、马小会、沈笑颖、康宁等博士同学,我们或共同抢占图书馆,或一起挥汗羽毛球场,使我远离家人的学习生活增加了许多欢乐。感谢我的舍友郭先进博士,他如康德般的规律作息与刻苦的学习是对我的积极鞭策。

　　能够返回校园读书,我最应该感谢我的父亲和母亲。当我因年少无知而放弃读书时,他们包容了我的幼稚与鲁莽;当我决定重回校园求学时,他们又在精神、物质上给我坚定的支持。在同龄的伙伴们都忙于外出挣钱时,我却选择了远行读书,是父母为我提供了稳定的精神支持与经济保障。这已不是一个“万般皆下品,唯有读书高”的时代,但他们还是支持他们儿子的选择,毫无保留地支持我追寻所谓的理想。“父母在,不远游”,都到了而立之年,我非但因为学业不能在他们膝前尽孝,还让他们长期承受着家庭的生活负担。我的父母都是朴实的农民,他们只知道辛勤地劳作,利用一切可以利用的耕地,虽然他们没能给我多好的学习条件,小时候家里甚至连一张像样的写字桌都没有,但他们却让我耳闻目染,并养成了勤奋的习惯。我的父亲小学都没有上完,却会吹笛子,拉胡琴,劳作间歇时常以读书为消遣,我在孩童时常常骑在他的肩膀上听他给姐姐和我说“水浒”,听得津津有味,有时又缠着他用芦苇给我折小马玩……可不知什么时候,我猛然发现他们都已经老了,当年健壮、勤劳的他们如今已成了行动迟缓、满脸皱纹的老人,而我却没有让他们享受到应有的舒适生活,至今还在为家庭操劳,我深感不安,心中满是愧疚!现在才开始回报他们,不知算不算太晚。

　　感谢我的姐姐,从小到大,她总是处处让着我,帮我解决各种难题,在这个独生子女社会,手足情谊更显弥足珍贵。我永远铭记因车祸早逝的姐夫聂风,当年我们一起在工厂打工,他一直以我能考上研究生为荣,可惜他没能看到我拿到博士学位的这一天。

　　博士二年级的时候,我的女儿嘉禾走进了我的生活。但为了论文,我没等到她满月就离开了,长久以来,我们都只能通过网络视频聊天,听她在她妈妈、奶奶的教导下学会喊我“爸爸”,我在电脑上看她慢慢地咿呀学语,慢慢地学会走路。今年“五一”我回去时,她见到我后并没有表现出网络视频中的亲密,她妈让她叫我,她也没有反应,而是像对待陌生人一样无动于衷,甚至躲避我张开的怀抱。

吃完午饭,妻子用手机打开微信,碰巧女儿在一旁,她一看到手机里我的微信头像,立刻就对着手机喊"爸爸、爸爸"。我顿时心里一酸!原来,在她的眼中,爸爸应该就是网络视频中的那个男人,她所熟悉的只是那个在电子屏幕上的局部头像,而现实空间中完整的我在她眼里却那么陌生!对此,我还能说什么呢?网络缩短了空间的距离,也疏远了情感的亲密。女儿快两岁了,我陪伴她的时间加起来还不到两个月。每次回家我都只能短暂地陪她几天,等好容易熟悉一些,我又不得不将她扔在老家,离她远行。每念及此,心生愧疚!将来,我一定要在不溺爱她的前提下朝夕陪伴,予以补偿。

最后,我要感谢我的爱人何翠琴女士。我们是在我读书期间结婚的。结婚前,我们一直租住在学校周边的隔断间里,几度搬迁。我们结婚时,什么都没有,没有钻戒,没有项链,没有婚纱,更别说房子、车子了,同龄人结婚时所拥有的一切我们都没有,但她还是选择与我在一起。我们有的,是相互之间的信任与依赖。那一天,我和她到校本部南门的北京大影棚花五十元拍了一张结婚证件照,然后我将这张照片放到我的QQ空间上,就算向朋友们宣布结婚了。婚后不久,她因怀孕一人到安徽乡下待产,女儿出生后,她又独自承担了养育女儿的重担,几乎每天半夜都会因女儿的啼哭起来哺育,以致经常失眠。她对我的执着,对我因读书而省却的种种、逃避的各种责任的理解与宽容,她对我的真情,对这个家庭的付出,我都牢记于心。或许我们以后会有宽裕的生活,会住上属于自己的舒适房子,会拥有结婚时应有而没有的一切,然而,在我心中,我们在北京求学那些年租住在学校周边隔断间里的简单生活、在昆玉河边的并肩而行才是我生命中最宝贵的财富与最真切的回忆。

2015年5月于首师大北一区图书馆
2022年1月补记于安庆师范大学红楼

附:本书的出版,得到了安庆师范大学学术著作基金、安庆师范大学人文学院学科建设经费的资助,特此致谢!